UTOMATION
TECHOA
育部自动化类
学指导委员会

全国高职高专院校机电类专业规划教材
教育部高职高专自动化技术类专业教学指导委员会推荐教材

自动化生产线安装与调试

（三菱FX系列）（第二版）

张同苏 主 编
严 惠 李志梅 周 斌 赵 振 参 编
程 周 主 审

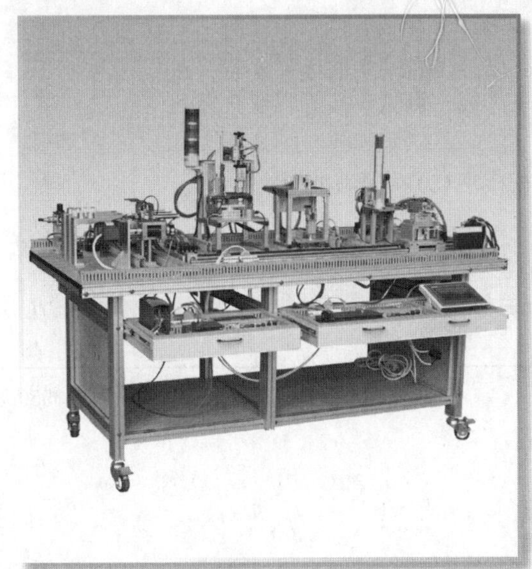

中国铁道出版社
CHINA RAILWAY PUBLISHING HOUSE

内 容 简 介

本书以历届全国高职院校技能大赛“自动化生产线安装与调试”赛项所指定的竞赛平台为载体，按照项目引领的模式编写，将实施自动化生产线安装与调试相关的知识点和实操技能分解到不同项目中。主要内容包括：自动化生产线核心技术应用，自动化生产线各工作单元安装与调试、系统安装与调试，以及人机界面组态与调试等。本书结构紧凑、图文并茂、层次分明、配套资源丰富，具有很好的可读性、实用性和先进性。

本书适合作为高职高专机电类专业相关课程的实训教材，也可作为应用型本科、职业技能竞赛的相关培训教材，还可作为相关工程技术人员研究自动化生产线的参考书。

图书在版编目（CIP）数据

自动化生产线安装与调试 : 三菱FX系列 / 张同苏主编. — 2版. — 北京 : 中国铁道出版社, 2017.7

全国高职高专院校机电类专业规划教材

ISBN 978-7-113-23394-5

Ⅰ. ①自… Ⅱ. ①张… Ⅲ. ①自动生产线－安装－高等职业教育－教材②自动生产线－调试－高等职业教育－教材 Ⅳ. ①TP278

中国版本图书馆CIP数据核字(2017)第168683号

书　　名：自动化生产线安装与调试（三菱FX系列）（第二版）
作　　者：张同苏　主编

策　　划：祁　云　　**读者热线：**（010）63550836
责任编辑：祁　云
编辑助理：绳　超
封面设计：付　巍
封面制作：刘　颖
责任校对：张玉华
责任印制：郭向伟

出版发行：中国铁道出版社（100054，北京市西城区右安门西街8号）
网　　址：http://www.tdpress.com/51eds/
印　　刷：三河市华业印务有限公司
版　　次：2010年9月第1版　2017年7月第2版　2017年7月第1次印刷
开　　本：787 mm×1 092 mm　1/16　**印张：**11　**字数：**263千
印　　数：1～3 000册
书　　号：ISBN 978-7-113-23394-5
定　　价：28.00元

前言（第二版）

PREFACE

自 2008 年全国职业院校技能大赛引入“自动化生产线安装与调试”赛项以来，这一综合实训项目不断被全国广大高职高专院校引入机电类专业综合实训项目教学之中。通过八届全国技能大赛的引领，以及各院校多年的教学实践，“自动化生产线安装与调试”作为高职高专院校机电类专业的一门综合性实训课程，正在日趋成熟。

为了满足在该综合实训课程教学中使用三菱 FX 系列 PLC 的院校需要，我们于 2010 年编写了《自动化生产线安装与调试（三菱 FX 系列）》（第一版），受到各院校师生的欢迎。各院校教师在教学实践中不断总结经验，在全国技能大赛的引领下，对教学目标、教学内容、教学方法和实训措施等都提出了许多有益的建议；随着技术的更新，作为教学载体的 YL-335B 自动化生产线也进行了相应升级，引进了新的功能和增添了新的实训项目。为此，编者对第一版进行了较全面的修订，在保持第一版格局的基础上，对内容进行了较大幅度的调整，并纠正了其中一些错漏之处。主要调整之处如下：

（1）在设备安装和调试实训中，强调了规范化的操作和学生工作素质的培养；突出了对设备安装、调试方法的介绍和安装过程关键点的分析。

（2）鉴于三菱的 FX2N 和 FX1N 系列 PLC 已经淘汰，被升级产品 FX3U 和 FX3G 系列所取代，YL-335B 设备上控制器的配置也升级为 FX3U 系列。考虑到学生在前置课程中已学习了 PLC 基本知识、编程方法和技巧，第二版对 FX3U 系列 PLC 的新特点做了概括性的介绍，而对 YL-335B 设备升级后所使用的特殊功能适配器，则着重在安装、接线、编程要点方面做了较为详细的介绍。

（3）在 YL-335B 各工作单元及自动化生产线的整体运行实训中，加强了编程的规范化训练，并对各项工作任务的示例程序做了详细的分析，使本书更具实用性。

本书由原亚龙科技集团电气总工程师张同苏任主编，江苏信息职业技术学院严惠、沙洲职业工学院李志梅、常州机电职业技术学院周斌和山东职业学院赵振参与编写。具体编写分工如下：张同苏编写项目一、项目六、项目八并负责全书统稿，严惠编写项目五并对书中各工作任务的 PLC 例程和人机界面组态文档进行了全面测试和验证，李志梅编写项目七并为本书各项目编写了 PPT 文档，周斌编写项目二、项目三，赵振编写项目四。

本书在编写过程中得到了浙江亚龙教育装备股份有限公司领导的大力支持，郑巨上、陈钰生、蔡桂飞、赵振鲁等工程技术人员提供了 YL-335B 自动化生产线设备有关的技术数据和资料，并为书中附图制作、程序调试等做了大量的工作。主审程周以高度负责的态度，认真仔细地审阅了书稿，并提出了宝贵的意见，在此一并表示衷心的感谢！

限于编者的经验、水平以及时间限制，书中难免存在疏漏和不妥之处，敬请广大读者提出宝贵意见。

编　者

2017 年 5 月

前言（第一版）

PREFACE

2008年全国职业院校技能大赛以后，围绕大赛如何引导高职教育教学改革方向、发挥示范辐射作用的问题，由“自动化生产线安装与调试”赛项技术策划和竞赛项目裁判长吕景泉教授牵头，组建了校企人员相结合的教学资源开发团队，以技能大赛指定设备“亚龙 YL-335A 自动化生产线”为载体，针对其安装、调试、运行等过程中应知、应会的核心技术进行了基于工作过程的教材体系开发。在中国铁道出版社的支持下，于当年12月出版了《自动化生产线安装与调试》一书。

与此同时，教育部高职高专自动化技术类教学指导委员会继续组织相关院校专家与行业企业工程技术人员共同交流、细化工艺、进一步完善项目的教学载体。历经一年的努力工作，亚龙科技集团推出了 YL-335A 的升级产品——YL-335B 自动生产线实训考核装置。校企人员围绕该实训设备，进一步完成了《自动化生产线安装与调试（第二版）》教材的编写工作，并成功开发了课程资源包（网址为 www.gzhgzh.net）。

随着《自动化生产线安装与调试（第二版）》的正式发行以及在常州举行的2009年全国高职院校“自动化生产线安装与调试”技能大赛的圆满成功，“自动化生产线安装与调试”综合实训项目正日趋成熟，并不断被全国广大高职院校引入机电类专业综合实训项目教学之中。本书编写的目的，是为了满足在该综合实训项目教学中使用三菱 FX 系列 PLC 的院校需要，从而进一步充实和完善“自动化生产线安装与调试”的立体化综合实训教材。

本书在充分考虑 YL-335B 自动化生产线的供料、加工、装配、分拣和输送单元相关知识点和技能点的渐进性，以及单站实施教学独立性的基础上，按各工作单元单站工作和系统整体工作分为八个项目，根据工作任务的需要逐步深入地介绍典型自动化生产线的核心技术。

本书由亚龙科技集团组织编写，亚龙科技集团电气总工程师张同苏和广东省机电职业技术学院徐月华副教授担任主编，参加编写工作的还有浙江省温州职业技术学院苏绍兴副教授、亚龙科技集团徐鑫奇、陈钰生、冯显俊等工程技术人员。其中项目一、项目二由徐月华编写；项目三由苏绍兴编写；项目四至项目八由张同苏编写，全书由张同苏统稿。徐鑫奇、陈钰生、冯显俊、蔡桂飞等按照书中指定的工作任务进行了安装调试和编程，提供了程序清单和 YL-335B 自动化生产线设备有关的技术数据和资料，并为书中的附图制作做了大量工作。

吕景泉教授在百忙之中审阅了本书并提出了宝贵意见，在此表示衷心的感谢。

由于编者的经验、水平有限，加之时间仓促，书中难免在内容和文字上存在不足和缺陷，敬请提出批评指正。

编　者

2010年7月

CONTENTS

目 录

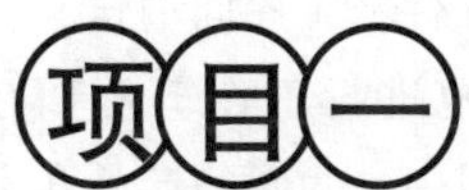

项目一

认识与了解自动化生产线系统与技术

项目目标

① 了解自动化生产线的功能、作用、特点及发展概况。

② 了解 YL-335B 型自动化生产线的基本结构。

一、了解现代自动化生产线

1. 自动化生产线的概念

自动化生产线由自动执行装置（包括各种执行器件、机构，如电动机、电磁铁、电磁阀、气动及液压装置等），经各种检测装置（包括各种检测器件，如传感器、仪表等），检测各装置的工作进程、工作状态，经逻辑、数理运算及判断，按生产工艺要求的程序，自动进行生产作业的流水线。图 1-1 所示为一些自动化生产线的例子。

（a）笔记本式计算机组装线

（b）组合音箱组装线

（c） 饮水机测试线

（d）汽车小冰箱组装线

图 1-1　自动化生产线的例子

自动化生产线不仅要求线体上各种机械加工装置能自动地完成预定的各道工序及其工艺过程，使产品成为合格的制品，而且要求在装卸工件、定位夹紧、工件在工序间输送、工件的分拣甚至包装等都能自动地进行，使其按照规定的程序自动地进行工作。例如在图 1-1（a）的笔记本式计算机组装线和图 1-1（b）的组合音箱组装线中，为了使产品在不同工位进行组装，产品的输送和定位都是重要的环节。

简单地说，自动化生产线是由工件传送系统和控制系统，将一组自动机床和辅助设备按照工艺顺序连接起来，自动完成产品全部或部分制造过程的生产系统，简称“自动线”。

2. 自动化生产线的发展概况

自动化生产线所涉及的技术领域是很广泛的，它的发展、完善是与各种相关技术的进步及互相渗透紧密相连的。各种技术的不断更新推动了它的迅速发展。

可编程逻辑控制器（PLC）是一种数字运算操作的电子系统，是专为工业环境下的应用而设计的控制器。它是在电气控制技术和计算机技术的基础上开发出来的，并逐渐发展成以微处理器为核心，将自动化技术、计算机技术、通信技术融为一体的新型工业控制装置，广泛应用于自动化生产的控制系统中。

机器人技术由于微机的出现，内装的控制器被计算机代替而产生了工业机器人，以工业机械手最为普遍。各具特色的机器人和机械手在自动化生产中的装卸工件、定位夹紧、工件传输、包装等部分得到广泛使用。现在正在研制的新一代智能机器人不仅具有运动操作技能，而且还有视觉、听觉、触觉等感觉的辨别能力，具有判断、决策能力。这种机器人的研制成功，将把自动化生产带入一个全新的领域。

液压和气动技术，特别是气动技术，由于使用的是取之不尽的空气作为介质，具有传动反应快、动作迅速、气动元件制作容易、成本小和便于集中供应和长距离输送等优点，而引起人们的普遍重视。气动技术已经发展成为一个独立的技术领域。在各行业，特别是自动化生产线中得到迅速的发展和广泛的使用。

此外，传感技术随着材料科学的发展和固体效应的不断出现，形成了一个新型的科学技术领域。在应用上出现了带微处理器的“智能传感器”，它在自动化生产中监视着各种复杂的自动控制程序，起着极其重要的作用。

进入二十一世纪，自动化功能在计算机技术、网络通信技术和人工智能技术的推动下不断提高，从而能够生产出更加智能的控制设备，使工业生产过程有一定的自适应能力。所有这些支持自动化生产的相关技术的进一步发展，使得自动化生产技术功能更加齐全、完善、先进，从而能完成技术性更复杂的操作和生产或装配工艺更复杂的产品。

二、认知 YL-335B 型自动化生产线

亚龙 YL-335B 型自动化生产线实训考核装备由安装在铝合金导轨式实训台上的供料单元、加工单元、装配单元、输送单元和分拣单元五个单元组成。其外观如图 1-2 所示。

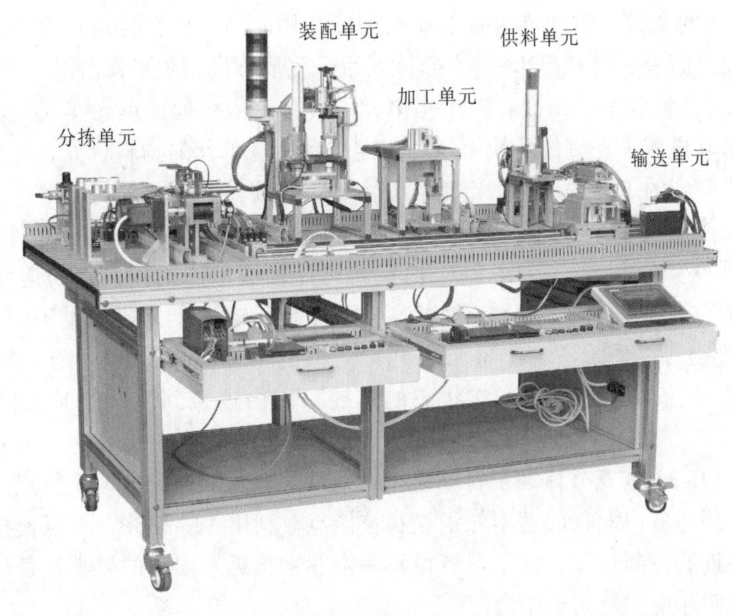

图 1-2　YL-335B 型自动化生产线实训考核装备外观

（一）认知 YL-335B 型自动化生产线的基本功能

YL-335B 型自动化生产线的控制方式采用每一工作单元由一台 PLC 承担其控制任务，各 PLC 之间通过 RS-485 串行通信实现互连的分布式控制方式。典型的工作过程如图 1-3 所示。

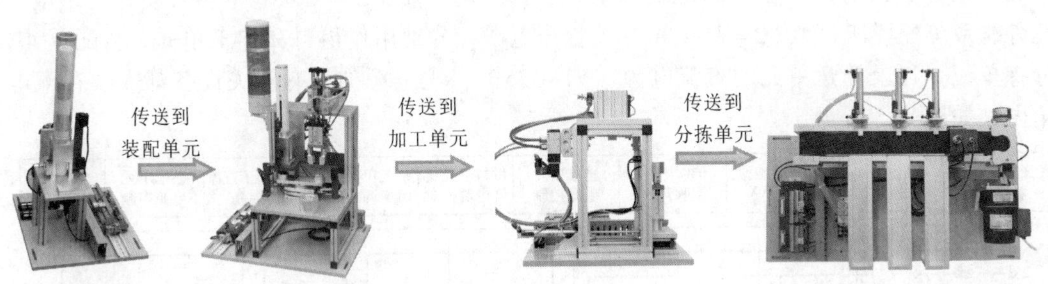

（a）供料单元推出工件　（b）装配单元装配芯件　（c）工件压紧加工　（d）成品在分拣单元分拣

图 1-3　典型的工作过程

① 供料单元按照需要将放置在料仓中的工件（原料）推出到出料台上，输送单元的机械手抓取推出的工件，输送到装配单元的装配台上。

② 装配单元实现将其料仓内的金属、黑色或白色小圆柱芯件嵌入到装配台上的待装配工件中的功能。装配完成后，输送单元的机械手抓取已装配工件，输送到加工单元的加工台上。

③ 加工单元对工件进行压紧加工。工作过程为：夹紧加工台上的工件，使加工台移动到冲压机构下面完成冲压加工；然后加工台返回原位置，松开工件，等待输送单元的抓取机械手抓取后输送到分拣单元的进料口。

④ 分拣单元的变频器驱动传送带电动机运转，使成品工件在传送带上传送，在检测区获得工件的属性（颜色、材料等），进入分拣区后，完成不同属性的工件从不同料槽的分流。

⑤ 在上述工艺流程中，工件在各工作单元的转移，依靠输送单元实现。输送单元通过伺服装置驱动抓取机械手在直线导轨上运动，定位到指定单元的物料台处，并在该物料台上抓取工件，把抓取到的工件输送到指定地点放下，以实现传送工件的功能。

从生产线的控制过程来看，供料、装配和加工单元都属于对气动执行元件的逻辑控制；分拣单元则包括变频器驱动、运用 PLC 内置高速计数器检测工件位移的运动控制，以及通过传感器检测工件属性，实现分拣算法的逻辑控制；输送单元则着重于伺服系统快速、精确定位的运动控制。系统各工作单元的 PLC 之间的信息交换，通过 RS-485 网络实现，而系统运行的主令信号、各单元工作状态的监控，则由连接到系统主站的嵌入式人机界面实现。

由此可见，YL-335B 充分体现了自动化生产线的综合性和系统性两大特点，涵盖了机电类专业所要求掌握的各门课程的基本知识点和技能点。利用 YL-335B，可以模拟一个与实际生产情况十分接近的控制过程，使学习者得到一个非常接近于实际的教学设备环境，从而缩短了理论教学与实际应用之间的距离。

（二）认知 YL-335B 型自动化生产线设备的电气控制

1. YL-335B 的供电电源

YL-335B 要求外部供电电源为三相五线制 AC 380 V/220 V，图 1-4 为供电电源的一次回路原理图。图 1-4 中，总电源开关选用 DZ47 LE-32/C32 型三相四线漏电开关（3P+N 结构形式）。系统各主要负载通过自动开关单独供电：其中，变频器电源通过 DZ47 C16/3P 三相自动开关供电；伺服装置和各工作单元 PLC 均采用 DZ47 C5/2P 单相自动开关供电。此外，系统配置四台 DC 24 V，6 A 开关稳压电源，分别用作供料和加工单元、装配单元、分拣单元，以及输送单元的直流电源。YL-335B 供电电源的所有开关设备都安装在配电箱内，如图 1-5 所示。

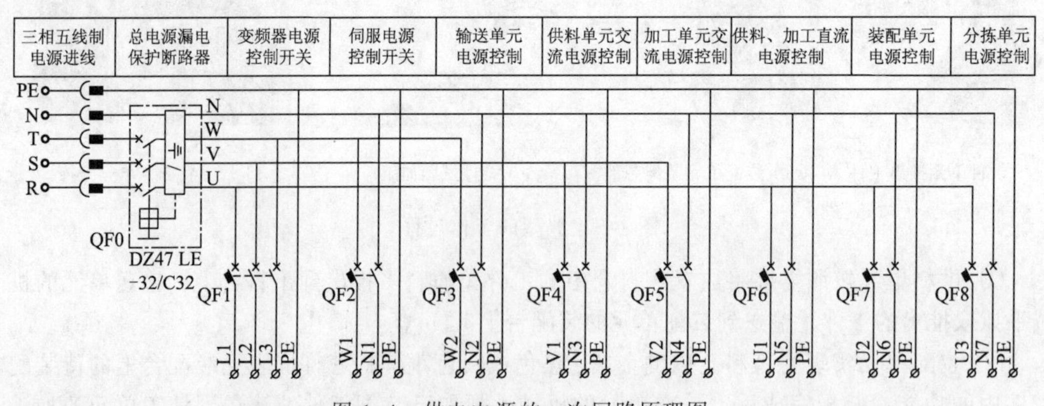

图 1-4　供电电源的一次回路原理图

注：图中 QF1 为 DZ47 C16/3P；QF2 ~ QF8 为 DZ47 C5/2P。

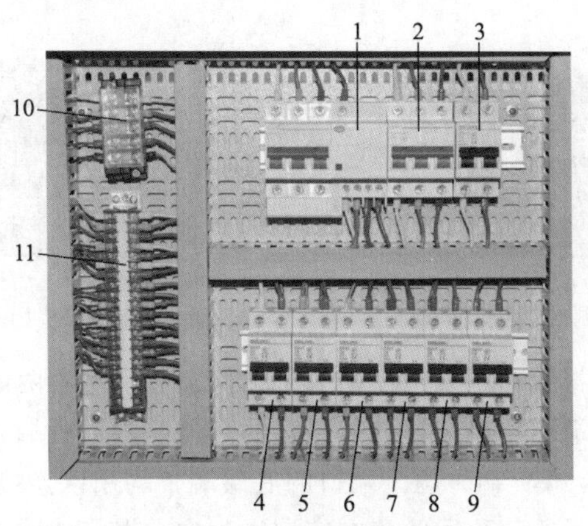

图 1-5　配电箱设备安装图

1—总电源控制断路器；2—变频器电源开关；3—伺服电源开关；4—输送单元电源开关；5—供料单元交流电源开关；6—加工单元交流电源开关；7—供料、加工单元直流电源开关；8—装配单元电源开关；9—分拣单元电源开关；10—三相电源进线端子；11—工作单元电源端子

2. YL-335B 电气控制的结构特点

特点 1：从结构上来看，机械装置部分和电气控制部分相对分离。

YL-335B 各工作单元在实训台上的分布俯视如图 1-6 所示。由图 1-6 可见，从整体来看，YL-335B 设备的机械装置部分和电气控制部分是相对分离的。每一工作单元机械装置整体安装在底板上，而控制工作单元生产过程的 PLC 装置、按钮/指示灯模块则安装在工作台两侧的抽屉板上。

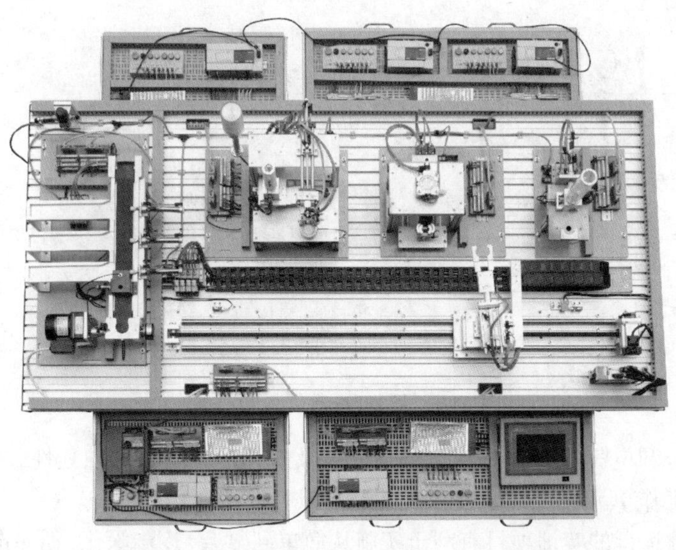

图 1-6　YL-335B 各工作单元在实训台上的分布俯视图

工作单元机械装置与 PLC 装置之间的信息交换的方法是：机械装置上的各电磁阀和传感器的引线均连接到装置侧的接线端口上。PLC 的 I/O 引出线则连接到 PLC 侧的接线端口上。两个接线端口间通过多芯信号电缆互连。图 1-7 和图 1-8 分别是装置侧的接线端口和 PLC 侧的接线端口。

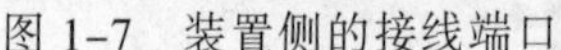

图 1-7　装置侧的接线端口

图 1-8　PLC 侧的接线端口

装置侧的接线端口的接线端子采用三层端子结构，分为左右两部分：传感器端口和驱动端口。传感器端口的上层端子用以连接各传感器的直流电源正极端，而驱动端口的上层端子用以连接 DC 24 V 电源的+24 V 端。两个端口的底层端子均用以连接 DC 24 V 电源的 0 V 端，中间层端子用以连接各信号线。为了防止在实训过程中，误将传感器信号线接到+24 V 端而损坏传感器，传感器端口各上层端子均在接线端口内部用 510 Ω 限流电阻连接到+24 V 电源端。也就是说，传感器端口各上层端子提供给传感器的电源是有内阻的非稳压电源，这一点在进行电气接线时必须注意。

装置侧的接线端口和 PLC 侧的接线端口之间通过两根专用电缆连接。其中，25 针接头电缆连接 PLC 的输入信号，15 针接头电缆连接 PLC 的输出信号。

特点 2：每一工作单元都可自成一个独立的系统。

YL-335B 每一工作单元的工作都由一台 PLC 控制，从而可自成一个独立的系统。独立工作时，其运行的主令信号以及运行过程中的状态显示信号，来源于该工作单元按钮/指示灯模块。该模块外观如图 1-9 所示。模块上指示灯和按钮的引出线全部连到接线端子排上。

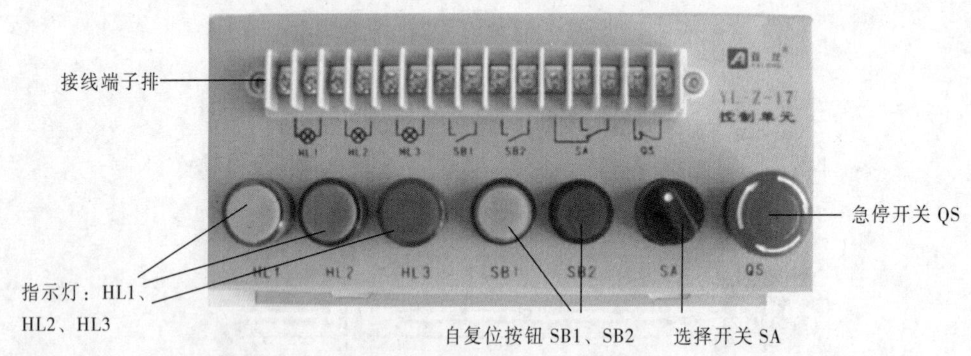

图 1-9　按钮/指示灯模块外观

机械装置部分和电气控制部分相对分离，以及工作单元工作的独立性，加强了系统的灵活性，并使得各工作单元均可单独成系统运行。

工作单元单独运行的实训项目有利于实施从简单到复杂，逐步深化、循序渐进的教学过程，可以根据各工作单元所涵盖的不同知识点、技能点，有针对性地选择实训内容进行教学实施。

3. YL-335B 设备中的可编程控制器

大多数类型的小型 PLC（国际主流品牌或国产品牌）都能满足 YL-335B 自动化生产线的控制要求。根据目前国内小型 PLC 的市场格局，以及各院校 PLC 教学所采用的主流机型，YL-335B 设备的标准配置以西门子 S7-200 系列和三菱 FX 系列 PLC 为主。本书仅介绍采用三菱 FX 系列 PLC 的 YL-335B 设备。

早期采用三菱 FX 系列 PLC 的 YL-335B 设备，选型为 FX2N 和 FX1N 系列。目前这两个系列的产品已经淘汰，被升级产品 FX3U 和 FX3G 系列所取代，YL-335B 设备上的配置也升级为 FX3U 系列。

三菱 FX3U 系列 PLC 是三菱公司开发的第三代小型 PLC，它是目前三菱公司小型 PLC 中 CPU 性能最高、适用于网络控制的小型 PLC 系列产品，在运算速度、I/O 点及存储器容量、高速计数与定位功能、通信功能、模拟量控制功能等方面的性能指标都远优于 FX2N、FX1N 系列。FX3U 系列 PLC 的基本功能兼容了 FX2N 系列的全部功能，其基本指令和应用指令实现了与三菱第二代 FX2N 系列 PLC 相比 4 倍以上的高速化。此外，FX3U 系列 PLC 具有丰富的扩展能力，包括：

① 可从基本单元右侧的扩展接口连接 FX2N 输入/输出扩展单元或模块和 FX2N/0N 特殊功能模块；

② 可使用功能扩展板，既可节省费用又可简单地对通信端口进行扩展；

③ 功能扩展板可以和特殊适配器同时使用，从基本单元的左侧实现功能扩展。

图 1-10 列出了 FX3U 系列 PLC 的各种扩展设备。采用 FX3U 作控制器的 YL-335B 设备，使用了通信、模拟量适配器，通信功能扩展板等多种扩展设备。各工作单元的 FX3U 基本单元及其扩展设备的配置如表 1-1 所示，这些设备的使用、编程和调试，将在相应项目中详细介绍（模拟量特殊适配器将在项目六中介绍，通信功能扩展板和通信用特殊适配器将在项目八中介绍）。

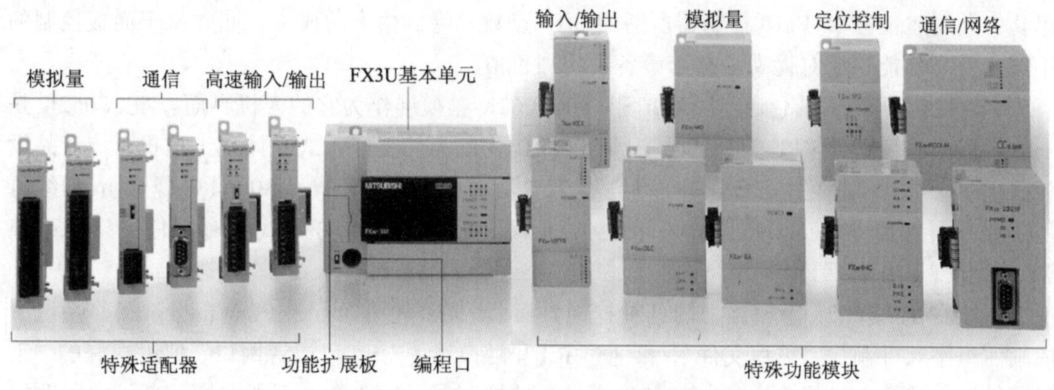

图 1-10 FX3U 系列 PLC 的各种扩展设备

表 1-1 各工作单元的 FX3U 基本单元及其扩展设备的配置

工作单元	FX3U 基本单元	扩展设备	说明
供料单元	FX3U-32MR	FX3U-485BD	485BD 通信扩展板用于网络通信
装配单元	FX3U-48MR	FX3U-485BD	同上
加工单元	FX3U-32MR	FX3U-485BD	同上
分拣单元	FX3U-32MR	FX3U-485BD+FX3U-3A-ADP	选用 FX3U-3A-ADP 模拟量适配器实现变频器的模拟量控制
输送单元	FX3U-48MT	FX3U-485BD+FX3U-485-ADP	FX3U-485-ADP 通信适配器可用于连接触摸屏 485 接口

4. YL-335B 设备的网络结构

PLC 的现代应用已从独立单机控制向数台连成的网络发展，也就是把 PLC 和计算机以及其他智能装置通过传输介质连接起来，以实现迅速、准确、及时的数据通信，从而构成功能更强、性能更好的自动控制系统。

掌握安装和调试 PLC 通信网络的基本技能，是进一步掌握组建更为复杂的、功能强大的 PLC 工业网络（例如各种现场总线、工业以太网等通信网络）的基础，是自动化生产线安装与调试综合实训的一项重要的内容。

YL-335B 各工作单元在联机运行时通过网络互连构成一个分布式的控制系统。对于采用三菱 FX 系列 PLC 的设备，YL-335B 的标准配置采用了基于 RS-485 串行通信的 $N:N$ 通信方式，提供了一个对基本的 PLC 通信网络的安装连接和组态的实训平台。

有关串行通信的基本概念、通信协议、接口标准，三菱 FX 系列 PLC 的通信模块的特性和应用等相关知识点，以及在 YL-335B 上的串行通信网络组态实训将在项目八中进一步介绍。

5. 触摸屏及嵌入式组态软件

YL-335B 系统运行的主令信号（复位、启动、停止等）一般是通过触摸屏人机界面给出的。同时，人机界面上也显示系统运行的各种状态信息。

人机界面是在操作人员和机器设备之间做双向沟通的桥梁。使用人机界面能够明确指示并告知操作员机器设备目前的状况，使操作变得简单生动，并且可以减少操作上的失误，即使是新手也可以很轻松地操作整个机器设备。使用人机界面还可以使机器的配线标准化、简单化，同时也能减少 PLC 控制器所需的 I/O 点数，降低生产的成本，同时由于面板控制的小型化及高性能，相对提高了整套设备的附加价值。

YL-335B 采用了昆仑通态（MCGS）TPC7062K 触摸屏作为它的人机界面。TPC7062K 是一款以嵌入式低功耗 CPU 为核心（主频 400 MHz）的高性能嵌入式一体化工控机。该产品设计采用了 7 英寸（1 英寸=2.54 cm）高亮度 TFT 液晶显示屏（分辨率 800×480 像素），四线电阻式触摸屏（分辨率 4 096×4 096 像素），同时还预装了微软嵌入式实时多任务操作系统 WinCE.NET（中文版）。

运行在 TPC7062K 触摸屏上的各种控制界面，需要首先用运行于 PC Windows 操作系统下的画面组态软件制作"工程文件"，再通过 PC 和触摸屏的 USB 口或者网口，把组建好的"工程文件"下载到人机界面中运行，与生产设备的控制器（PLC 等）不断交换信息，实现监控功能。人机界面的组态与运行过程的示意图如图 1-11 所示。

昆仑通态公司专门开发的用于 mcgsTPC 的 MCGS 嵌入版组态软件，其组态环境和运行环境是分开的，在组态环境下组态好的工程要下载到嵌入式系统中运行。

MCGS 嵌入版组态软件具有模拟运行功能，用户在模拟环境中就可以查看组态的界面美观性、功能的实现情况以及性能的合理性，从而解决了用户组态的调试中，必须将 PC 与触摸屏嵌入式系统相连的问题。因此，MCGS 嵌入式体系结构分为组态环境、模拟运行环境和运行环境三部分。

MCGS 嵌入版组态软件须首先安装到计算机上才能使用，具体安装步骤请参阅《MCGS 嵌入版组态软件说明书》。安装完成后，Windows 操作系统的桌面上添加了如图 1-12 所示的两个快捷方式图标，分别用于启动 MCGS 嵌入式组态环境和模拟环境。

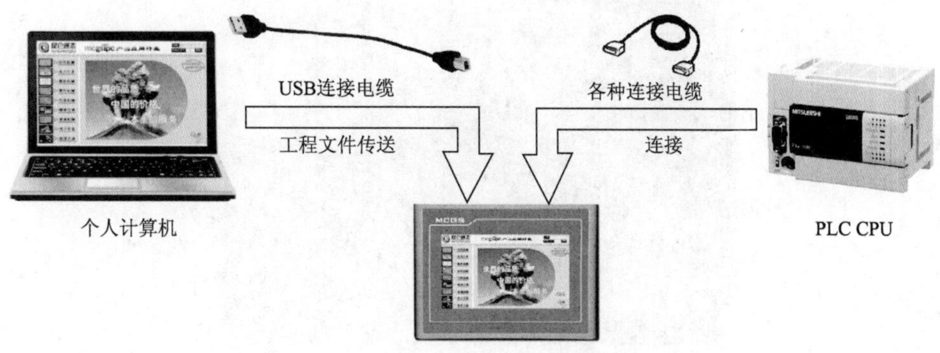

图 1-11　人机界面的组态与运行过程的示意图

图 1-12　组态环境和模拟环境图标

MCGS 嵌入式组态软件、TPC7062K 触摸屏的使用、人机界面的组态方法，将在项目六中介绍。

（三）了解气源及气源处理装置

YL-335B 设备上实现各种控制的重要手段之一是采用气动技术，即以压缩空气作为动力源，进行能量传递或信号传递的工程技术。气动技术在工业生产中应用十分广泛。YL-335B 设备的各工作单元上安装了许多气动器件，可归纳为气源及气源处理器、控制元件、执行元件、辅助元件。这里仅对气源及气源处理器的工作原理进行简单介绍，着重于介绍它们的使用方法。气动控制、执行以及辅助元件等将在后面各项目中逐步介绍。

1. 气源装置

气源装置是用来产生具有足够压力和流量的压缩空气并将其净化、处理及存储的一套装置。自动化生产线常常使用气泵作为气源装置。YL-335B 设备配置的是小型气泵，其主要器件如图 1-13 所示。图 1-13 中，空气压缩机实现把电能转变为气压能，所产生的压缩空气用储气罐先储存起来，再通过气源开关控制输出，这样可减少输出气流的压力脉动，使输出气流具有流量连续性和气压稳定性；储气罐内的压力用压力表显示，压力控制则由压力开关实现，即在设定的最高压力停止电动机，在设定的最低压力重新激活电动机；当压力超过允许限度时，则用过载安全保护器将压缩空气排出；输出的压缩空气的净化由主管道过滤器实现，其功能是清除主要管道内灰尘、水分和油分。

图 1-13　小型气泵上的主要器件

1—空气压缩机；2—压力开关；3—过载安全保护器；4—储气罐；

5—气源开关；6—压力表；7—主管道过滤器

2. 气源处理器

从空气压缩机输出的压缩空气中，仍然含有大量的水分、油分和粉尘等污染物。质量不良的压缩空气是气动系统出现故障的最主要因素，它会使气动系统的可靠性和使用寿命大大降低。因此，压缩空气进入气动系统前应进行二次过滤，以便滤除压缩空气中的水分、油分以及杂质，以达到启动系统所需要的净化程度。

为确保系统压力的稳定性，减小因气源气压突变时对阀门或执行器等硬件的损伤，进行空气过滤后，应调节或控制气压的变化，并保持降压后的压力值固定在需要的值上。实现方法是使用减压阀调定。

气压系统的机体运动部件需进行润滑。对不方便加润滑油的部件进行润滑，可以采用油雾器，它是气压系统中一种特殊的注油装置，其作用是把润滑油雾化后，经压缩空气携带进入系统需要润滑油的部位，满足润滑的需要。

工业上的气动系统，常常使用组合起来的气动三联件作为气源处理装置。气动三联件是指空气过滤器、减压阀和油雾器。各元件之间采用模块式组合的方式连接，如图 1-14 所示。这种方式安装简单，密封性好，易于实现标准化、系列化，可缩小外形尺寸，节省空间和配管，便于维修和集中管理。

图 1-14　气动三联件

有些品牌的电磁阀和气缸能够实现无油润滑（靠润滑脂实现润滑功能），便不需要使用油雾器。这时只需要把空气过滤器和减压阀组合在一起，称为气动二联件。YL-335B 的所有气缸都是无油润滑气缸。

3. YL-335B 的气源处理组件

YL-335B 的气源处理组件使用空气过滤器和减压阀组合在一起的气动二联件结构，组件实物及其回路原理图分别如图 1-15（a）和图 1-15（b）所示。

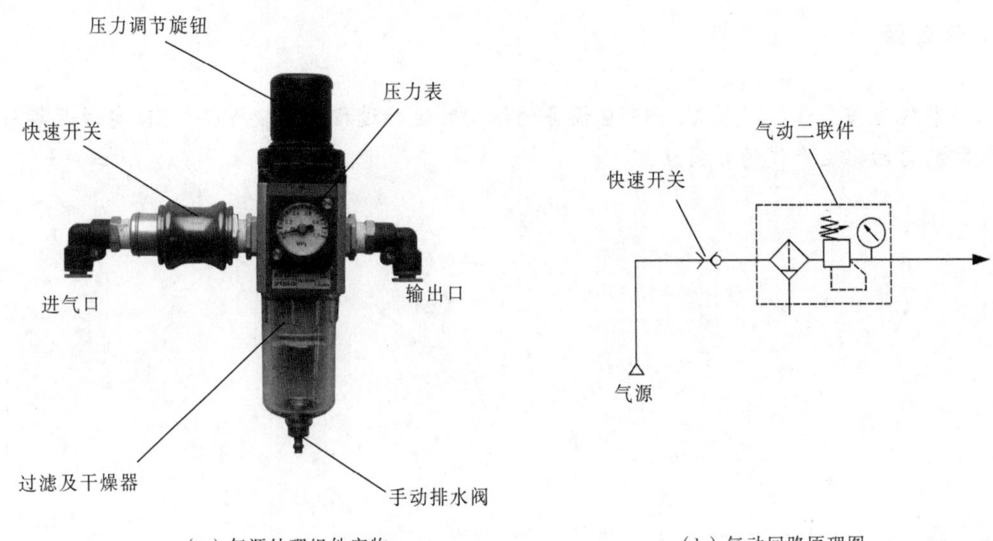

（a）气源处理组件实物　　（b）气动回路原理图

图 1-15　YL-335B 的气源处理组件

图 1-15 中，气源处理组件的输入气源来自空气压缩机，所提供的压力要求为 0.6 ~ 1.0 MPa。组件的气路入口处安装一个快速气路开关，用于启/闭气源。当把气路开关向左拔出时，气路接通气源；反之，把气路开关向右推入时，气路关闭。组件的输出压力为 0 ~ 0.8 MPa 可调。

输出的压缩空气通过快速三通接头和气管输送到各工作单元。进行压力调节时，在转动旋钮前请先拉起再旋转，压下旋钮为定位；旋钮向右旋转为调高出口压力；旋钮向左旋转为调低出口压力。调节压力时应逐步均匀地调至所需压力值，不应一步调节到位。

本组件的空气过滤器采用手动排水方式。手动排水时当水位达到滤芯下方水平之前必须排出。因此，在使用时，应注意经常检查过滤器中凝结水的水位，在超过最高标线以前，必须排放，以免被重新吸入。

项目小结

① 自动化生产线的最大特点是它的综合性和系统性。综合性是指机械技术、电工电子技术、传感器技术、PLC 控制技术、接口和驱动技术、网络通信技术、触摸屏组态编程等多种技术有机地结合，并综合应用到生产设备中；而系统性是指自动化生产线的传感检测、传输与处理、控制与驱动等机构在 PLC 的控制下协调有序地工作，有机地融合在一起。

② YL-335B 实训设备是一条高仿真度的柔性化自动化生产线，它既体现了自动化生产线的主要特点，同时又整合了教学功能。例如，系统可进行整体的联机运行实训，也可独立地进行单站实训；相关知识点和技能点由浅入深，循序渐进等。

③ 本项目作为全书的开篇，对 YL-335B 实训设备的基本功能，构成系统的 PLC 控制器、监控器（触摸屏）和通信网络做了概括性的介绍，并对供电电源、气源及气源处理器等设备通用部分，做了必要的说明。为各工作单元，以及总体运行的实训打下了初步基础。

思考题

通过参观有关企业，观察 YL-335B 设备的结构和运行过程，比较 YL-335B 实训设备与工业实际的自动化生产线的异同点。

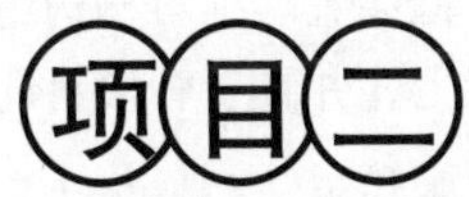

供料单元的安装与调试

项目目标

① 掌握直线气缸、单电控电磁阀等基本气动元件的功能、特性，并能构成基本的气动系统，连接和调整气路。

② 掌握自动化生产线中磁性开关、光电接近开关、电感式接近开关等传感器结构、特点及电气接口特性，能进行各传感器在自动化生产线中的安装与调试。

③ 掌握用步进指令编写单序列顺控程序的方法。

④ 能在规定时间内完成供料单元的安装与调整，进行控制程序设计和调试，并能解决安装与运行过程中出现的常见问题。

项目准备一　认知供料单元的结构和工作过程

供料单元的功能是根据需要将放置在料仓中的工件（原料）自动地推出到出料台上，以便输送单元的机械手将其抓取并输送到其他单元上。供料单元由安装在工作台面的装置侧部分和安装在抽屉内的 PLC 侧部分组成。其装置侧部分的结构如图 2-1 所示。

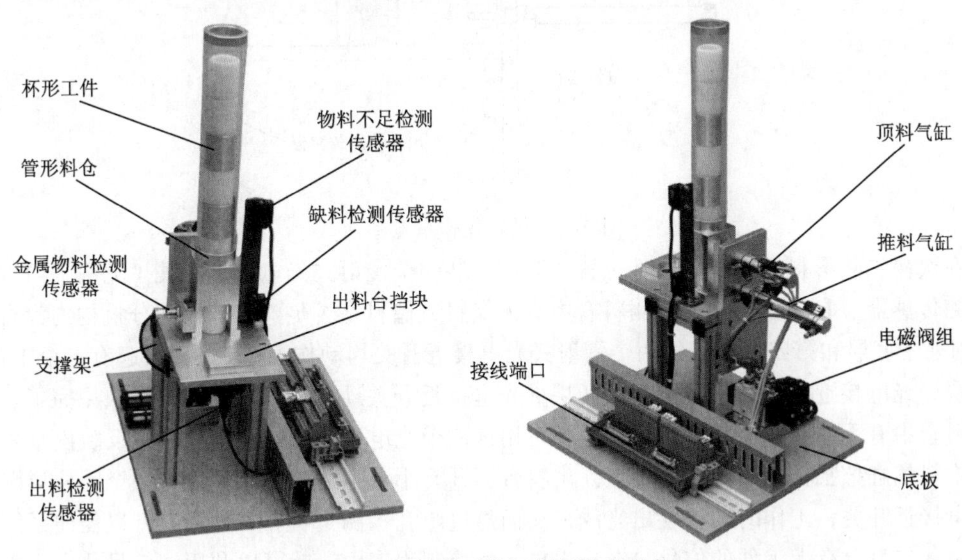

图 2-1　供料单元装置侧部分的结构

以功能划分，供料单元装置侧的结构主要是工件存储装置和推料机构组件两部分。安装在支撑架上的管形料仓、欠缺料检测组件和电感式接近开关构成工件存储装置。推料机构组件由顶料气缸、推料气缸和气缸安装板组成，推料组件也固定在支撑架上，并置于管形料仓背面。

图 2-2 为供料操作示意图。供料工作过程如下：工件垂直叠放在料仓中，推料气缸处于料仓的底层并且其活塞杆可从料仓的底部通过。当活塞杆在退回位置时，它与最下层工件处于同一水平位置，而顶料气缸则与次下层工件处于同一水平位置。在需要将工件推出到出料台上时，首先使顶料气缸的活塞杆推出，压住次下层工件；然后使推料气缸活塞杆推出，从而把最下层工件推到出料台上。在推料气缸返回并从料仓底部抽出后，再使夹紧气缸返回，松开次下层工件。这样，料仓中的工件在重力的作用下，就自动向下移动一个工件，为下一次推出工件做好准备。

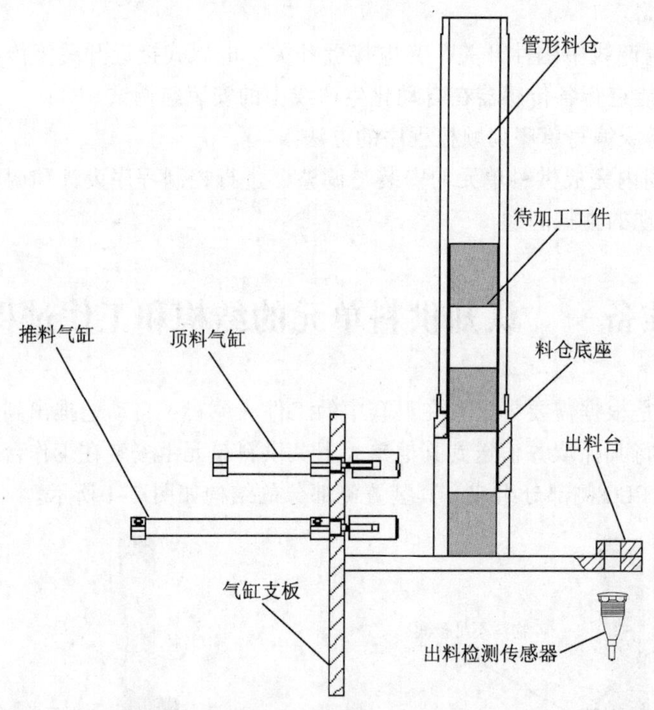

图 2-2　供料操作示意图

在底座和管形料仓第四层工件位置，分别安装一个漫射式光电接近开关（见图 2-1）作为检测传感器。它们的功能是检测料仓中有无储料或储料是否足够。若该部分机构内没有工件，则处于底层和第四层位置的两个漫射式光电接近开关均动作；若仅在底层起有三个工件，则底层处光电接近开关处于常态而第四层处光电接近开关动作，表明工件已经快用完了。这样，料仓中有无储料或储料是否足够，就可用这两个光电接近开关的信号状态反映出来。

推料气缸把工件推出到出料台上。出料台面开有小孔，出料台下面设有一个圆柱形漫射式光电接近开关，工作时向上发出光线，从而透过小孔检测是否有工件存在，以便向系统提供本单元出料台有无工件的信号。在输送单元的控制程序中，就可以利用该信号状态来判断是否需要驱动机械手装置来抓取此工件。

项目准备二　相关知识点

一、供料单元的气动元件

1. 标准气缸

标准气缸是指气缸的功能和规格是普遍使用的、结构容易制造的、制造厂通常作为通用产品供应市场的气缸。

在气缸运动的两个方向上，根据受气压控制的方向个数的不同，可分为单作用气缸和双作用气缸。

单作用气缸在缸盖一端气口输入压缩空气使活塞杆伸出（或缩回），而另一端靠弹簧力、自重或其他外力等使活塞杆恢复到初始位置。单作用气缸只在动作方向需要压缩空气，故可节约一半压缩空气。主要用在夹紧、退料、阻挡、压入、举起和进给等操作上。

根据复位弹簧位置将作用气缸分为预缩型气缸和预伸型气缸，如图 2-3 所示。当弹簧装在有杆腔内时，由于弹簧的作用力而使气缸活塞杆初始位置处于缩回位置，这种气缸称为预缩型气缸；当弹簧装在无杆腔内时，气缸活塞杆初始位置为伸出位置，这种气缸称为预伸型气缸。

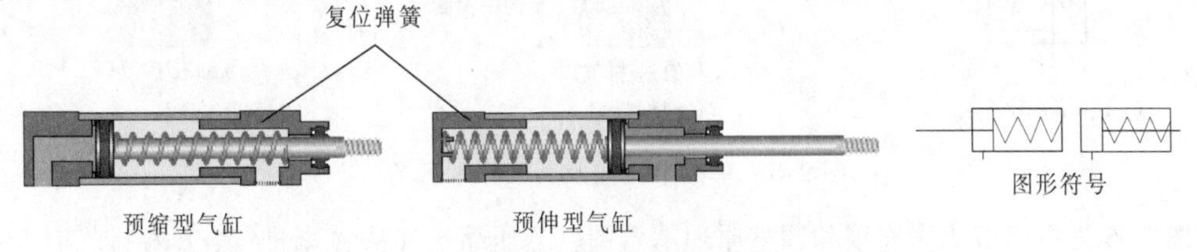

图 2-3　单作用气缸工作示意图及图形符号

双作用气缸是应用最为广泛的气缸，其动作原理是：从无杆腔端的气口输入压缩空气时，若气压作用在活塞左端面上的力克服了运动摩擦力、负载等各种反作用力，则当活塞前进时，有杆腔内的空气经该端的气口排出，使活塞杆伸出（见图 2-4）。同样，当有杆腔端的气口输入压缩空气时，活塞杆缩回至初始位置。通过无杆腔和有杆腔交替进气和排气，活塞杆伸出和缩回，实现气缸的往复直线运动。

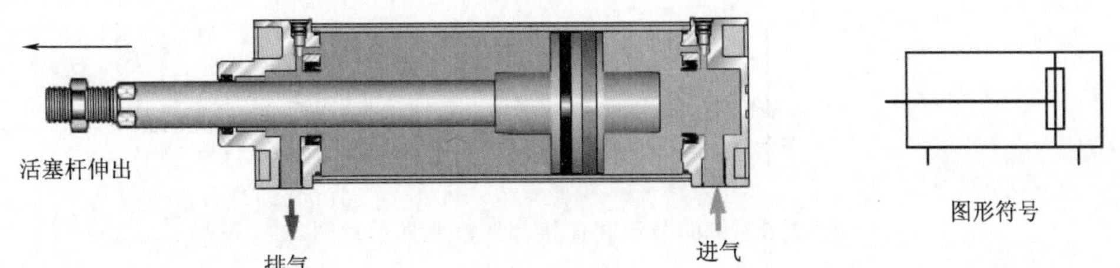

图 2-4　双作用气缸工作示意图及图形符号

双作用气缸具有结构简单，输出力稳定，行程可根据需要选择的优点，但由于是利用压缩空气交替作用于活塞上实现伸缩运动的，回缩时压缩空气的有效作用面积较小，所以产生

的力要小于伸出时产生的推力。

为了使气缸的动作平稳可靠，应对气缸的运动速度加以控制，常用的方法是使用单向节流阀来实现。

单向节流阀是由单向阀和节流阀并联而成的流量控制阀，常用于控制气缸的运动速度，所以又称速度控制阀。单向阀的功能是靠单向密封圈来实现的。图 2-5 为一种单向节流阀及其工作示意图。当空气从气缸排气口排出时，单向密封圈在封堵状态，单向阀关闭，这时只能通过调节手轮，使节流阀杆上下移动，改变气流开度，从而达到节流作用；反之，在进气时，单向密封圈被气流冲开，单向阀开启，压缩空气直接进入气缸进气口，节流阀不起作用。因此，这种节流方式称为排气节流方式。

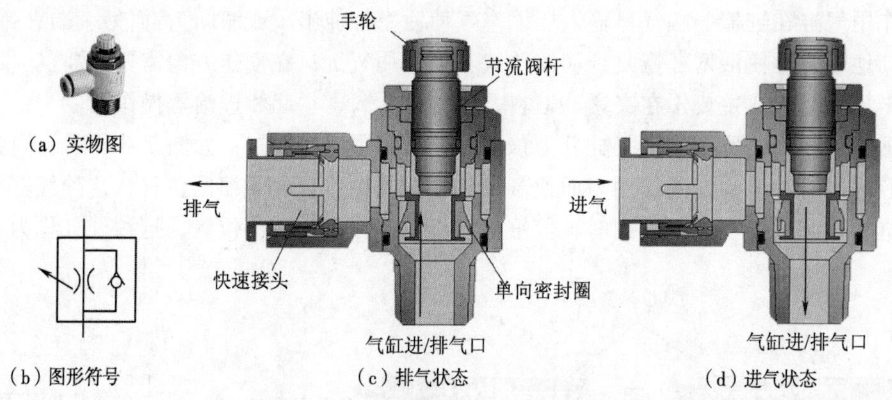

图 2-5　单向节流阀及其工作示意图

图 2-6 为单向节流阀连接和调整原理示意图。当压缩空气从 A 端进气、B 端排气时，单向节流阀 A 的单向阀开启，向气缸无杆腔快速充气；由于单向节流阀 B 的单向阀关闭，有杆腔的气体只能经节流阀排气，调节单向节流阀 B 的开度，便可改变气缸伸出时的运动速度；反之，调节单向节流阀 A 的开度则可改变气缸缩回时的运动速度。这种控制方式，活塞运行稳定，是最常用的方式。

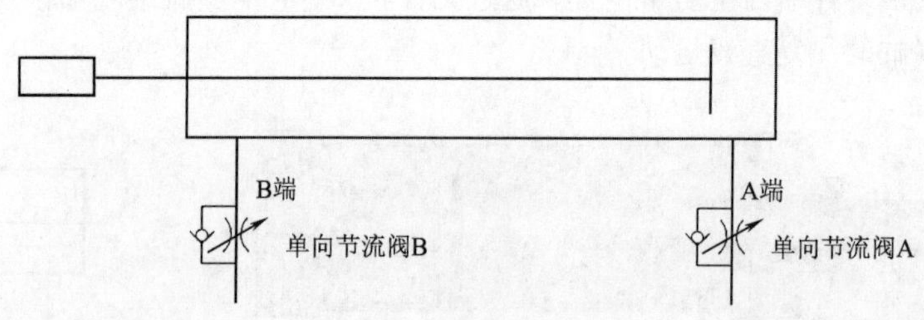

图 2-6　单向节流阀连接和调整原理示意图

单向节流阀上带有气管的快速接头，只要将合适外径的气管往快速接头上一插就可以将管连接好了，使用十分方便。图 2-7 所示为安装了带快速接头的限出型气缸节流阀的气缸外观。

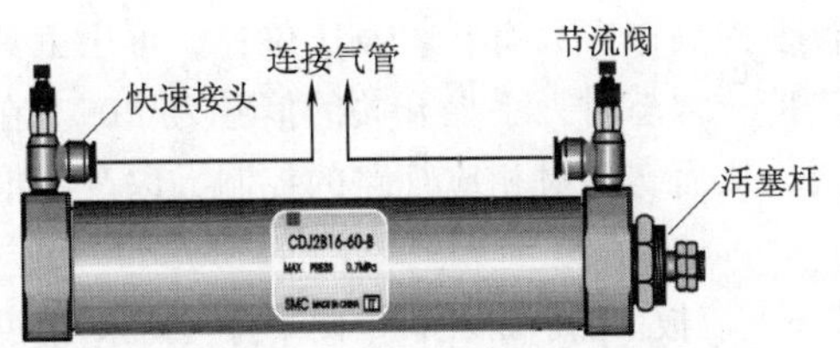

图 2-7　安装上气缸节流阀的气缸外观

2. 单电控电磁换向阀、电磁阀组

如前所述，顶料或推料气缸，其活塞的运动是依靠向气缸一端进气，并从另一端排气，再反过来，从另一端进气，一端排气来实现的。气体流动方向的改变则由能改变气体流动方向或通断的控制阀即方向控制阀加以控制。在自动控制中，方向控制阀常采用电磁控制方式实现方向控制，称为电磁换向阀。

电磁换向阀是利用其电磁线圈通电时，静铁芯对动铁芯产生电磁吸力使阀芯切换，达到改变气流方向的目的。图 2-8 为单电控二位三通电磁换向阀的工作原理示意图及图形符号。

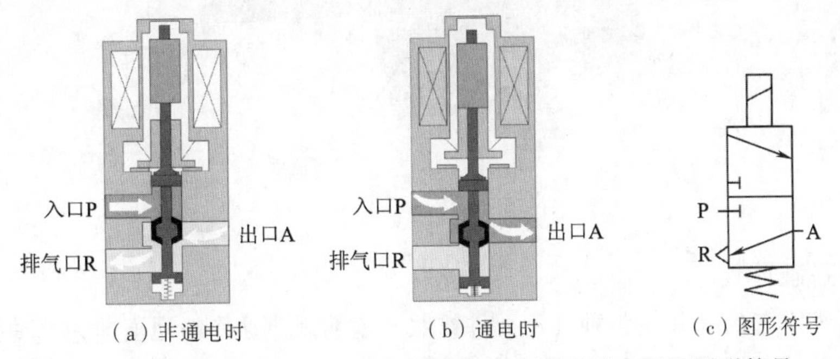

（a）非通电时　（b）通电时　（c）图形符号

图 2-8　单电控二位三通电磁换向阀的工作原理示意图及图形符号

所谓“位”指的是为了改变气体方向，阀芯相对于阀体所具有的不同的工作位置。“通”的含义则指换向阀与系统相连的通口，有几个通口即为几通。图 2-8 中，只有两个工作位置，既入口 P、出口 A 和排气口 R，其中入口 P 提供进气气流，出口 A 输出工作气流，故为二位三通阀。

图 2-9 所示分别为二位三通、二位四通和二位五通单电控电磁换向阀的图形符号，图形中有几个方格就是几位，方格中的“┬”和“┴”符号表示各接口互不相通。

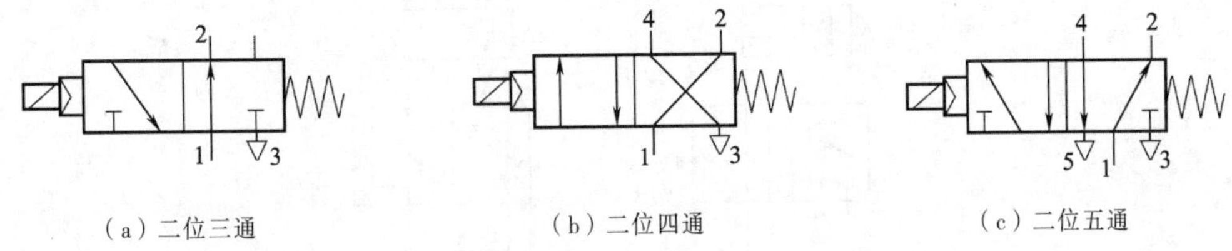

（a）二位三通　（b）二位四通　（c）二位五通

图 2-9　部分单电控电磁换向阀的图形符号

YL-335B 所有工作单元的执行气缸都是双作用气缸，控制它们工作的电磁阀需要有两个工作口和两个排气口以及一个供气口，故使用的电磁阀均为二位五通电磁阀。

供料单元用了两个二位五通的单电控电磁阀。这两个电磁阀带有手动换向和加锁钮，有锁定（LOCK）和开启（PUSH）两个位置。用小螺丝刀把加锁钮旋到在 LOCK 位置时，手控

开关向下凹进去，不能进行手控操作；只有在 PUSH 位置，可用工具向下按，信号为“1”，等同于该侧的电磁信号为“1”。常态时，手控开关的信号为“0”。在进行设备调试时，可以使用手控开关对阀进行控制，从而实现对相应气路的控制，以改变推料气缸等执行机构的控制，达到调试的目的。

两个电磁阀是集中安装在汇流板上的。汇流板中两个排气口末端均连接了消声器，消声器的作用是减少压缩空气在向大气排放时的噪声。这种将多个阀与消声器、汇流板等集中在一起构成的一组控制阀的集成称为阀组，而每个阀的功能是彼此独立的。电磁阀组的结构如图 2-10 所示。

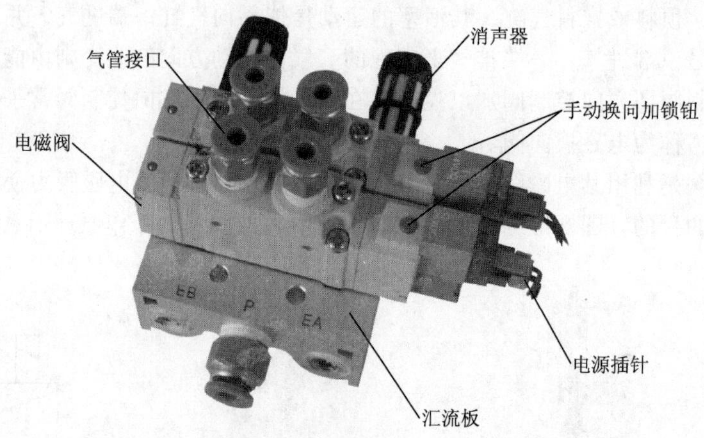

图 2-10　电磁阀组

3. 气动控制回路

能传输压缩空气的，并使各种气动元件按照一定的规律动作的通道即为气动控制回路。气动控制回路的控制逻辑功能是由 PLC 实现的。气动控制回路的工作原理如图 2-11 所示。图 2-11 中 1A 和 2A 分别为顶料气缸和推料气缸。1B1 和 1B2 为安装在顶料气缸的两个极限工作位置的磁感应接近开关，2B1 和 2B2 为安装在推料缸的两个极限工作位置的磁感应接近开关。1Y 和 2Y 分别为控制顶料气缸和推料气缸的电磁阀的电磁控制端。通常，这两个气缸的初始位置均设定在缩回状态。

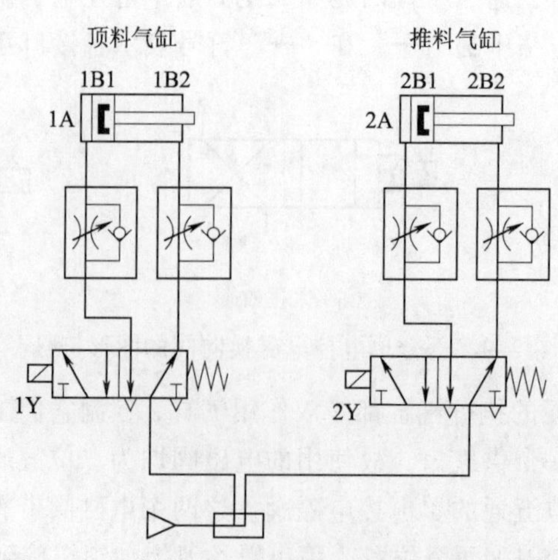

图 2-11　供料单元气动控制回路工作原理图

二、认知有关传感器（接近开关）

YL-335B 各工作单元所使用的传感器都是接近传感器，它利用传感器对所接近的物体具有的敏感特性来识别物体的接近，并输出相应的开关信号。因此，接近传感器通常又称接近开关。

接近传感器有多种检测方式，包括利用电磁感应引起的检测对象的金属体中产生的涡电流的方式、捕捉检测体的接近引起的电气信号的容量变化的方式、利用磁石和引导开关的方式、利用光电效应和光电转换器件作为检测元件等。YL-335B 所使用的是磁感应式接近开关（又称磁性开关）、电感式接近开关、漫射式光电接近开关和光纤型光电传感器等。这里只介绍磁性开关、电感式接近开关和漫射式光电接近开关，光纤型光电传感器留待在装配单元实训项目中介绍。

1. 磁性开关

磁性开关是一种非接触式的位置检测开关，具有检测时不会磨损和损伤检测对象的优点，常用于检测磁场或磁性物质的存在。

图 2-12 是带磁性开关的气缸活塞位置检测原理图。在非磁性体的活塞上安装一个永久磁铁的磁环，这样就提供了一个反映气缸活塞位置的磁场，在气缸外侧某一位置安装上磁性开关，当气缸中随活塞移动的磁环靠近开关时，舌簧开关的两根簧片被磁化而相互吸引，触点闭合；当磁环移开开关后，簧片失磁，触点断开。触点闭合或断开时发出电控信号，在 PLC 的自动控制中，就可以利用该信号判断气缸活塞的运动状态或所处的位置。

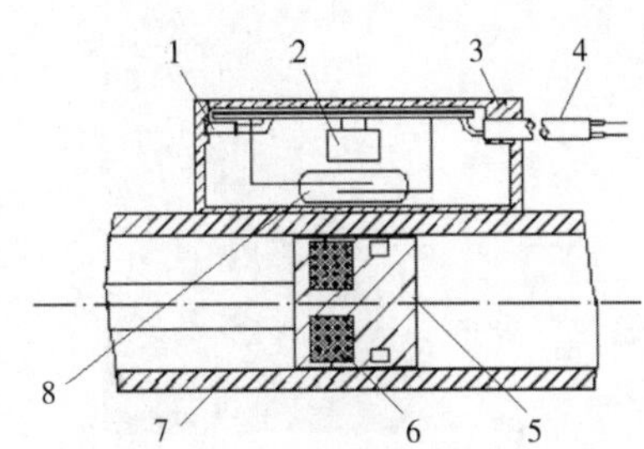

图 2-12　带磁性开关的气缸活塞位置检测原理图

1—动作指示灯；2—保护电路；3—开关外壳；4—导线；5—活塞；
6—磁环（永久磁铁）；7—缸筒；8—舌簧开关

磁性开关的内部电路如图 2-13 中点画线框内所示。电路中的发光二极管用于显示传感器的信号状态，供调试与运行监视时观察。磁性开关动作时（舌簧开关接通），电流流过发光二极管，输出信号“1”，发光二极管亮；磁性开关不动作时，输出信号“0”，发光二极管不亮。注意，由于发光二极管的单向导电性能，磁性开关使用棕色和蓝色引出线以区分极性，但绝非表示直流电源的正极和负极。对于漏型输入的 PLC，使用时棕色引出线应连接到 PLC 输入端，蓝色引出线应连接到 PLC 输入公共端，切勿将棕色引出线连接到 DC 24 V 电源的正极。

磁性开关的安装位置可以调整，调整方法是松开它的紧定螺栓，让磁性开关顺着气缸滑动，到达指定位置后，再旋紧紧定螺栓。

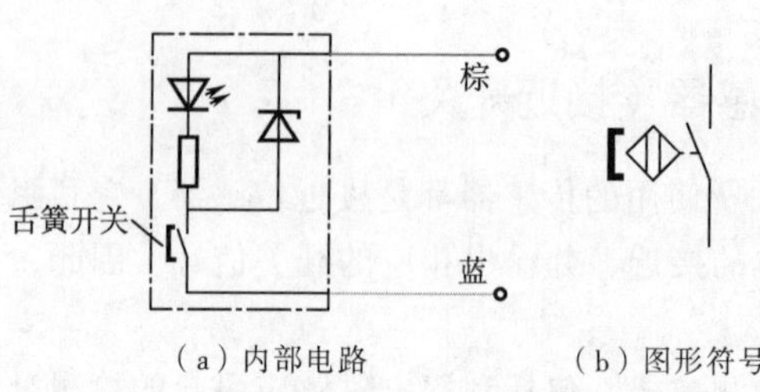

（a）内部电路　　（b）图形符号

图 2-13　磁性开关的内部电路及图形符号

2. 电感式接近开关

电感式接近开关是利用电涡流效应制造的传感器。电涡流效应是指，当金属物体处于一个交变的磁场中，在金属内部会产生交变的电涡流，该涡流又会反作用于产生它的磁场这样一种物理效应。如果这个交变的磁场是由一个电感线圈产生的，则这个电感线圈中的电流就会发生变化，用于平衡涡流产生的磁场。

利用这一原理，以高频振荡器（LC 振荡器）中的电感线圈作为检测元件，当被测金属物体接近电感线圈时产生了涡流效应，引起振荡器振幅或频率的变化，由传感器的信号调理电路（包括检波、放大、整形、输出等电路）将该变化转换成开关量输出，从而达到检测的目的。电感式接近开关工作原理框图如图 2-14（a）所示。常见的电感式接近开关的外形有圆柱形、螺纹形、长方体形和 U 形等几种。供料单元中，为了检测待加工工件是否为金属材料，在供料管底座侧面安装了一个圆柱形电感式接近开关，如图 2-14（b）所示。输送单元的原点开关则采用长方体形电感式接近开关，如图 2-14（c）所示。

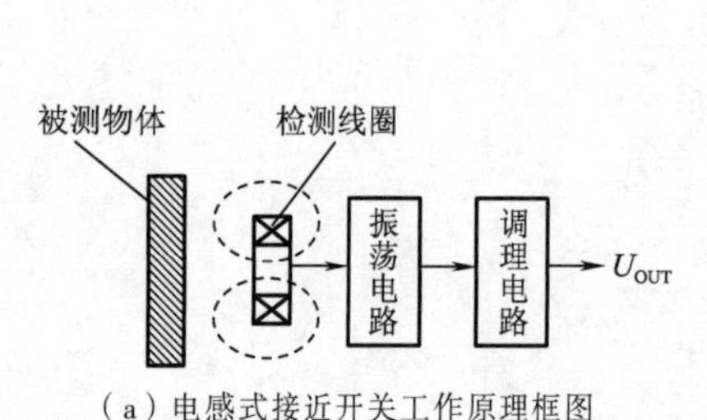

（a）电感式接近开关工作原理框图

（b）供料单元的金属检测器

（c）输送单元的原点开关

图 2-14　电感式传感器

在接近开关的选用和安装中，必须认真考虑检测距离、设定距离，保证生产线上的传感器可靠动作。安装距离注意说明如图 2-15 所示。

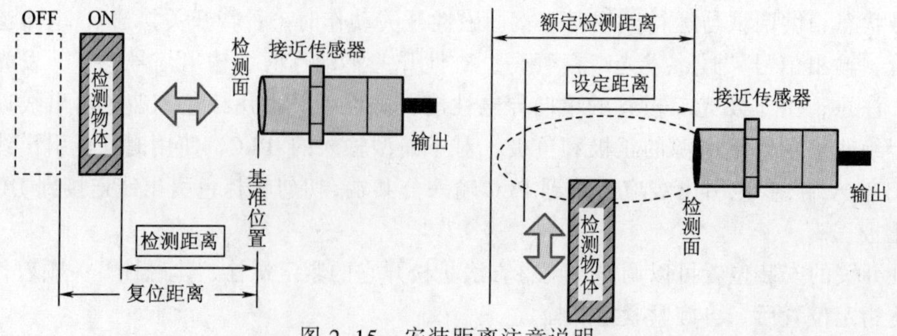

图 2-15　安装距离注意说明

3. 光电接近开关

（1）光电接近开关的类型

"光电传感器"是利用光的各种性质，检测物体的有无和表面状态的变化等的传感器。其中，输出形式为开关量的传感器称为光电接近开关。

光电接近开关主要由投光器和受光器构成。如果投光器发射的光线因检测物体不同而被遮掩或反射时，到达受光器的量将会发生变化。受光器的敏感元件将检测出这种变化，并转换为电气信号，进行输出。大多使用可见光（主要为红色，也用绿色、蓝色）和红外光。

按照受光器接收光的方式的不同，光电接近开关可分为对射式、反射式和漫射式三种，如图 2-16 所示。

（2）漫射式光电接近开关

漫射式光电开关是利用光照射到被测物体上后反射回来的光线而工作的，由于物体反射的光线为漫射光，故称为漫射式光电接近开关。它的投光器与受光器处于同一侧位置，且为一体化结构。在工作时，投光器始终发射检测光，若接近开关前方一定距离内没有物体，则没有光被反射到受光器，接近开关处于常态而不动作；反之，若接近开关的前方一定距离内出现物体，只要反射回来的光强度足够，则受光器接收到足够的漫射光就会使接近开关动作而改变输出的状态。图 2-16（b）为漫射式光电接近开关的工作原理示意图。

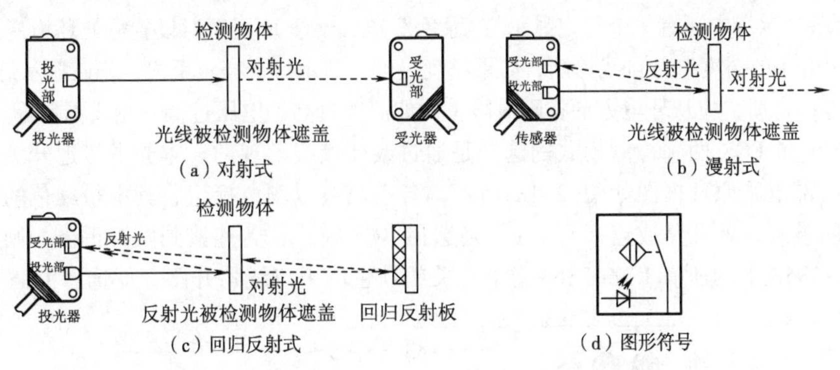

图 2-16　光电接近开关的类型

4. 供料单元中使用的漫射式光电接近开关

① 用来检测工件不足或工件有无的光电接近开关选用欧姆龙公司的 E3Z-LS63 型光电接近开关。该光电接近开关是一种小型、可调节检测距离、放大器内置的反射式光电传感器，具有细小光束（光点直径约 2 mm）、可检测同等距离的黑色和白色工件、检测距离可精确设定等特点。该光电接近开关的外形、顶端面上的调节旋钮和显示灯如图 2-17 所示。各器件功能说明如下：

a. 距离设定型光电接近开关主要以三角测距为检测原理，具有 BGS 和 FGS 两种检测模式（BGS 模式可选择在检测物体远离背景时；FGS 模式则可选择在检测物体与背景接触或检测物体是光泽物体等情况下）。供料单元的欠、缺料检测使用 BGS 模式，这种模式下传感器至设定距离间的物料可被检测到，设定距离以外的背景物料不能被检测到，从而实现检测透明塑料管内工件的目的。

设定距离通过旋动距离设定旋钮实现，设定方法如下：在料仓中放进工件，逆时针方向将距离设定旋钮充分旋到最小检测距离(约20 mm),然后按顺时针方向逐步旋转距离调节器，直到橙色发光二极管的动作显示灯稳定地点亮。注意，距离设定旋钮只能旋转5圈，超过就会空转，调整距离时须逐步轻微旋转；否则，若充分旋转距离调节器会空转。

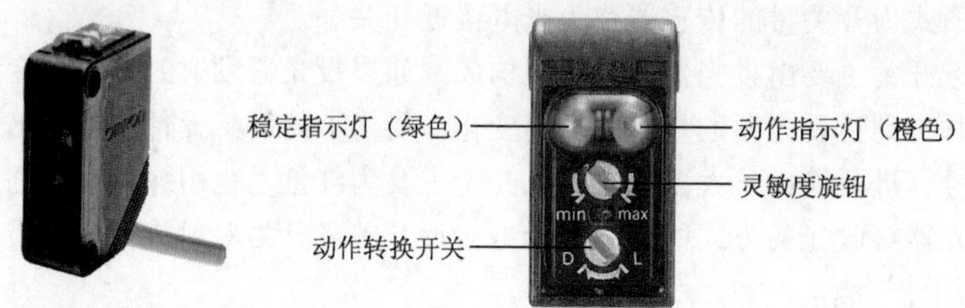

（a）E3Z-LS63 外观　（b）调节旋钮和显示灯

图 2-17　E3Z-LS63 型光电接近开关的外形、顶端面上的调节旋钮和显示灯

b. 动作切换开关用来切换光电开关的动作输出模式：当受光元件接收到反射光时输出为ON，则称为L模式(LIGHT ON)或受光模式；另一种动作输出模式是在反射光未能接收到时输出为ON，则称为D模式(DARK ON) 或遮光模式。选择哪一种检测模式，取决于编程考虑。若选择L模式，则物料被检测到时开关动作；而发生欠料或缺料时，开关不动作，这一点在编程时须注意。

c. 状态指示灯中还有一个稳定显示灯(绿色发光二极管)，用于对设置后的环境变化(温度、电压、灰尘等)的裕度进行自我诊断，如果裕度足够，显示灯会亮；反之，若该显示灯熄灭，说明现场环境不合适，应从环境方面排除故障，例如温度过高、电压过低、光线不足等。

d. BGS 和 FGS 两种检测模式的选择是通过改变接线实现的。本光电接近开关有四根引出线，其内部电路原理框图如图 2-18 所示。各引出线以颜色标记，其中粉红色的引出线用于选择检测模式，若开路或连接到0 V，则选择BGS模式；若连接到电源正极，则选择FGS模式。YL-335B上的所有E3Z-LS63光电开关粉红色的引出线均开路，即选择BGS模式。

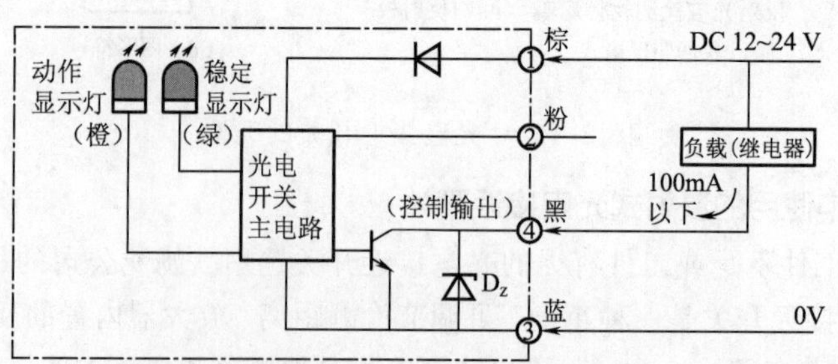

图 2-18　E3Z-LS63 光电接近开关内部电路原理框图

E3Z-LS63 型光电接近开关由于实现了可视光的小光点(光点直径约2 mm)，可以用肉眼确认检测点的位置，检测距离调试方便，并且在设定距离以内，被检测物的颜色（黑白）对动作灵敏度影响不太大，因此该传感器也用于YL-335B的一些其他检测，例如装配单元料仓的欠缺料检测和回转台上料盘芯件的有无检测、加工单元加工台物料检测等。

② 用来检测出料台上有无物料的光电接近开关是一个圆柱形漫射式光电接近开关。工作时向上发出光线，从而透过小孔检测是否有工件存在，该光电接近开关选用 SICK 公司产

品 MHT15-N2317 型，其外形及接线图如图 2-19 所示。

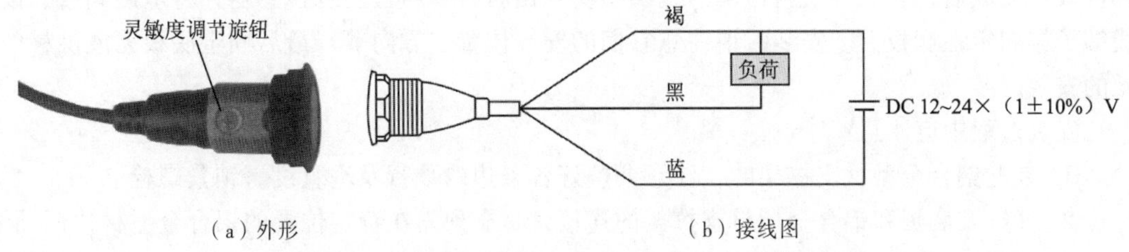

（a）外形　　（b）接线图

图 2-19　圆柱形漫射式光电接近开关外形及接线图

5. 接近开关的图形符号

部分接近开关的图形符号如图 2-20 所示。图 2-20（a）~ 图 2-20（c）三种情况均使用 NPN 型晶体管集电极开路输出。如果是使用 PNP 型晶体管，正负极性应反过来。

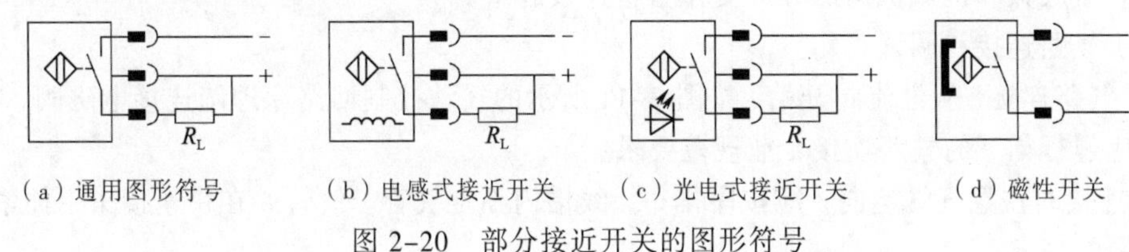

（a）通用图形符号　（b）电感式接近开关　（c）光电式接近开关　（d）磁性开关

图 2-20　部分接近开关的图形符号

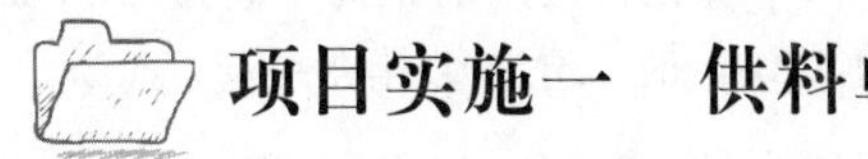

项目实施一　供料单元的安装

1. 安装前的准备工作

必须强调做好安装前的准备工作，养成良好的工作习惯和规范操作的习惯。这是培养学生工作素质的重要步骤。

① 安装前应对设备的零部件作初步检查以及必要的调整。

② 工具和零部件应合理摆放，操作时每次使用完的工具应放回原处。

2. 安装步骤和方法

（1）机械部分安装

首先把供料单元各零件组合成整体安装时的组件，然后把组件进行组装。所组合成的组件包括铝合金型材支撑架，料仓底座及出料台，推料机构，如图 2-21 所示。

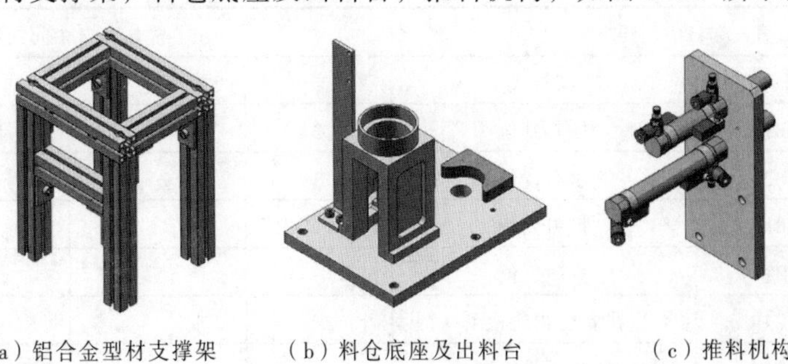

（a）铝合金型材支撑架　（b）料仓底座及出料台　（c）推料机构

图 2-21　供料单元组件

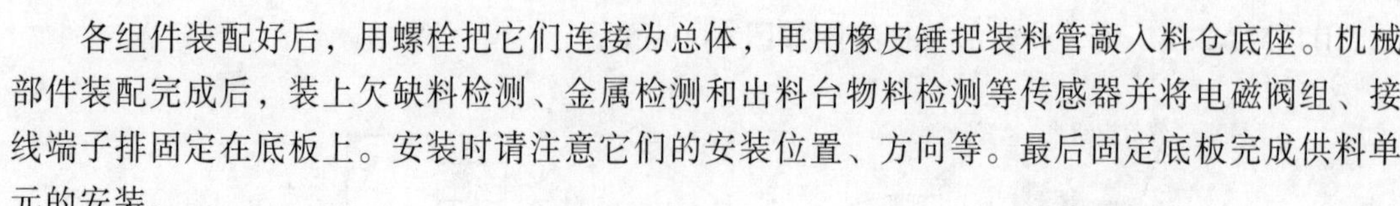

各组件装配好后，用螺栓把它们连接为总体，再用橡皮锤把装料管敲入料仓底座。机械部件装配完成后，装上欠缺料检测、金属检测和出料台物料检测等传感器并将电磁阀组、接线端子排固定在底板上。安装时请注意它们的安装位置、方向等。最后固定底板完成供料单元的安装。

安装过程中应注意：

① 装配铝合金型材支撑架时，注意调整好各条边的平行及垂直度，锁紧螺栓。

② 气缸安装板和铝合金型材支撑架的连接，是靠预先在特定位置的铝合金型材“T”形槽中放置预留与之相配的螺母，因此在对该部分的铝合金型材进行连接时，一定要在相应的位置放置相应的螺母。如果没有放置螺母或没有放置足够多的螺母，将造成无法安装或安装不可靠。

③ 机械机构固定在底板上的时候，需要将底板移动到操作台的边缘，螺栓从底板的反面拧入，将底板和机械机构部分的支撑型材连接起来。

（2）气路连接和调试

① 气路连接。从汇流阀开始，按图 2-11 所示的气动控制回路原理图连接电磁阀、气缸。连接时应遵行如下的气路连接专业规范要求：

a. 连接时注意气管走向，应按序排布，线槽内不走气管。气管要在快速接头中插紧，不能够有漏气现象。

b.气路连接完毕后，应用扎带绑扎，两个绑扎带之间的距离不超过 50 mm。电缆和气管应分开绑扎，但当它们都来自同一个移动模块上时，允许绑扎在一起。

c. 避免气管缠绕，绑扎变形现象。

② 气路调试：

a. 用电磁阀上的手动换向加锁钮验证顶料气缸和推料气缸的初始位置和动作位置是否正确。

b. 调整气缸节流阀以控制活塞杆的往复运动速度，伸出速度以不推倒工件为准。

（3）装置侧的电气接线

装置侧电气接线包括完成各传感器、电磁阀、电源端子等引线到装置侧接线端口之间的接线。

供料单元装置侧的接线端口信号端子的分配如表 2-1 所示。

表 2-1　供料单元装置侧的接线端口信号端子的分配

输入端口中间层			输出端口中间层		
端子号	设备符号	信号线	端子号	设备符号	信号线
2	1B1	顶料到位	2	1Y	顶料电磁阀
3	1B2	顶料复位	3	2Y	推料电磁阀
4	2B1	推料到位			
5	2B2	推料复位			
6	BG1	出料台物料检测			
7	BG2	物料不足检测			

续表

输入端口中间层			输出端口中间层		
端子号	设备符号	信号线	端子号	设备符号	信号线
8	BG3	物料有无检测			
9	BG4	金属材料检测			
10#～17#端子没有连接			4#～14#端子没有连接		

接线时应注意，装置侧接线端口中，输入信号端子的上层端子（+24 V）只能作为传感器的正电源端，切勿用于电磁阀等执行元件的负载。电磁阀等执行元件的正电源端和 0 V 端应连接到输出信号端子下层端子的相应端子上。

电气接线的工艺应符合如下专业规范的规定：

① 电线连接时必须用合适的冷压端子；端子制作时切勿损伤电线绝缘部分。

② 连接线须有符合规定的标号；每一端子连接的导线不超过 2 根；电线金属材料不外露，冷压端子金属部分不外露。

③ 电缆在线槽里最少有 10 cm 余量（若仅是一根短接线，则在同一线槽内不要求）。

④ 电缆绝缘部分应在线槽里。接线完毕后线槽应盖住，无翘起和未完全盖住现象。

⑤ 接线完毕后，应用扎带绑扎，力求整齐美观。

【提示】本项目所述的机械装配、气路连接和电气配线等基本要求，适于以后各项目，今后将不再说明。

项目实施二　供料单元的 PLC 控制实训

一、工作任务

本项目只考虑供料单元作为独立设备运行时的情况，单元工作的主令信号和工作状态显示信号来自 PLC 旁边的按钮/指示灯模块。并且，按钮/指示灯模块上的工作方式选择开关 SA 应置于“单站方式”位置。具体的控制要求为：

① 设备加电和气源接通后，若工作单元的两个气缸均处于缩回位置，且料仓内有足够的待加工工件，则“正常工作”指示灯 HL1 长亮，表示设备准备好；否则，该指示灯以 1 Hz 频率闪烁。

② 若设备准备好，按下启动按钮，工作单元启动，“设备运行”指示灯 HL2 长亮。启动后，若出料台上没有工件，则应把工件推到出料台上。出料台上的工件被人工取出后，若没有停止信号，则进行下一次推出工件操作。

③ 若在运行中按下停止按钮，则在完成本工作周期任务后，各工作单元停止工作，指示灯 HL2 熄灭。

④ 若在运行中料仓内工件不足，则工作单元继续工作，但“正常工作”指示灯 HL1 以 1 Hz 的频率闪烁，“设备运行”指示灯 HL2 保持长亮。若料仓内没有工件，则指示灯 HL1 和指示灯 HL2 均以 2 Hz 频率闪烁。工作单元在完成本工作周期任务后停止。除非向料仓补充足够的工件，工作单元不能再启动。

要求完成如下任务：

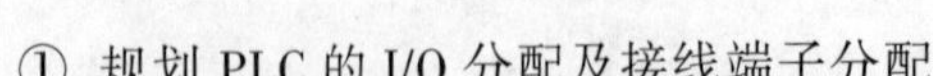

① 规划 PLC 的 I/O 分配及接线端子分配。

② 进行系统安装接线，并校核接线的正确性。

③ 按控制要求编制 PLC 程序。

④ 进行调试与运行。

二、PLC 控制电路的设计

1. 规划 PLC 的 I/O 分配

根据工作单元装置的 I/O 信号分配（见表 2-1）和工作任务的要求，供料单元 PLC 选用 FX3U-32MR 主单元，共 16 点输入和 16 点继电器输出。供料单元 PLC 的 I/O 信号表如表 2-2 所示。

表 2-2　供料单元 PLC 的 I/O 信号表

输入信号				输出信号			
序号	PLC 输入点	信号名称	信号来源	序号	PLC 输出点	信号名称	信号来源
1	X000	顶料气缸伸出到位	装置侧	1	Y000	顶料电磁阀（1Y）	装置侧
2	X001	顶料气缸缩回到位		2	Y001	推料电磁阀（2Y）	
3	X002	推料气缸伸出到位		3	Y002		
4	X003	推料气缸缩回到位		4	Y003		
5	X004	出料台检测(BG1)		5	Y004		
6	X005	供料不足检测(BG2)		6	Y005		
7	X006	缺料检测(BG3)		7	Y006		
8	X007	金属工件检测(BG4)		8	Y007		
9	X010			9	Y010	正常工作（HL1）	按钮/指示灯模块
10	X011			10	Y011	运行指示（HL2）	
11	X012	停止按钮（SB2）	按钮/指示灯模块	11	Y012	故障指示（HL3）	
12	X013	启动按钮（SB1）					
13	X014	急停按钮（QS）					
14	X015	工作方式选择（SA）					

2. PLC 控制电路图的绘制及说明

按照所规划的 I/O 分配以及所选用的传感器类型，绘制供料单元 PLC 的 I/O 接线原理图如图 2-22 所示。

FX3U 基本单元输入电路与早期的 FX2N 等系列 PLC 有所不同。图 2-23 给出了一个具有 n 个输入点的 FX3U 基本单元输入电路的接线原理图，由该图可见：

① 为了提高抗干扰能力，PLC 的开关量输入电路都采用光耦合器隔离输入的方式，串接于输入电路中的光耦合器将开关的接通与断开状态传送到逻辑处理电路中去，为 PLC 的微计算机系统提供外部输入信息。

② PLC 内部内置一个 DC 24 V 开关式稳压电源，又称传感器电源，FX3U 系列 PLC 将电源引出“+24 V”和“0 V”端子，从而可以向外部输入元件（传感器）提供 DC 24 V 的工作电源。但 PLC 输入电路与传感器电源是相互独立的，输入回路供电电源，可取自内置的传感

器电源，也可由外部稳压电源提供。

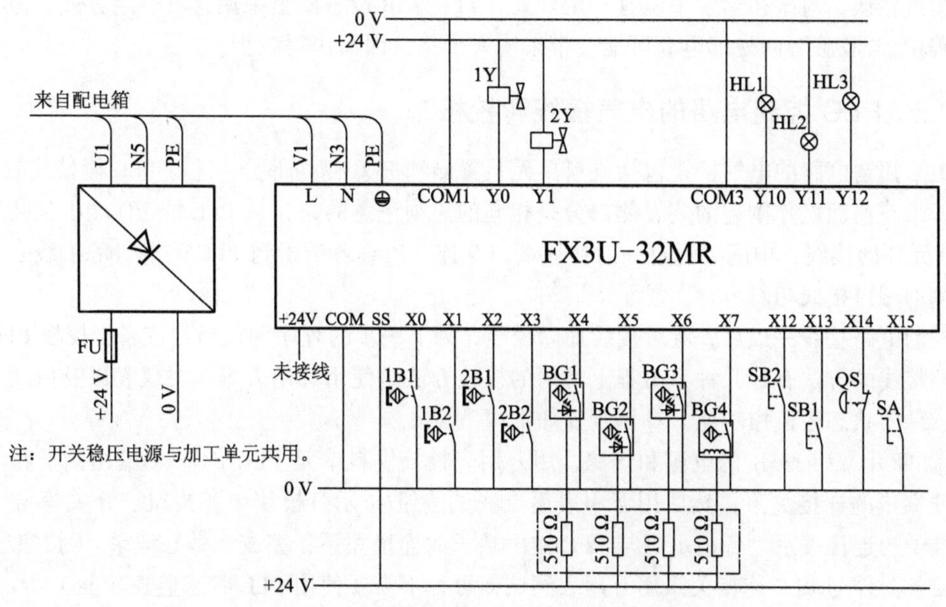

图 2-22　供料单元 PLC 的 I/O 接线原理图

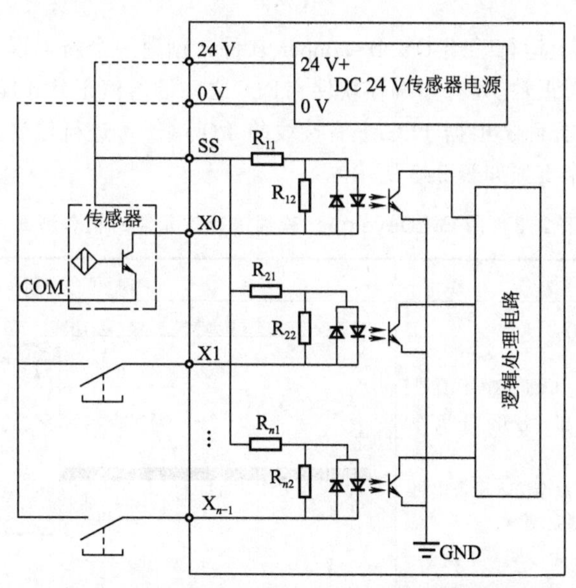

图 2-23　FX3U 基本单元输入电路的接线原理

③ 输入电路与传感器电源的相互独立使得供电电源的极性配置可以根据信号源性质而改变。例如，YL-335B 设备所使用的所有传感器均为 NPN 型晶体管集电极开路输出（即漏型信号源），这时输入回路的电源端子（“SS” 端子），应接 DC 24 V 电源的正极，而各传感器公共端（COM）应连接到电源负极（0 V）；反之，若信号源来自 PNP 型晶体管集电极开路输出（即源型信号源），则用相反极性连接，因此与信号源的匹配相当灵活。

④ 实际上，传感器电源的输出端子，并不是必须连接的，输入回路电源和传感器工作

电源可以都由外部稳压电源提供。这可以使整体电路的电源单一，避免多种电源存在可能引起的接线错误，对于初学者来说有一定好处，YL-335B 设备就是采用这种供电方式。但在实际工程中，"肮脏"的外部电源可能会带来输入干扰，因而用得较少。

三、PLC 控制电路的电气接线和校核

PLC 控制电路的电气接线包括供料单元装置侧和 PLC 侧两部分。进行 PLC 侧接线时，其工艺要求与前面已作阐述的装置侧部分是相同的。须注意的是，从 PLC 的 I/O 端子到装置侧各 I/O 元件的接线，中间要通过一对接线端口互连，PLC 各端子到 PLC 侧端口的引线必须与装置侧的端口接线相对应。

控制电路接线完成后，应对接线加以校核，为下一步的程序调试做好准备。校核 PLC 控制电路接线的方法有好几种，工程上常用的校核方法是使用万用表等有关仪表以及借助 PLC 编程软件的状态表监控功能。具体步骤如下：

① 断开 YL-335B 的电源和气源，用万用表校核供料单元 PLC 的输入/输出端子和 PLC 侧接线端口的连接关系；然后用万用表逐点测试按钮/指示灯模块中各按钮、开关等与 PLC 输入端子的连接关系，各指示灯与 PLC 输出端子的连接关系，完成后做好记录。（按钮/指示灯模块各器件与 PLC 连接关系用万用表测试即可，不需要使用 PLC 状态监控功能）

② 为了使气缸能自如动作，应清空供料单元料仓内的工件。接通供料单元电源，确保 PLC 在 STOP 状态。

③ 在个人计算机上运行三菱 GX Developer 软件，创建一个新工程，然后检查编程软件和 PLC 之间的通信是否正常。只有当编程软件和 PLC 之间的通信正常才能进入状态监控操作。

④ 打开状态监控界面，根据 PLC 上有接线的 I/O 端子，进行位软元件登录，然后激活软元件状态监视。操作步骤如表 2-3 所示。

表 2-3　用 GX Developer 软件进行软元件的状态测试

测试步骤及说明	测 试 界 面
步骤 1：打开状态监控界面及位软元件登录 ①单击工具栏上的按钮，打开"软元件登录"界面。 ②进行软元件登录操作，逐个输入所希望测试输入或输出点，直至全部完成	
步骤 2：激活软元件状态监视 单击软元件登录监视界面的"监视开始"按钮，框内各元件的状态将在"ON/OFF/当前值"栏中显示。 操作某一传感器，软元件登录框上相对应的软元件状态也发生变化，从而判断传感器接线是否正确	

续表

测试步骤及说明	测 试 界 面
步骤 3：用强制输出测试输出点（以 Y0 为例）。 ①接通气源。 ②单击“软元件测试”按钮，弹出“软元件测试”对话框。在对话框上部位软元件选择框中输入 Y0。 ③单击“强制 ON”按钮，使位软元件 Y0 被强制为 ON。观察装置侧上的顶料气缸是否动作。如果动作则说明接线正确。 ④在“软元件测试”对话框中单击“强制 OFF”按钮，使 Y0 复位	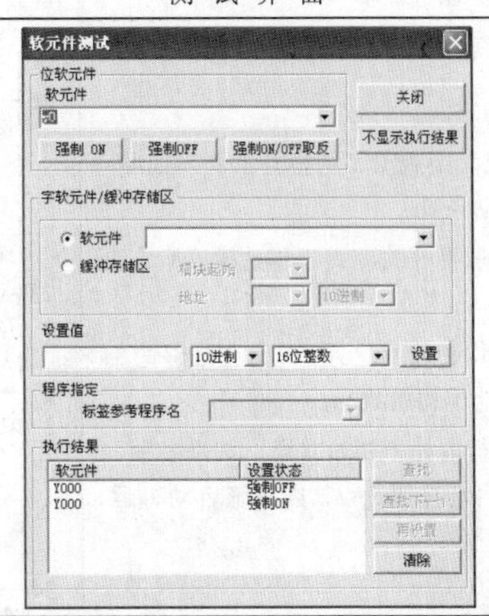
步骤 4：退出软元件状态监控。 ①取消所有强制输出。 ②单击“监视停止”按钮。 ③单击“删除所有软元件”按钮。然后关闭软元件登录监视界面	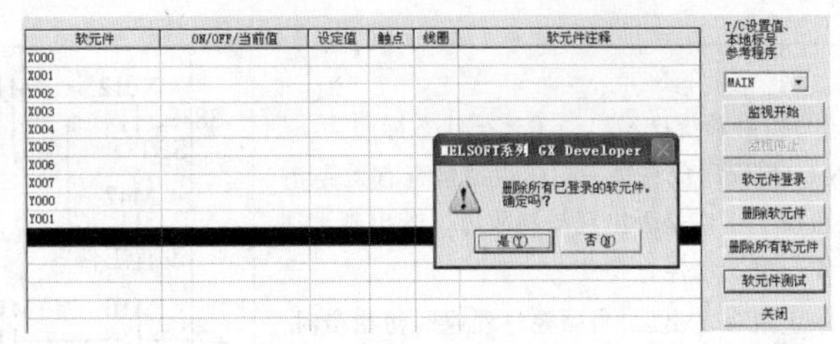

四、供料单元单站控制的编程思路

由前述的供料单元工作过程介绍可见，供料过程是一个顺序控制的过程，是供料单元的主要控制过程。但这一顺控过程在什么条件下可以启动？而启动以后，在什么情况下顺控过程停止？这些条件必须在顺控程序外部确定。实际上，YL-335B 各单元的 PLC 主程序（MAIN）除了顺控程序外，通常还包括加电初始化、故障检测、工作状态显示、系统启动条件检查、启动和停止操作等环节。为便于分析，将这些环节简称为主程序的状态检测和启停控制部分。

本书各项目的编程分析，都将按状态检测和启停控制以及顺序控制两部分进行。

① 状态检测和启停控制部分的编程要点说明如表 2-4 所示。

表 2-4 状态检测和启停控制部分的编程要点

编 程 步 骤	梯 形 图
① PLC 加电初始化后，每一扫描周期都检查设备有无缺料或欠料故障，并调用“状态显示”子程序，通过指示灯显示系统当前状态。所显示的状态包括：是否准备就绪、运行/停止状态、工件不足预报警、缺料报警等状态	0 M8002 ─┤├─ [SET S0 初始步] 3 X005 供料不足 ─┤├─ X006 缺料检测 ─┤├─ (T0 K10) 8 T0 ─┤├─ (M42 没有工件) 10 X005 供料不足 ─┤├─ (M41 工件不足) 12 M8000 ─┤├─ [CALL P0 状态显示]

续表

编 程 步 骤	梯 形 图
② 如果系统尚未启动，则检查系统当前状态是否满足启动条件： a. 工作模式选择开关位置于单站模式（或非联机模式）。 b. 两个气缸均在缩回位置，料仓有足够的工件，这时系统处于初始状态。 c. 若系统运行前处于初始状态，则准备就绪。这时按下启动按钮 SB2，则系统启动，运行状态标志被置位	16 M10 运行状态 X015 SA [SET M30 联机模式] X015 SA [RST M30 联机模式] 23 X001 顶料复位 X003 推料复位 M41 工件不足 (M0 初始状态) 27 M10 运行状态 M0 初始状态 [SET M20 准备就绪] M0 初始状态 [RST M20 准备就绪] 34 M30 联机模式 M20 准备就绪 X013 SB2 [SET M20 运行状态]
③ 如果系统已经启动（运行状态标志为 ON），则程序应在每一扫描周期检查有无停止按钮按下，或是否出现缺料故障，若出现上述事件，将发出停止指令。 停止指令发出后，当顺控过程返回初始步时，复位运行状态标志，同时复位停止指令，系统将停止运行	38 X012 SB1 M10 运行状态 [SET M11 停止指令] M42 没有工件 42 M10 运行状态 M11 停止指令 S0 初始步 [RST M10 运行状态] [RST M11]

② 供料单元主要工作过程是供料控制，它是一个单序列的步进顺序控制过程。

步进顺序控制的编程方法，可以采用移位指令、译码指令等实现工步的转移，也可以用步进指令实现。当步进控制要求有较为复杂的选择、并行分支和跳转时，使用步进指令较为便利。考虑到 YL-335B 的工作过程，本书统一使用步进指令作为编程示例。供料过程步进控制的流程示意图如图 2-24 所示。

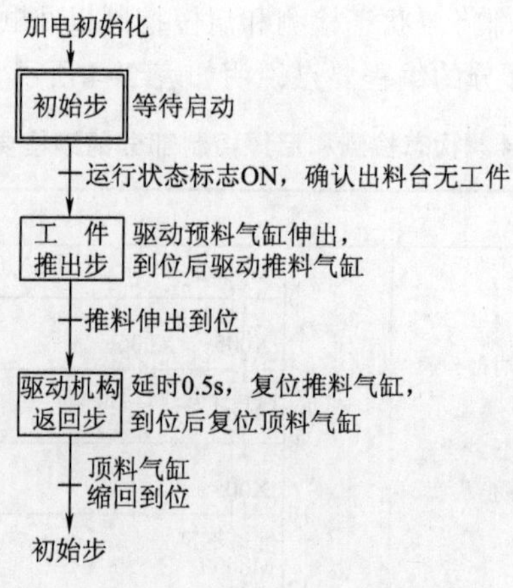

图 2-24 供料过程步进控制的流程示意图

供料单元的步进控制比较简单，初始步在加电初始化时就被置位，但系统未进入运行状态前则处于等待状态。当运行状态标志 ON 后，如果出料台上没有工件，经延时确认后，转移到推料步，将工件推出到出料台。动作完成后，转移到驱动机构复位步，使推料气缸和顶料气缸先后返回初始位置，这样就完成了一个工作周期，步进程序返回初始步，如果运行状态标志仍然为 ON，开始下一周期的供料工作。

需要注意的是推料步：进行推料操作前，必须用顶料气缸压紧次上层工件，完成后才驱动推料气缸。顶料完成信号由检测顶料到位的磁性开关提供，但当料仓中只剩下一个工件时，就会出现顶料气缸无料可顶，顶料到位信号一晃即逝的情况，这时只能获得下降沿信号。图 2-25 为供料控制推料步动作梯形图。

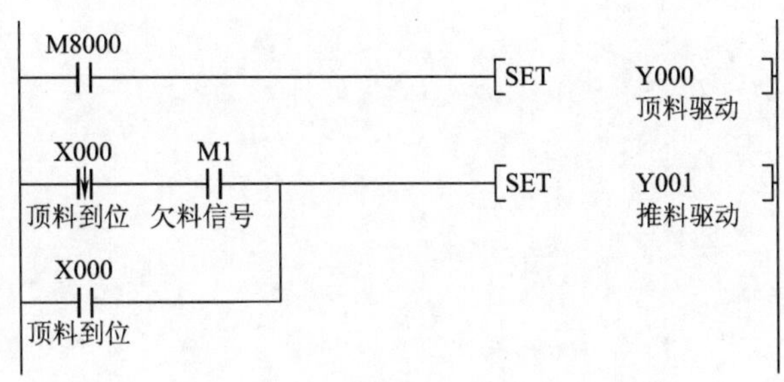

图 2-25　供料控制推料步动作梯形图

五、调试与运行

① 调整气动部分，检查气路是否正确，气压是否合理，气缸的动作速度是否合理。

② 检查磁性开关的安装位置是否到位，磁性开关工作是否正常。

③ 检查 I/O 接线是否正确。

④ 检查光电传感器安装是否合理，距离设定是否合适，保证检测的可靠性。

⑤ 运行程序，检查动作是否满足任务要求。

⑥ 调试各种可能出现的情况，例如在料仓工件不足的情况下，系统能否可靠工作；料仓没有工件情况下，能否满足控制要求。

⑦ 优化程序。

项目小结

YL-335B 自动化生产线各工作单元安装与调试的一般方法和步骤：

① 供料单元安装与调试的工作过程按如下的顺序进行：机械部件安装→气路连接及调整→电路接线→传感器调试、电路校核→编制 PLC 程序及调试。

② 机械部件的安装方法是把供料单元分解成几个组件，首先进行组件装配，然后再进行总装。

③ PLC 控制程序的结构由系统程序主流程和步进顺序控制两部分组成。

上述安装与调试方法和步骤实际上也是 YL-335B 各工作单元的共同点，当然，不同的

工作单元均有其特殊点，在共同点基础上根据各工作单元特殊点进行安装与调试，是基本的思路。

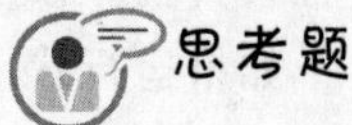

思考题

① 当料仓中只剩下一个工件时，除了采用顶料到位的下降沿信号外，还可以用哪些方法？试给出另一方案。

② 若供料控制要求改为：启动后，如果出料台上无工件，并收到请求供料信号，则应把工件推到出料台上。请据此修改控制程序，假设请求供料信号来自按钮 SB2 的动作。

加工单元的安装与调试

① 掌握薄型气缸、气动手指的功能和特点，进一步训练气路连接和调整的能力。

② 掌握用条件跳转指令和主控指令处理顺序控制过程中紧急停止的方法。

③ 能在规定时间内完成加工单元的安装和调整，进行控制程序设计和调试，并能解决安装与运行过程中出现的常见问题。

项目准备一　认知加工单元的结构和工作过程

加工单元的功能是实现在进料位置将待加工工件夹紧在加工台上，移送到加工位置正下方，完成对工件的冲压加工，然后把加工好的工件重新送到进料位置取出的过程。

加工单元的结构如图 3-1 所示，主要组成包括：①滑动加工台组件，由直线导轨及滑块、固定在直线导轨滑块上的加工台（包括加工台支座、气动手指、工件夹紧器等）、伸缩气缸及支座等构成；②冲压机构，由固定在冲压机构支撑架上的冲压气缸安装板、冲压气缸及冲压头等构成；③电磁阀组、接线端口、底板等。

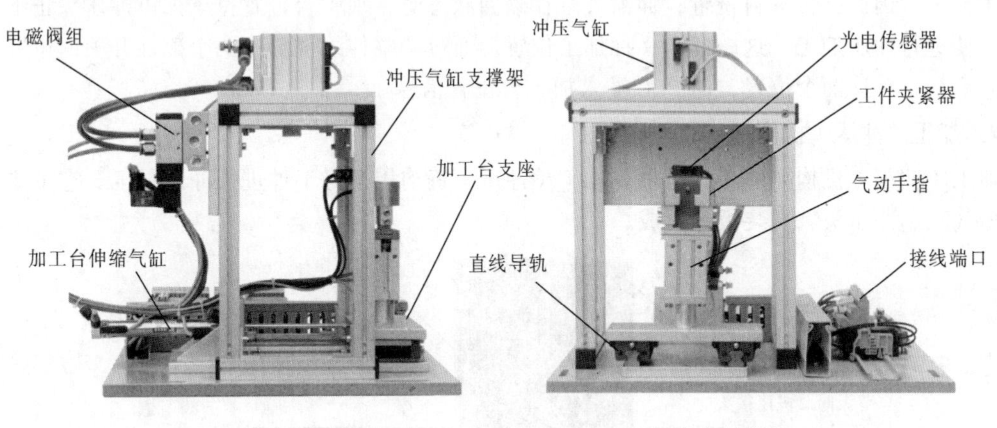

图 3-1　加工单元装置侧外观图

1. 滑动加工台组件

滑动加工台如图 3-2 所示。它主要由气动手指、工件夹紧器和加工台支座组成的加工台、连接到加工台支座的伸缩气缸、直线导轨及滑块、磁性开关、漫射式光电传感器组成。

滑动加工台的工作原理：滑动加工台的初始状态为伸缩气缸伸出，加工台气动手指张开的状态。当输送物料机构把工件送到加工台上，漫射式光电传感器检测到工件后，组件在PLC程序控制下执行如下工序：气动手指夹紧工件→伸缩气缸缩回，驱动加工台到加工位置→完成冲压加工后，伸缩气缸重新伸出，加工台返回初始位置→到位后气动手指松开，并向系统发出加工完成信号。

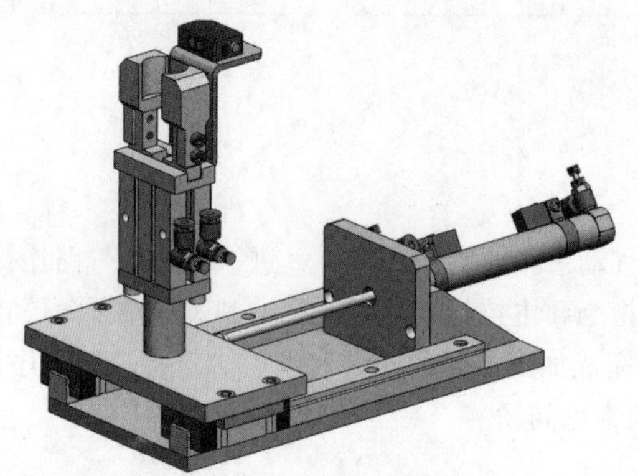

图 3-2　滑动加工台组件

加工台上安装一个漫射式光电接近开关。若加工台上没有工件，则漫射式光电接近开关处于常态；若加工台上有工件，则漫射式光电接近开关动作。该光电传感器的输出信号送到加工单元 PLC 的输入端，用以判别加工台上是否有工件需要进行加工；当加工过程结束时，加工台伸出到初始位置。同时，PLC 通过通信网络，把加工完成信号回馈给系统，以协调控制。

加工台上的漫射式光电接近开关仍选用 E3Z-LS63 型光电接近开关（该光电接近开关的原理和结构及调试方法在前面已经介绍过）。

伸缩气缸在伸出状态时的加工台位置是初始位置，只有在这个位置才能把待加工工件放到加工台上，因此又称进料位置；伸缩气缸在缩回状态时，加工台位置位于加工冲压头正下方，以便进行冲压加工，这一位置又称加工位置。通过调整伸缩气缸上两个磁性开关的位置可检测到加工台这两个位置，向 PLC 输入加工台位置信号。

2. 加工（冲压）机构

加工（冲压）机构如图 3-3 所示。加工（冲压）机构用于对工件进行冲压加工。它主要由薄型气缸、冲压头、安装板等组成。

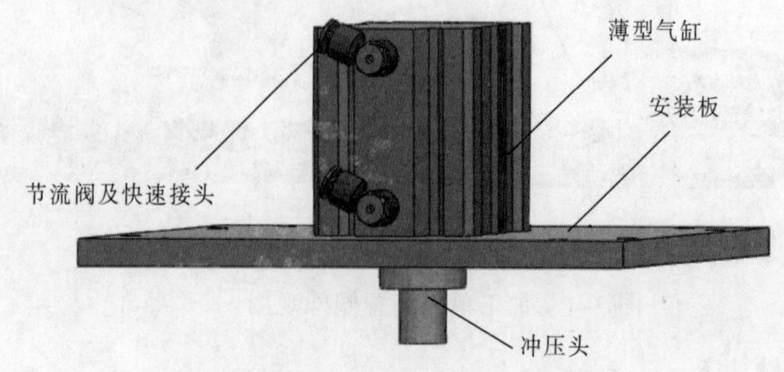

图 3-3　加工（冲压）机构

冲压机构的工作原理：当工件到达加工位置（即伸缩气缸活塞杆缩回到位）时，冲压气缸伸出对工件进行加工，完成加工动作后冲压气缸缩回，为下一次冲压做准备。

项目准备二　相关知识点

一、直线导轨简介

直线导轨是一种滚动导引，它由钢珠在滑块与导轨之间做无限滚动循环，使得负载平台能沿着导轨以高精度做线性运动，其摩擦因数可降至传统滑动导引的 1/50，使之能达到很高的定位精度。在直线传动领域中，直线导轨副一直是关键性的产品，目前已成为各种机床、数控加工中心、精密电子机械中不可缺少的重要功能部件。

直线导轨副通常按照滚珠在导轨和滑块之间的接触牙型进行分类，主要有两列式和四列式两种。YL-335B 上均选用普通级精度的两列式直线导轨副，其接触角在运动中能保持不变，刚性也比较稳定。图 3-4（a）为直线导轨副截面图，图 3-4（b）是装配好的直线导轨副。

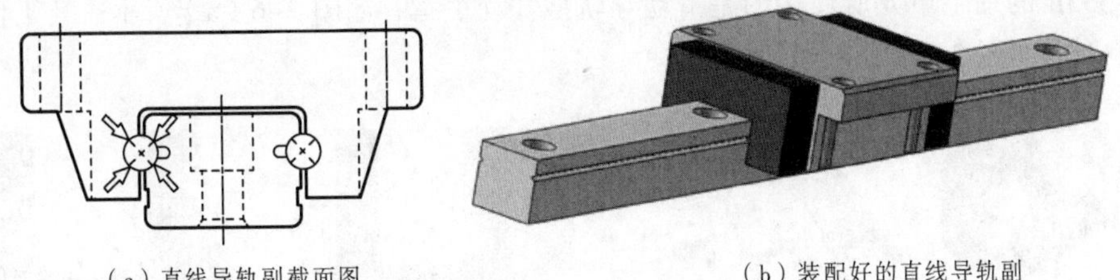

（a）直线导轨副截面图　　（b）装配好的直线导轨副

图 3-4　两列式直线导轨副

安装直线导轨副时应注意：

① 要小心轻拿轻放，避免磕碰以影响导轨副的直线精度。

② 不要将滑块拆离导轨或超过行程又推回去。

加工台滑动机构由两个直线导轨副和导轨安装构成，安装滑动机构时要注意调整两直线导轨的平行。详细的安装方法将在后面“加工单元的安装技能训练”中讨论。

二、加工单元的气动元件

加工单元所使用气动执行元件有标准直线气缸、薄型气缸和气动手指，下面介绍前面尚未提及的薄型气缸和气动手指。

1. 薄型气缸

薄型气缸的实物图及剖视图如图 3-5 所示。它是一种行程短的气缸，缸筒与无杆侧端盖铆接成一体，杆盖用弹簧挡圈固定，缸体为方形。可以有各种安装方式，用于固定夹具和搬运中固定工件。

薄型气缸的轴向尺寸比标准直线气缸有较大的减小，具有结构紧凑、质量小、占用空间小等优点，是一种省空间气缸。YL-335B 的加工单元的冲压气缸、输送单元抓取机械手的提升气缸都有行程短和气缸轴向尺寸小的要求，因此都选用了薄型气缸。但所选的薄型气缸径向尺寸较大，要求进气气流有较大的压力，因此所使用的气管直径比其他略大，YL-335B 中

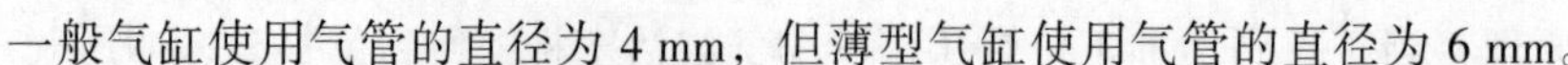

一般气缸使用气管的直径为 4 mm，但薄型气缸使用气管的直径为 6 mm。

（a）薄型气缸实物图

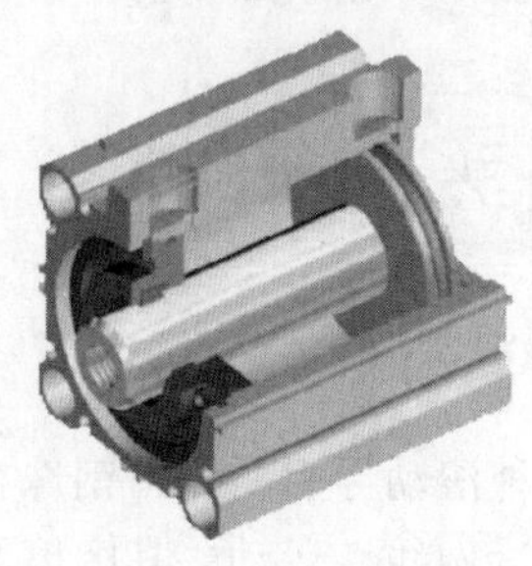

（b）剖面图

图 3-5 薄型气缸的实物图及剖面图

2. 气动手指（气爪）

气爪用于抓取、夹紧工件。气爪通常有滑动导轨型、支点开闭型和回转驱动型等工作方式。YL-335B 的加工单元所使用的是滑动导轨型气动手指，如图 3-6（a）所示。其工作原理可从其中剖面图图 3-6（b）、（c）看出。

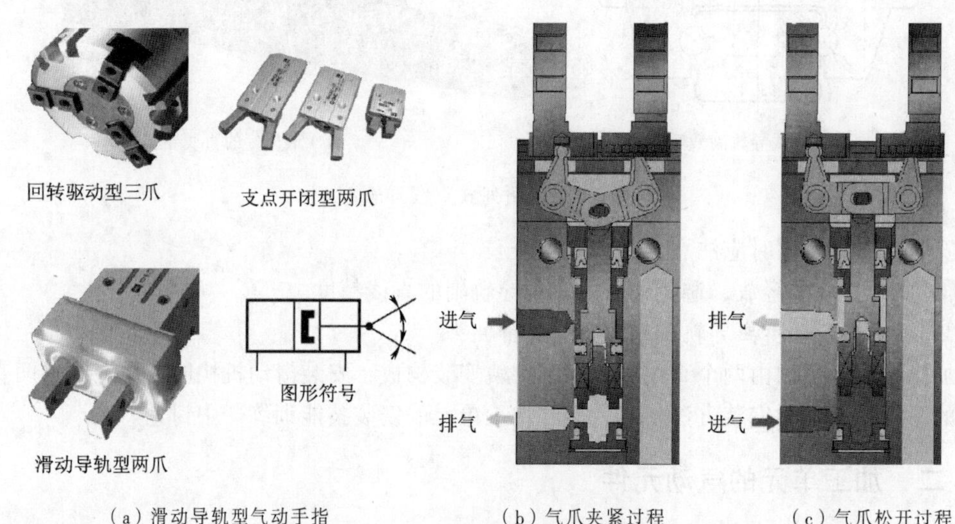

（a）滑动导轨型气动手指　（b）气爪夹紧过程　（c）气爪松开过程

图 3-6 气动手指实物和工作原理

3. 气动控制回路

加工单元的气动控制元件均采用二位五通单电控电磁阀，各电磁阀均带有手动换向和加锁钮。它们集中安装成阀组固定在冲压支撑架后面。

加工单元气动控制回路工作原理图如图 3-7 所示。1B1 和 1B2 为安装在冲压气缸的两个极限工作位置的磁感应接近开关，2B1 和 2B2 为安装在加工台伸缩气缸的两个极限工作位置的磁感应接近开关，3B1 为安装在工件夹紧气缸（即气动手指）工作位置的磁感应接近开关。1Y、2Y 和 3Y 分别为控制冲压气缸、加工台伸缩气缸和工件夹紧气缸的电磁阀的电磁控制端。

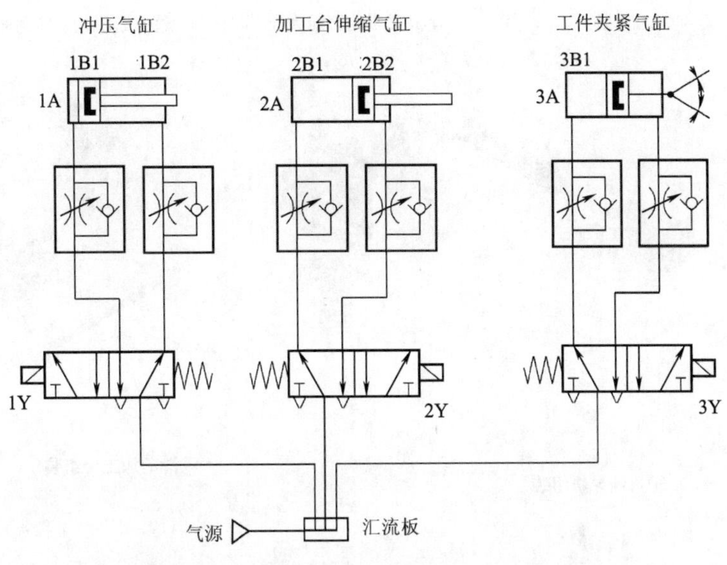

图 3-7　加工单元气动控制回路工作原理图

项目实施一　加工单元的安装

1. 训练目标

将加工单元的机械部分拆开成组件和零件的形式，然后再组装成原样。要求着重掌握机械设备的安装、调整方法与技巧。

2. 安装步骤和方法

气路和电路连接需要注意的事项在项目二的项目实施一中已经叙述，这里着重讨论加工单元机械部分安装、调整方法。

加工单元的装配过程包括两部分：一是加工机构组件装配；二是滑动加工台组件装配。图 3-8 是加工机构组件装配图，图 3-9 是滑动加工台组件装配图，图 3-10 是整个加工单元的组装图。

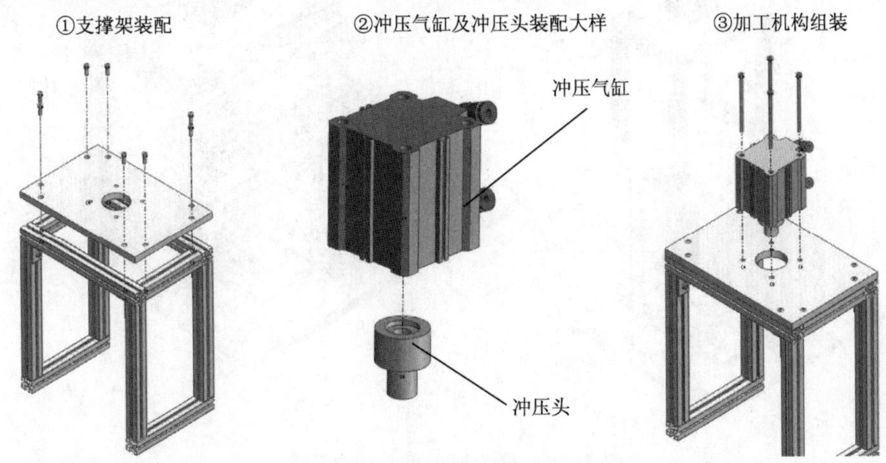

图 3-8　加工机构组件装配图

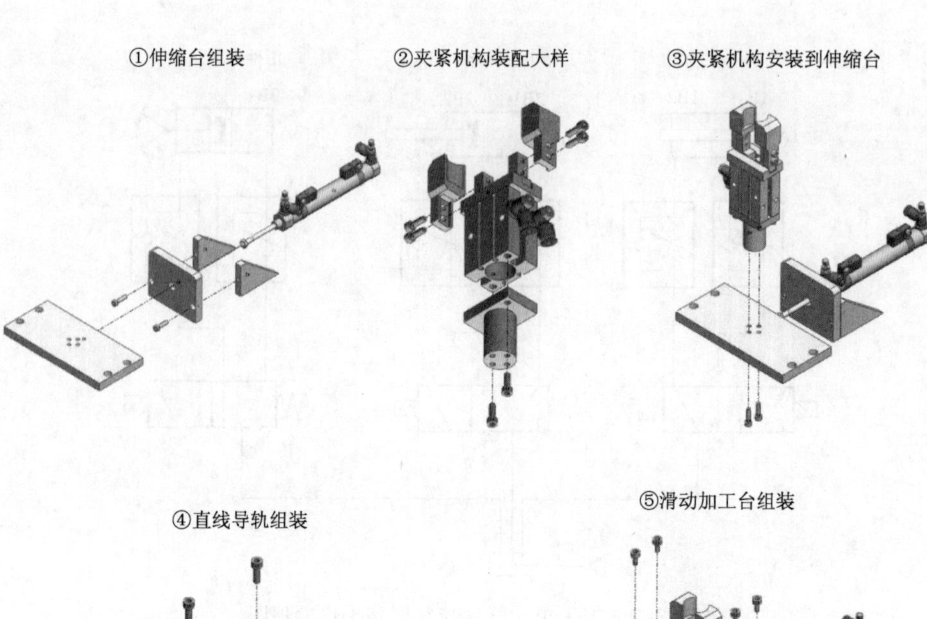

图 3-9　滑动加工台组件装配图

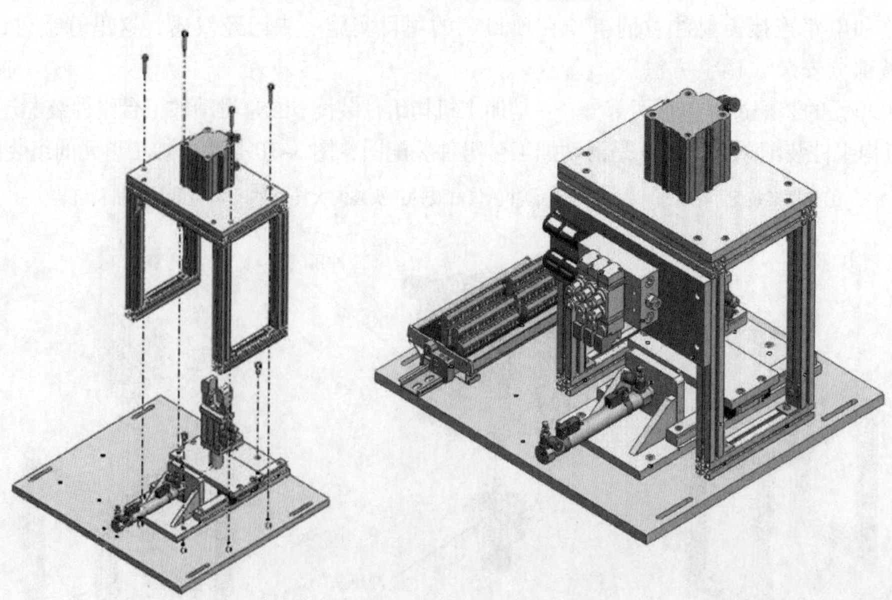

图 3-10　整个加工单元的组装图

在完成以上各组件的装配后，首先将滑动加工台固定到底板上，再将冲压机构支撑架安装在底板上，最后将冲压机构固定在支撑架上，完成该单元的机械装配。

3. 安装时的注意事项

① 调整两直线导轨的平行时，首先将加工台支座固定在两个直线导轨滑块上，然后一边沿着导轨来回移动加工台支座，一边拧紧固定导轨的螺栓。

② 如果加工组件部分的冲压头和加工台上工件的中心没有对正，可以通过调整伸缩气缸活塞杆端部旋入加工台支座连接螺孔的深度来进行对正。

4. 问题与思考

① 按上述方法装配完成后，直线导轨的运动依旧不是特别顺畅，应该对物料夹紧及运动送料部分做何调整？

② 安装完成后，运行时间不长便造成物料夹紧及运动送料部分的直线气缸密封损坏，试想由哪些原因造成？

项目实施二　加工单元的 PLC 控制实训

一、工作任务

只考虑加工单元作为独立设备运行时的情况。本单元的按钮/指示灯模块上的工作方式选择开关应置于“单站方式”位置。具体的控制要求为：

① 初始状态：设备加电和气源接通后，滑动加工台伸缩气缸处于伸出位置（加工台在进料位置），加工台气动手爪为松开的状态，冲压气缸处于缩回位置，急停按钮没有按下。

若设备在上述初始状态，则“正常工作”指示灯 HL1 长亮，表示设备准备好；否则，该指示灯 HL1 以 1Hz 频率闪烁。

② 若设备准备好，按下启动按钮，设备启动，“设备运行”指示灯 HL2 长亮。当待加工工件送到加工台上并被检出后，设备执行加工工序，即将工件夹紧，送往加工位置冲压，完成冲压动作后加工台返回进料位置。已加工工件被取出后，如果没有停止信号输入，当再有待加工工件送到加工台上时，加工单元又开始下一周期工作。

③ 在工作过程中，若按下停止按钮，加工单元在完成本周期的动作后停止工作。指示灯 HL2 熄灭。

④ 在工作过程中，若按下急停按钮，加工单元所有机构应立即停止运行，指示灯 HL2 以 1 Hz 频率闪烁。急停解除后，从急停前的断点开始继续运行，HL2 恢复长亮。

要求完成如下任务：

① 规划 PLC 的 I/O 分配及接线端子分配。

② 进行系统安装接线和气路连接。

③ 编制 PLC 程序。

④ 进行程序调试与运行。

二、PLC 的 I/O 分配及系统安装接线

加工单元装置侧的接线端口信号端子的分配见表 3–1。

表 3–1　加工单元装置侧的接线端口信号端子的分配

输入端口中间层			输出端口中间层		
端子号	设备符号	信号线	端子号	设备符号	信号线
2	BG1	加工台物料检测	2	3Y	夹紧电磁阀
3	3B2	工件夹紧检测	3		
4	2B2	加工台伸出到位	4	2Y	伸缩电磁阀
5	2B1	加工台缩回到位	5	1Y	冲压电磁阀
6	1B1	加工冲压头上限			
7	1B2	加工冲压头下限			
8#～17#端子没有连接			6#～14#端子没有连接		

加工单元选用 FX3U–32MR 主单元，共 16 点输入和 16 点继电器输出。加工单元 PLC 的 I/O 信号表如表 3–2 所示，加工单元 PLC 的 I/O 接线原理图如图 3–11 所示。

表 3–2　加工单元 PLC 的 I/O 信号表

输入信号				输出信号			
序号	PLC 输入点	信号名称	信号来源	序号	PLC 输出点	信号名称	信号来源
1	X000	加工台物料检测（BG1）	装置侧	1	Y000	夹紧电磁阀（3Y）	装置侧
2	X001	工件夹紧检测（3B1）		2	Y001		
3	X002	加工台伸出到位（2B2）		3	Y002	伸缩电磁阀（2Y）	
4	X003	加工台缩回到位（2B1）		4	Y003	冲压电磁阀（1Y）	
5	X004	加工压头上限（1B1）		5	Y004		
6	X005	加工压头下限（1B2）		6	Y005		
7	X006			7	Y006		
8	X007			8	Y007		
9	X010			9	Y010	正常工作指示（HL1）	按钮/指示灯模块
10	X011			10	Y011	设备运行指示（HL2）	
11	X012	停止按钮(SB2)	按钮/指示灯模块	11	Y012		
12	X013	启动按钮(SB1)					
13	X014	急停按钮(QS)					
14	X015	单站/联机(SA)					

电气接线和校核、传感器的调试：

① 电气接线的工艺应符合有关专业规范的规定。接线完毕，应借助 PLC 编程软件的状态监控功能校核接线的正确性。

② 电气接线完成后，应仔细调整各磁性开关的安装位置，仔细调整加工台的 E3Z–LS63

型光电传感器的设定距离，宜用黑色工件作测试物进行调试。

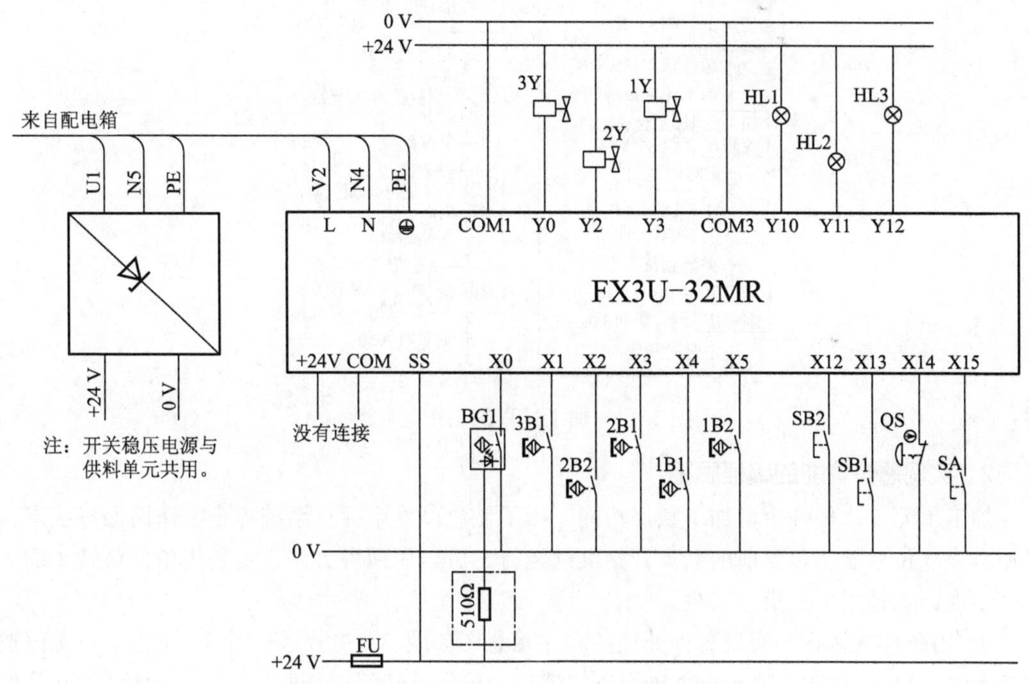

图 3-11　加工单元 PLC 的 I/O 接线原理图

三、编写和调试 PLC 控制程序

加工单元工作流程与供料单元类似，即 PLC 加电后应首先进入初始状态检查阶段，确认系统已经准备就绪后，才允许接收启动信号投入运行。启动/停止控制程序以及状态显示子程序的编制，请读者自行完成。

1. 加工过程步进控制的编程思路

加工过程也是一个单序列的步进过程，其工作流程图如图 3-12 所示。

根据工作流程图编制步进程序，须注意如下两点：

（1）初始步

初始步在加电初始化时就被置位，系统未进入运行状态前则处于等待状态，当运行状态标志 ON 后，尚须检查“加工完成标志”是否在复位状态，若处于复位状态，才能转移到加工台检测步。

其原因是，上一加工周期完成后，如果已进行加工的工件尚未取出就转移到加工台检测步，将出现重复加工的现象。为此，工作流程图中引入了“加工完成标志”。在上一加工周期完成返回初始步前，置位此标志。只有将已加工工件从加工台取出，才能使其复位；而只有在“运行状态标志 ON”和“加工完成标志 OFF”两个条件都满足时，步进程序才能从初始步转移到加工台检测步，从而避免了重复加工现象。

（2）冲压步

冲压加工不到位，芯件不能完全嵌入杯形工件中，这种加工次品被送往分拣单元分拣时，就会出现被传感器卡住的故障。产生次品的原因：一是检测冲压下限的磁性开关位置未调整

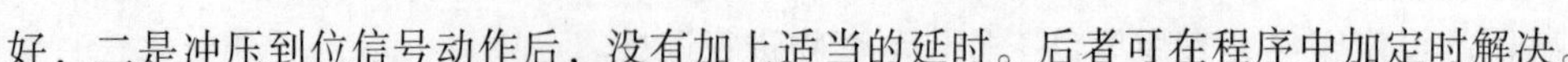
好，二是冲压到位信号动作后，没有加上适当的延时。后者可在程序中加定时解决。

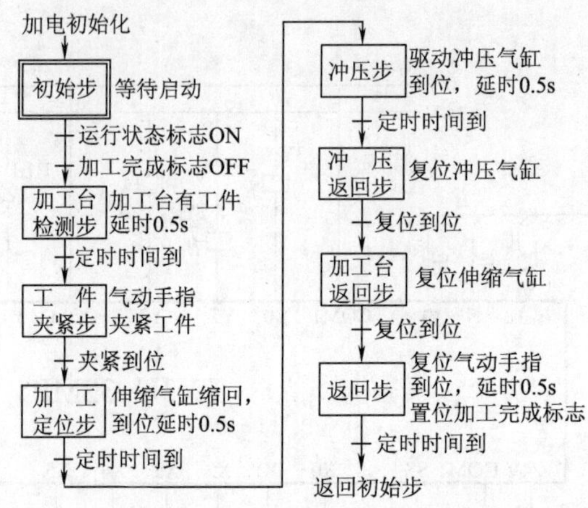

图 3-12　加工过程的工作流程图

2. 实现急停功能的编程思路

加工单元工作任务中增加了急停功能。为了使急停发生后，系统停止工作而保持状态，以便急停复位后能从急停前的断点开始继续运行，可以用两种方法：一是用条件跳转（CJ）指令实现；二是用主控指令实现。

① 用条件跳转指令实现急停处理的程序示意图如图 3-13 所示。图 3-13 中，当急停按钮按下时，X014 OFF，跳转指令执行条件满足，程序跳转到指令所指定的指针标号 P0 开始执行。安排在跳转指令后面的步进顺序控制程序段被跳转而不再执行。

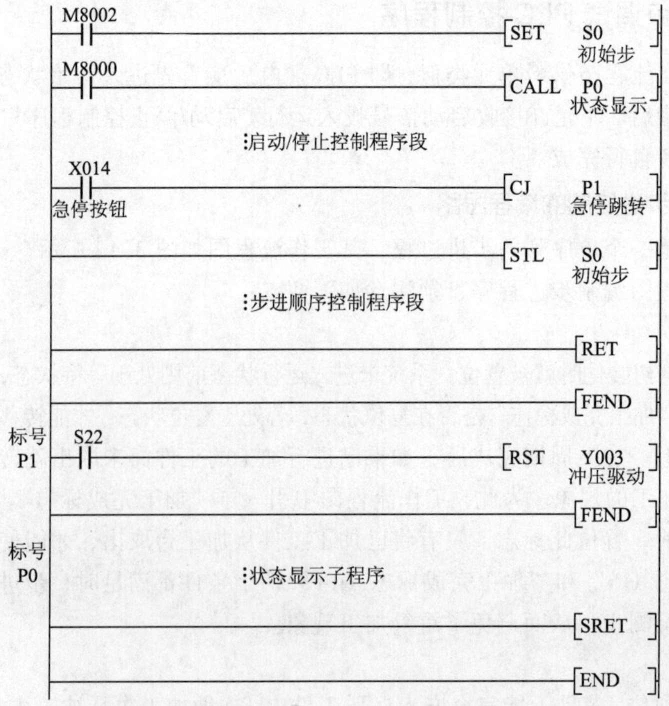

图 3-13　用条件跳转指令实现急停处理的程序示意图

由于执行跳转指令后，被跳转部分的程序将不被扫描，这意味着，跳转前的输出状态（执行结果）将被保留，步进顺序控制程序段的状态将被保持，直到急停按钮复位后又继续工作。但需注意的是，如果急停恰好发生在 S22 步，正值冲压头压下。程序跳转后，压下状态将会保持下来，因此需要在 FEND 指令与 END 指令之间加上复位冲压头电磁阀的程序段。

急停按钮未按下时，X014 ON，程序按顺序执行，直到主程序结束指令 FEND 为止。

② 用主控指令实现急停处理的程序示意图如图 3-14 所示，步进顺序控制部分放在主控指令中执行，即放在 MC（主控）和 MCR（主控复位）指令间。图 3-14 中，当急停按钮未按下时，X014 ON（急停按钮使用常闭触点），主控块内的步进顺序控制程序被执行；反之，当急停按钮按下时，X014 OFF，主控块内的程序停止执行，但正在活动状态的工步，其 S 元件则保持置位状态。顺序控制内部的元件现状保持的有：累计定时器、计数器、用置位和复位指令驱动的元件；变成断开的元件有：非累计定时器、用 OUT 指令驱动的元件。这样，当急停按钮复位后，设备将从急停前的断点开始继续运行。MC、MCR 指令的具体使用方法和其他注意事项请参考 FX3U 编程手册。

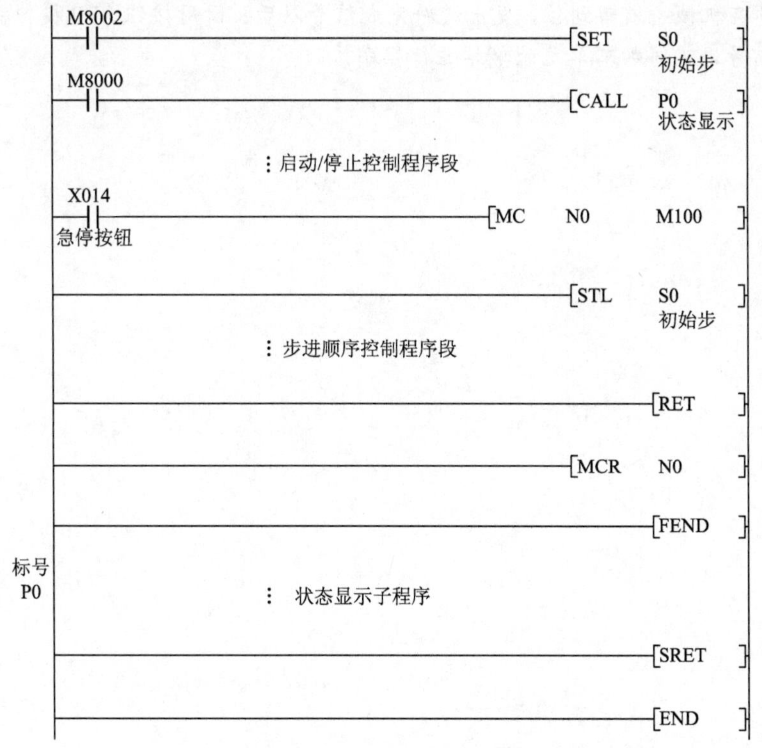

图 3-14 用主控指令实现急停处理的程序示意图

项目小结

① 加工单元的结构主要由滑动加工台组件和冲压机构构成。其中，前者是核心部分。

滑动加工台实现的是夹紧和传送工件的功能：加工台在进料位置时装入并夹紧工件，然后在伸缩气缸驱动下沿直线导轨滑动到加工位置；在冲压机构完成对工件冲压加工后，重新

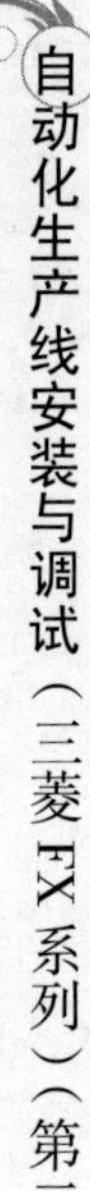

返回进料位置，以便将已加工工件取出。

为了使加工台顺畅地沿直线导轨滑动，安装滑动加工台组件必须注意：

a. 应仔细调整两直线导轨的平行度；

b. 仔细调整伸缩气缸支座安装位置，确保气缸活塞杆连接加工台支座时，活塞杆与直线导轨平行且无扭曲变形，伸出与缩回时动作顺畅无卡滞。

② 本项目的 PLC 编程任务中加入了运行中紧急停止的要求，着重分析了使用条件跳转指令实现这一要求的思路。读者应通过编程和调试实践，掌握条件跳转指令的功能和指令格式，理解指令被执行后，由于被跳转部分程序不被扫描，跳转前的输出状态（执行结果）将被保留这一特点。

思考题

YL-335B 在联机运行时，加工台的工件是由输送单元机械手放上去的。加工过程步进程序的启动，须在机械手缩回到位，发出进料完成信号以后。请用按钮 SB2 模拟输送单元发来的进料完成信号，编写加工单元的单站运行程序。

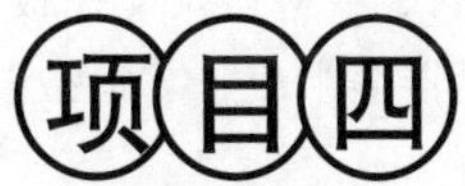

项目四

装配单元的安装与调试

项目目标

① 掌握摆动气缸、导杆气缸的功能、特性，以及安装和调整的方法。

② 掌握自动化生产线中光纤传感器的结构、特点及电气接口特性，能在自动化生产线中正确进行安装和调试。

③ 掌握带分支步进顺序控制程序的编制方法和技巧。

④ 初步掌握较复杂的机电一体化设备安装调试方法，能在规定时间内完成装配单元的安装和调整，进行程序设计和调试，并能解决安装与运行过程中出现的常见问题。

项目准备一　认知装配单元的结构与工作过程

装配单元的功能是完成将该单元料仓内的黑色、白色或金属小圆柱芯件嵌入到装配台上待装配工件中的装配过程。该单元的机械装配图如图 4-1 所示。

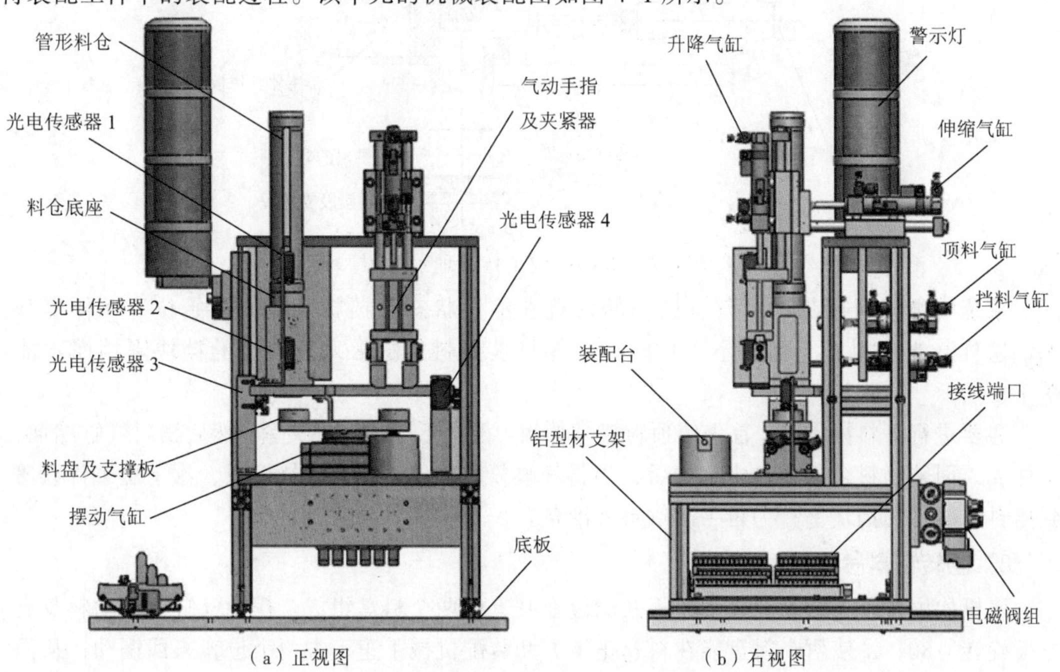

图 4-1 装配单元的机械装配图

由图 4-1 可见，组成装配单元的部件甚多。其中机械部分主要包括：①管形料仓及料仓底座；②下料机构，由顶料气缸和挡料气缸及支撑板组成；③回转物料台，由料盘及支撑板、摆动气缸组成；④装配机械手,由伸缩气缸、升降气缸、气动手指及夹紧器等组成；⑤铝型材支架及底板，传感器安装支架等其他附件。

其他部件尚有电磁阀组、采集状态信号的传感器、警示灯，以及用于电器连接的端子排等。

1. 管形料仓

管形料仓用来存储装配用的金属、黑色和白色小圆柱芯件。它由塑料圆管和中空底座构成。塑料圆管顶端放置加强金属环，以防止破损。工件竖直放入料仓的空心圆管内，由于二者之间有一定的间隙，使其能在重力作用下自由下落。

为了能在料仓供料不足和缺料时报警，在塑料圆管底部和底座处分别安装了两个漫射式光电传感器（E3Z-LS63 型），并在料仓塑料圆柱上纵向铣槽，使得光电传感器的红外光斑能可靠照射到被检测的物料上，如图 4-2 所示。

2. 下料机构

图 4-2 为下料机构工作原理示意图。图 4-2 中，料仓底座的背面安装了两个直线气缸。上面的气缸称为顶料气缸，下面的气缸称为挡料气缸。

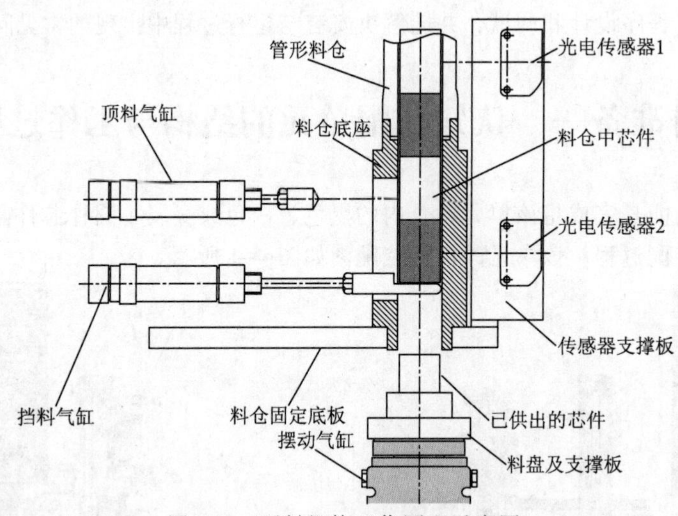

图 4-2　下料机构工作原理示意图

系统气源接通后，顶料气缸的初始位置在缩回状态，挡料气缸的初始位置在伸出状态。这样，当从料仓上面放下工件时，工件将被挡料气缸活塞杆终端的挡块阻挡而不能落下。

需要进行下料操作时，首先使顶料气缸伸出，把次下层的工件夹紧，然后挡料气缸缩回，工件掉入回转物料台的料盘中；之后，挡料气缸复位伸出，顶料气缸缩回，次下层工件跌落到挡料气缸终端挡块上，为再一次供料做准备。

3. 回转物料台

该机构由摆动气缸、料盘支撑板及固定在其上的两个料盘组成。摆动气缸能驱动料盘支撑板旋转 180°，使两个料盘能在料仓正下方和装配机械手正下方两个位置来回摆动，从而实现把从供料机构落到料盘的工件转移到装配机械手正下方的功能，如图 4-3 所示。图 4-3

中的光电传感器 3 和光电传感器 4 分别用来检测左面和右面料盘是否有芯件。两个光电传感器均选用 E3Z-LS63 型。

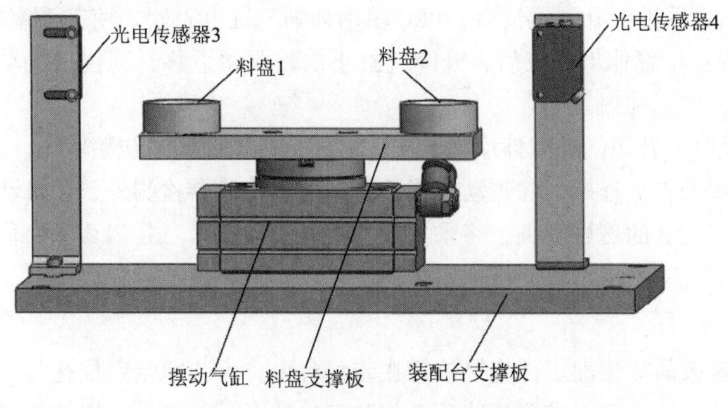

图 4-3　回转物料台的结构

4. 装配机械手

装配机械手是整个装配单元的核心。当装配机械手正下方的回转物料台料盘上有小圆柱芯件，且装配台侧面的光电传感器检测到装配台上有待装配工件的情况下，机械手从初始状态开始执行装配操作过程。

装配机械手装置是一个三维运动的机构，它由水平方向移动和竖直方向移动的两个导向气缸和气动手指组成，如图 4-4 所示。其中，伸缩气缸构成机械手的手臂，气动手指和夹紧器构成机械手的手爪。

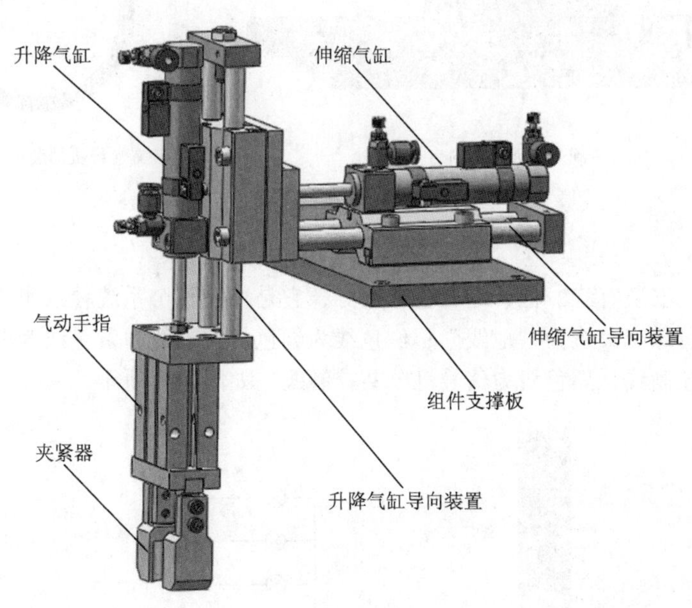

图 4-4　装配机械手组件

装配操作的步骤如下：

① 手爪下降：PLC 驱动升降气缸电磁阀，升降气缸驱动气动手指向下移动，到位后气动

手指驱动夹紧器夹紧芯件，并将夹紧信号通过磁性开关传送给 PLC。

② 手爪上升：在 PLC 控制下，升降气缸复位，被夹紧的芯件随气动手指一并提起。

③ 手臂伸出：手爪上升到达位后，PLC 驱动伸缩气缸电磁阀，使其活塞杆伸出。

④ 手爪下降：手臂伸出到位后，升降气缸再次被驱动下移，到位后气动手指松开，将芯件放进装配台上的工件内。

⑤ 经短暂延时，升降气缸和伸缩气缸先后缩回，机械手恢复初始状态。

在整个机械手动作过程中，除气动手指松开到位无传感器检测外，其余动作的到位信号检测均采用与气缸配套的磁性开关，将采集到的信号输入 PLC，由 PLC 输出信号驱动电磁阀换向，使由气缸及气动手指组成的机械手按程序自动运行。

5. 装配台

输送单元运送来的待装配工件直接放置在装配台中，由装配台定位孔与工件之间较小的间隙配合实现定位，从而完成准确的装配动作和定位精度。装配台与回转物料台组件共用支撑板，如图 4-5（a）所示。

为了确定装配台内是否放置了待装配工件，使用了光纤传感器进行检测。装配台的侧面开了一个 M6 的螺孔，光纤传感器的光纤头就固定在螺孔内，如图 4-5（b）所示。

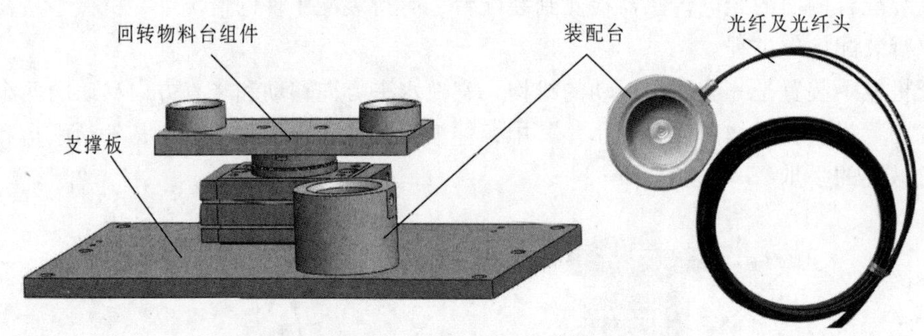

（a）装配台和回转物料台　　（b）装有光纤头的装配台

图 4-5　装配台及支撑板

6. 警示灯

本工作单元上安装有红、橙、绿三色警示灯，它是作为整个系统警示用的。警示灯有五根引出线，其中黄绿交叉线为“地线”；红色线为红色灯控制线；黄色线为橙色灯控制线；绿色线为绿色灯控制线；黑色线为信号灯公共控制线，如图 4-6 所示。

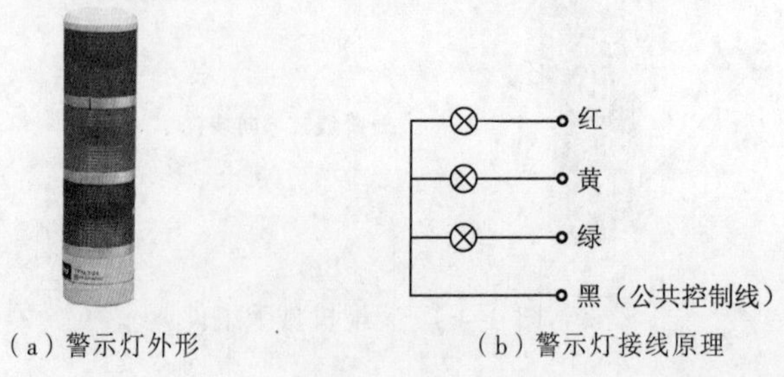

（a）警示灯外形　　（b）警示灯接线原理

图 4-6　警示灯及其接线

项目准备二　相关知识点

一、装配单元的气动元件

装配单元所使用的气动元件包括标准直线气缸、气动手指、摆动气缸和导向气缸，前两种气动元件在前面的项目中已介绍，下面只介绍摆动气缸和导向气缸。

1. 摆动气缸

摆动气缸是利用压缩空气驱动输出轴在一定角度范围内做往复回转运动的气动执行元件。用于物体的转位、翻转、分类、夹紧，阀门的开闭以及机器人的手臂动作等。摆动气缸有齿轮齿条式和叶片式两种类型，YL-335B 上所使用的都是齿轮齿条式。

齿轮齿条式摆动气缸的工作原理示意图如图 4-7（a）所示。气压力推动活塞带动齿条做直线运动，齿条推动齿轮做回转运动，由齿轮轴输出力矩并带动外负载摆动。摆动平台是在转轴上安装的一个平台，平台可在一定角度范围内摆动。齿轮齿条式摆动气缸的实物图如图 4-7（b）所示，图形符号如图 4-7（c）所示。

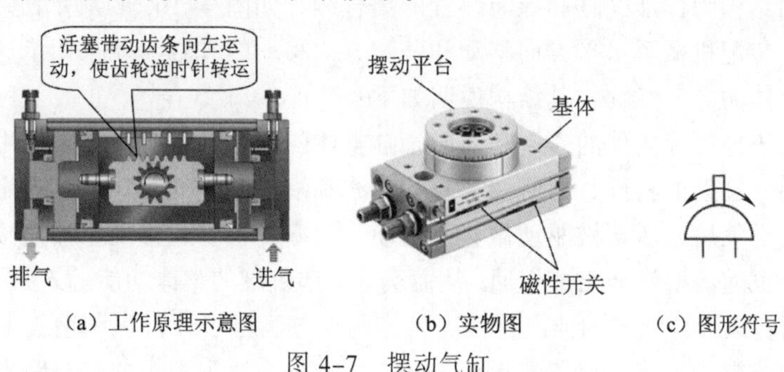

图 4-7　摆动气缸

装配单元的摆动气缸，其摆动回转角度能在 0～180° 范围任意可调。当需要调节回转角度或调整摆动位置精度时，应首先松开调节螺杆上的反扣螺母，通过旋入和旋出调节螺杆，从而改变回转凸台的回转角度，调节螺杆 1 和调节螺杆 2 分别用于左旋和右旋角度的调整。当调整好摆动角度后，应将反扣螺母与基体反扣锁紧，防止调节螺杆松动，造成回转精度降低。调整摆动角度示意图如图 4-8 所示。

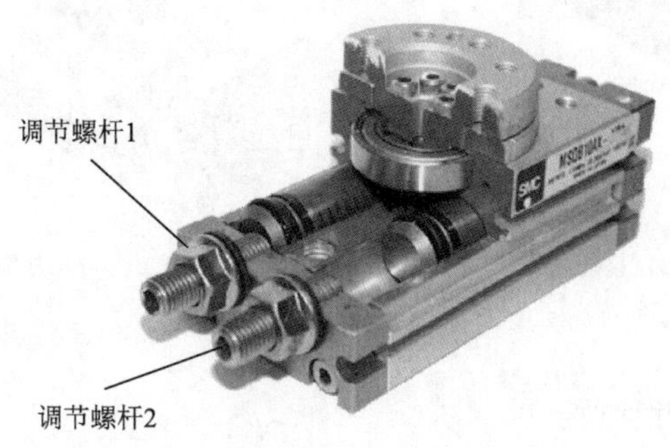

图 4-8　调整摆动角度示意图

回转到位的信号是通过调整摆动气缸滑轨内的两个磁性开关的位置实现的。图 4-9 是磁

性开关位置调整示意图。磁性开关安装在气缸体的滑轨内，松开磁性开关的紧定螺钉，磁性开关就可以沿着滑轨左右移动。确定开关位置后，旋紧紧定螺钉，即可完成位置的调整。

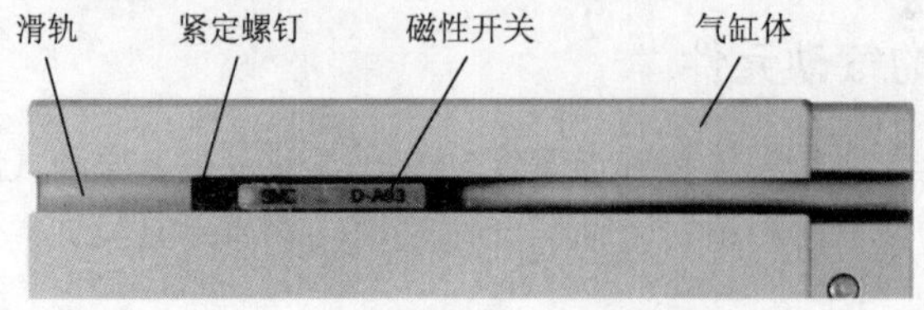

图 4-9　磁性开关位置调整示意图

2. 导向气缸

导向气缸是指具有导向功能的气缸，一般用于要求抗扭转力矩及承载能力强、工作平稳的场合。其导向结构有两种类型，一种是一体化的结构，将与活塞杆平行的两根导杆与气缸组成一体，外形如图 4-10（a）所示，又称带导杆气缸。它具有结构紧凑、导向精度高的特点。YL-335B 的输送单元用这种一体化的带导杆气缸作为其抓取机械手装置的手臂伸缩气缸。

另一种导向结构为标准气缸和导向装置的集合体，如图 4-10（b）所示。YL-335B 的装配单元用于驱动装配机械手水平方向移动和竖直方向移动的气缸，就采用了这种标准气缸和导向装置的集合体的导向气缸，其结构说明如下：

安装支座用于导杆导向件的安装和导向气缸整体的固定。连接件安装板用于固定其他需要连接到该导向气缸上的物件，并将两导杆和直线气缸活塞杆的相对位置固定，当直线气缸的一端接通压缩空气后，活塞被驱动做直线运动，活塞杆也一起移动，被连接件安装板固定到一起的两导杆也随活塞杆伸出或缩回，从而实现导向气缸的整体功能。安装在导杆末端的行程调整板用于调整该导杆气缸的伸出行程。具体调整方法是松开行程调整板上的锁定螺母，然后旋动行程调节螺栓，让行程调整板在导杆上移动，当达到理想的伸出距离以后，再完全锁紧锁定螺母，完成行程的调节。

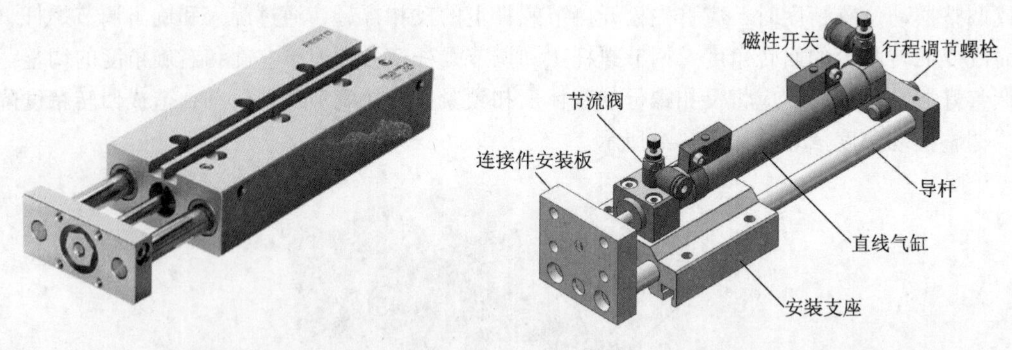

（a）一体化的带导杆气缸　　（b）用标准气缸和导向装置构成导向气缸

图 4-10　导向气缸

3. 电磁阀组和气动控制回路

装配单元的阀组由六个二位五通单电控电磁换向阀组成，气动控制回路如图 4-11 所示。

在进行气路连接时，请注意各气缸的初始位置。其中，挡料气缸在伸出位置，手爪提升气缸在提起位置。

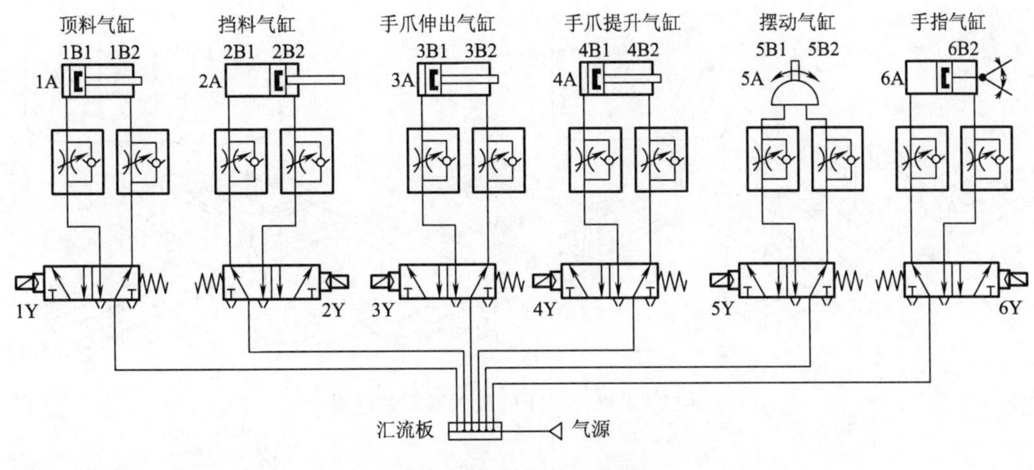

图 4-11　气动控制回路

二、认知光纤传感器

光纤传感器也是光电传感器的一种，它由光纤单元、放大器两部分组成。其工作原理示意图如图 4-12 所示。投光器和受光器均在放大器内，投光器发出的光线通过一条光纤内部从端面（光纤头）以约 60° 的角度扩散，照射到检测物体上；同样，反射回来的光线通过另一条光纤的内部回送到受光器。

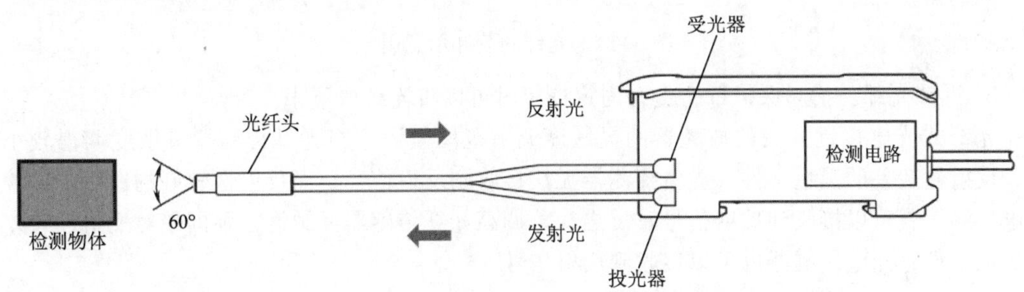

图 4-12　光纤传感器工作原理示意图

光纤传感器由于检测部（光纤）中完全没有电气部分，所以耐干扰等适应环境性良好，并且具有光纤头可安装在很小空间的地方，传输距离远，使用寿命长等优点。

光纤传感器是精密器件，使用时务必注意它的安装和拆卸方法。下面以 YL-335B 装置上使用的 E3Z-NA11 型光纤传感器（欧姆龙公司产）的装卸过程为例进行说明。

① 放大器单元的安装和拆卸。图 4-13 所示为一个放大器的安装过程。

拆卸时，以相反的过程进行。注意，在连接了光纤的状态下，请不要从 DIN 导轨上拆卸。

② 光纤的装卸。进行连接或拆下的时候，注意一定要切断电源。然后按下面方法进行装卸，有关安装部位如图 4-14 所示。

a. 安装光纤：抬高保护罩，提起固定按钮，将光纤顺着放大器单元侧面的插入位置记号进行插入，然后放下固定按钮。

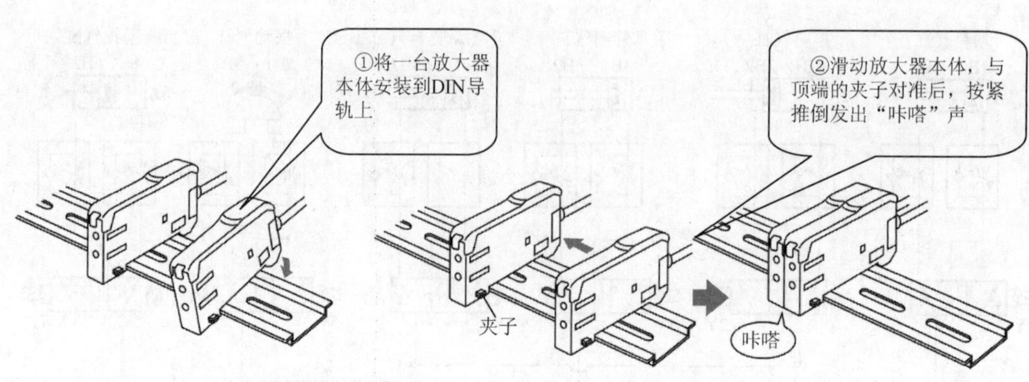

图 4-13　E3Z-NA11 的放大器安装过程

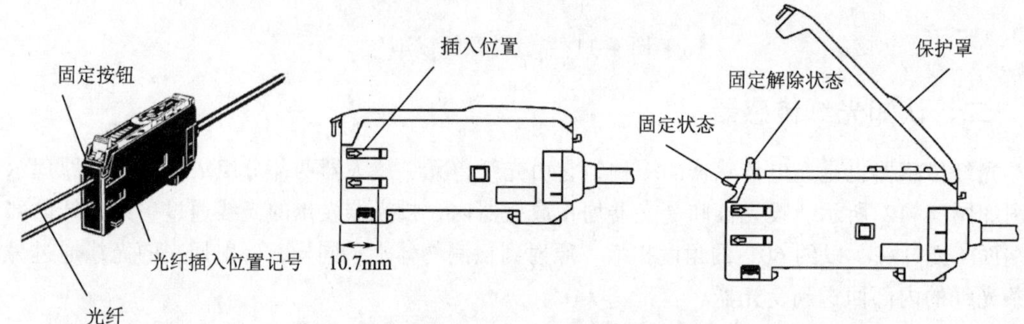

图 4-14　光纤的装卸示意图

b. 拆卸光纤：抬起保护罩，提升固定按钮时可以将光纤取下来。

光纤式光电接近开关的放大器的灵敏度调节范围较大。当光纤传感器灵敏度调得较小时，反射性较差的黑色工件，光电探测器无法接收到反射信号；而反射性较好的白色工件，光电探测器就可以接收到反射信号。反之，若调高光纤传感器灵敏度，则即使对反射性较差的黑色工件，光电探测器也可以接收到反射信号。

图 4-15 所示为光纤传感器放大器单元的俯视图，调节其中部的八旋转灵敏度高速旋钮就能进行放大器灵敏度调节（顺时针旋转灵敏度增大）。调节时，会看到“入光量显示灯”发光的变化。当光电探测器检测到工件时，“动作显示灯”会亮，提示检测到工件。

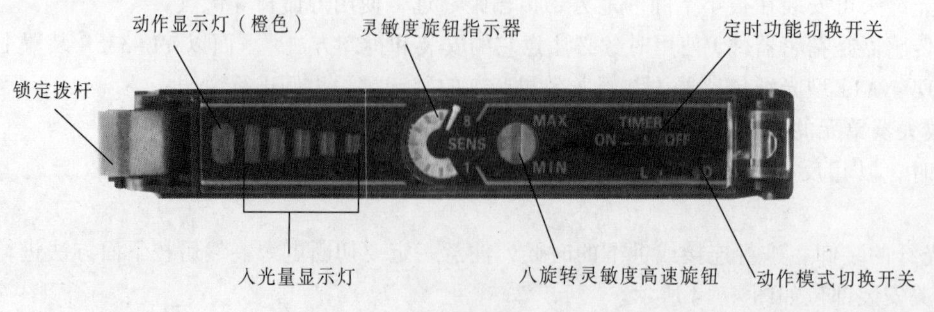

图 4-15　光纤传感器放大器单元的俯视图

E3Z-NA11 型光纤传感器采用 NPN 型晶体管输出，其电路框图如图 4-16 所示，接线时请注意根据导线颜色判断电源极性和信号输出线，切勿把信号输出线直接连接到电源 +24 V 端。

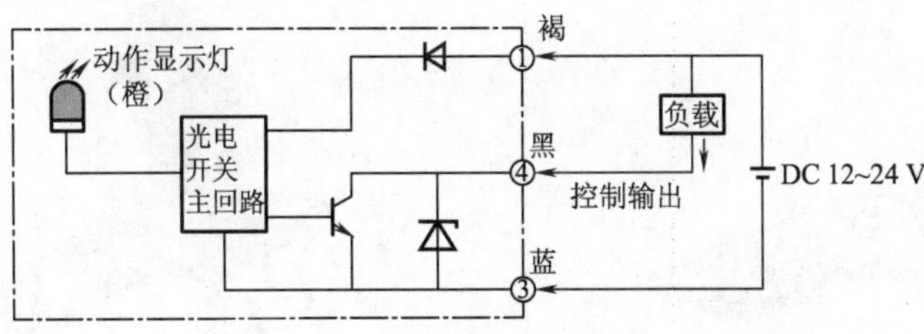

图 4-16　E3X-NA11 型光纤传感器电路框图

项目实施一　装配单元的安装和调试

1. 机械和气动部件的安装步骤和方法

① 做好安装前的准备工作。在 YL-335B 设备中，装配单元是机械零部件、气动元件最多的工作单元，其设备安装和调整也比较复杂，例如摆动气缸的初始位置和摆动角度，如果不能满足工作要求，安装后将不能正常工作而导致返工。因此，这里再次强调良好的工作习惯和规范的操作。

② 装配单元各零件组合成整体安装时的组件包括：

a. 供料操作组件；

b. 供料料仓；

c. 回转机构及装配台；

d. 装配机械手组件；

e. 工作单元支撑组件。

表 4-1 为各种组件的装配过程。

表 4-1　各种组件的装配过程

组件名称及外观		组件装配过程
供料操作组件	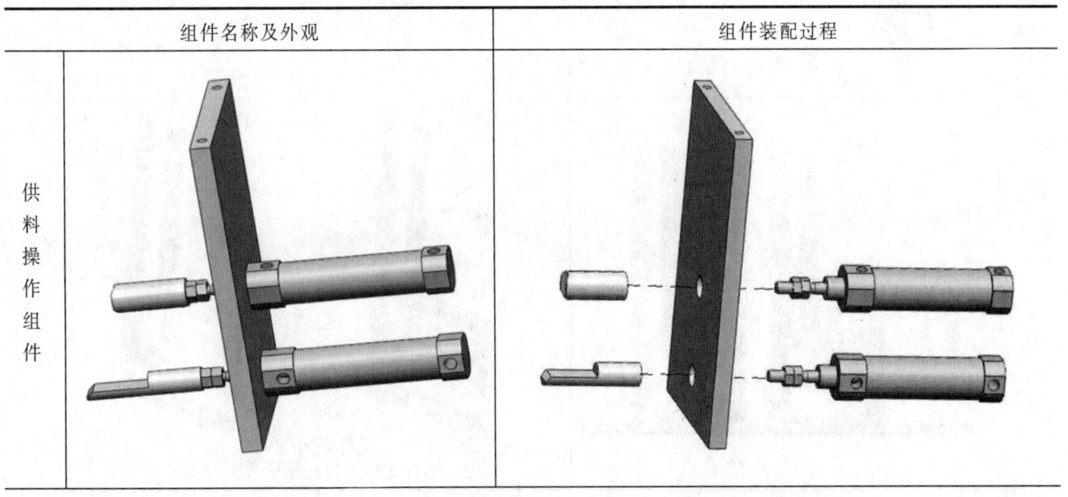	

续表

组件名称及外观		组件装配过程
供料料仓		
回转机构及装配台		
装配机械手组件		
工作单元支撑组件		注：左右支撑架装配完毕后，再安装到底板上

③ 完成以上组件的装配后，按表 4–2 的顺序进行总装。

表 4-2 装配单元总装配过程

步骤一 回转机构及装配台组件安装到支撑架上	步骤二 安装供料料仓组件
	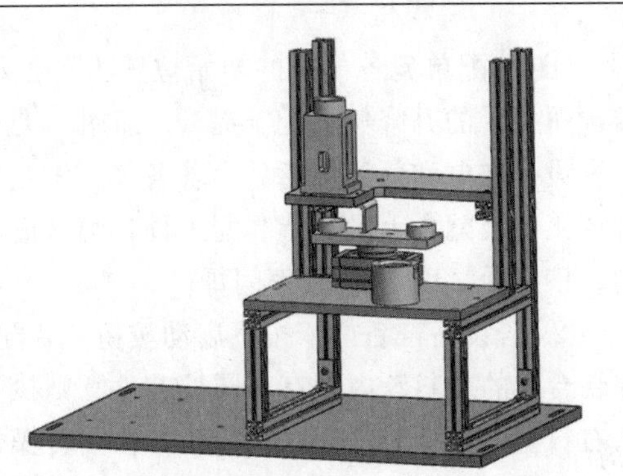
步骤三 安装供料操作组件和装配机械手支撑板	步骤四 安装装配机械手组件
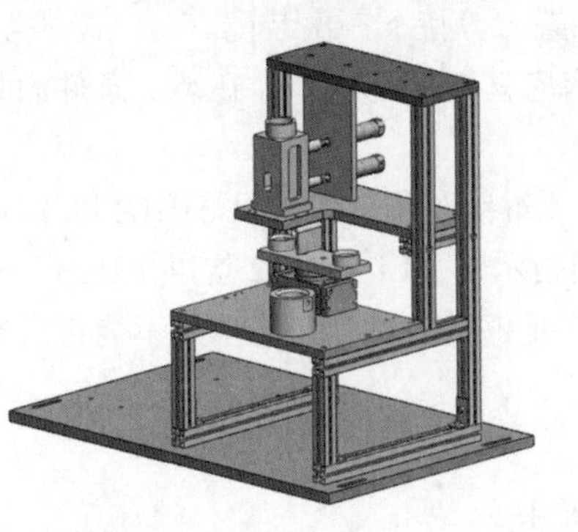	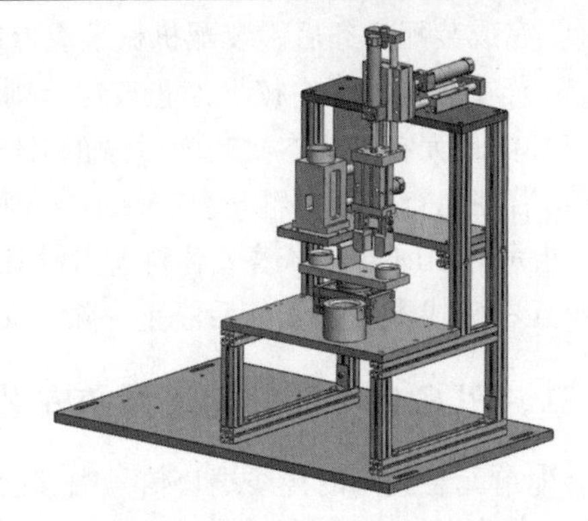

安装过程中，需注意如下事项：

① 预留螺栓的放置一定要足够，以免造成组件之间不能完成安装。

② 建议先进行装配，但不要一次拧紧各固定螺栓，待相互位置基本确定后，再依次进行调整固定。

③ 装配工作完成后，尚需进一步校验和调整。例如，再次校验摆动气缸初始位置和摆动角度；校验和调整机械手竖直方向移动的行程调节螺栓，使之在下限位位置能可靠抓取工件；调整水平方向移动的行程调节螺栓，使之能准确移动到装配台正上方进行装配工作。

④ 最后，插上管形料仓，安装电磁阀组、警示灯、传感器等，完成机械部分装配。

2. 装配单元的气路连接及调整

前面图 4–11 已给出装配单元的气动控制回路。气路连接时请注意挡料气缸 2A 的初始位置上活塞杆在伸出位置，使得料仓内的芯件被挡住，不致跌落。

装配单元的气动系统是 YL–335B 设备中使用气动元件最多的工作单元，因此用于气路连接的气管数量也大。气路连接前应尽可能各对各段气管的长度做好规划，然后按照前面所要求的规范连接气路。

项目实施二　装配单元的PLC控制实训

一、工作任务

① 装配单元各气缸的初始位置为：挡料气缸处于伸出状态，顶料气缸处于缩回状态；装配机械手的升降气缸处于提升（缩回）状态，伸缩气缸处于缩回状态，气爪处于松开状态。

设备加电和气源接通后，若各气缸满足初始位置要求，且料仓上已经有足够的小圆柱芯件或工件装配台上没有待装配工件，则“正常工作”指示灯 HL1 长亮，表示设备准备好；否则，该指示灯以 1 Hz 频率闪烁。

② 若设备准备好，按下启动按钮，装配单元启动，“设备运行”指示灯 HL2 长亮。如果回转台上的左料盘内没有小圆柱芯件，则执行下料操作；如果回转台上的左料盘内有芯件，而右料盘内没有芯件，则执行回转台回转操作。

③ 如果回转台上的右料盘内有小圆柱芯件且装配台上有待装配工件，执行装配机械手抓取小圆柱芯件，放入待装配工件中的操作。

④ 完成装配任务后，装配机械手应返回初始位置，等待下一次装配。

⑤ 若在运行过程中按下停止按钮，则供料机构应立即停止供料，在装配条件满足的情况下，装配单元在完成本次装配后停止工作。

⑥ 若在运行过程中料仓内芯件不足，则工作单元继续工作，但指示灯 HL2 以 1 Hz 频率闪烁，指示灯 HL1 保持长亮；若料仓内没有芯件，则指示灯 HL1 和 IIL2 均以 1 Hz 频率闪烁。工作单元在完成本周期任务后停止。除非向料仓补充足够的芯件，工作单元不能再启动。

二、PLC 的 I/O 分配及系统安装接线

装配单元装置侧的接线端口信号端子的分配见表 4-3。

表 4-3　装配单元装置侧的接线端口信号端子的分配

输入端口中间层			输出端口中间层		
端子号	设备符号	信号线	端子号	设备符号	信号线
2	BG1	芯件不足检测	2	1Y	挡料电磁阀
3	BG2	芯件有无检测	3	2Y	顶料电磁阀
4	BG3	左料盘芯件检测	4	3Y	回转电磁阀
5	BG4	右料盘芯件检测	5	4Y	手爪夹紧电磁阀
6	BG5	装配台工件检测	6	5Y	手爪下降电磁阀
7	1B1	顶料到位检测	7	6Y	手臂伸出电磁阀
8	1B2	顶料复位检测	8	AL1	红色警示灯
9	2B1	挡料状态检测	9	AL2	橙色警示灯
10	2B2	落料状态检测	10	AL3	绿色警示灯
11	5B1	摆动气缸左限检测	11		
12	5B2	摆动气缸右限检测	12		

续表

输入端口中间层			输出端口中间层		
端子号	设备符号	信号线	端子号	设备符号	信号线
13	6B2	手爪夹紧检测	13		
14	4B2	手爪下降到位检测	14		
15	4B1	手爪上升到位检测			
16	3B1	手臂缩回到位检测			
17	3B2	手臂伸出到位检测			

装配单元的 I/O 点较多，选用三菱 FX3U-48MR 主单元，共 24 点输入，24 点继电器输出。装配单元 PLC 的 I/O 信号表如表 4-4 所示，由此设计的 PLC 控制电路图如图 4-17 所示。

表 4-4　装配单元 PLC 的 I/O 信号表

输入信号				输出信号			
序号	PLC 输入点	信号名称	信号来源	序号	PLC 输出点	信号名称	信号来源
1	X000	芯件不足检测（BG1）		1	Y000	挡料电磁阀（1Y）	
2	X001	芯件有无检测（BG2）		2	Y001	顶料电磁阀（2Y）	
3	X002	左料盘芯件检测（BG3）		3	Y002	回转电磁阀（3Y）	
4	X003	右料盘芯件检测（BG4）		4	Y003	手爪夹紧电磁阀（4Y）	
5	X004	装配台工件检测（BG5）		5	Y004	手爪下降电磁阀（5Y）	
6	X005	顶料到位检测（1B1）		6	Y005	手臂伸出电磁阀（6Y）	装置侧
7	X006	顶料复位检测（1B2）		7	Y006		
8	X007	挡料状态检测（2B1）	装置侧	8	Y007		
9	X010	落料状态检测（2B2）		9	Y010	红色警示灯（AL1）	
10	X011	摆动气缸左限检测（5B1）		10	Y011	橙色警示灯（AL2）	
11	X012	摆动气缸右限检测（5B2）		11	Y012	绿色警示灯（AL3）	
12	X013	手爪夹紧检测（6B2）		12	Y013		
13	X014	手爪下降到位检测（4B2）		13	Y014		
14	X015	手爪上升到位检测（4B1）		14	Y015	HL1	按钮/指示灯模块
15	X016	手臂缩回到位检测（3B1）		15	Y016	HL2	
16	X017	手臂伸出到位检测（3B2）		16	Y017	HL3	
17	X020						
18	X021						
19	X022						
20	X023						
21	X024	启动按钮（SB1）					
22	X025	停止按钮（SB2）	按钮/指示灯模块				
23	X026	单机/联机（SA）					
24	X027	急停按钮（QS）					

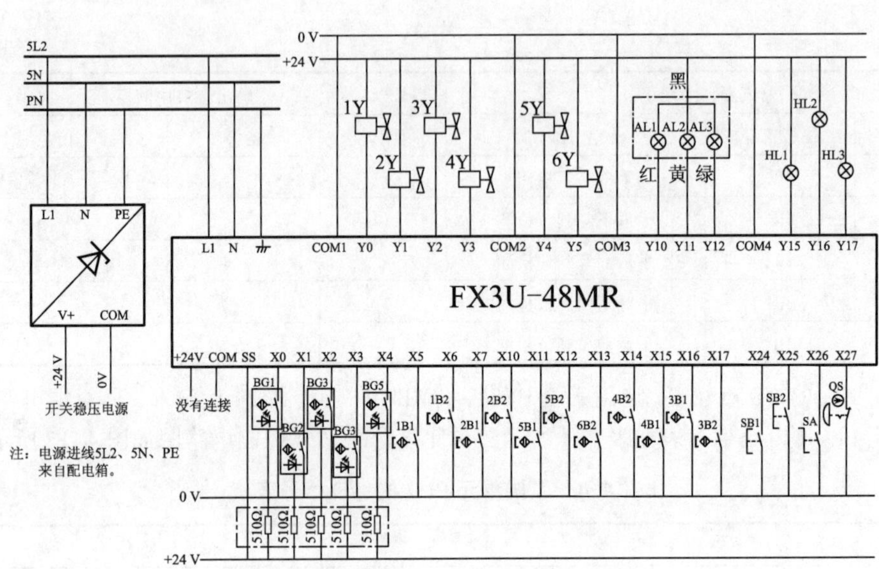

图 4-17　装配单元 PLC 控制电路图

三、编写和调试 PLC 控制程序

1. 装配单元工作过程的特点

装配单元的工作过程包括两个相互独立的子过程：一个是供料过程；另一个是装配过程。供料过程实现将小圆柱芯件从料仓下料到回转台的料盘中，然后回转台回转，使芯件转移到装配机械手手爪下方；装配过程则是抓取装配机械手手爪下方的芯件，送往装配台，完成芯件嵌入待装配工件的过程。

两个子过程都是步进顺序程序。它们的初始步，均应在 PLC 上电时置位（M8002 ON）。两个子过程的相互独立性体现在：每一子过程在其初始步，当其启动条件满足后，即转移到下一步，开始本序列的步进过程；某一子过程结束后，不需要等待另一子过程的结束，即可返回其初始步；如果启动条件仍然满足，又开始下一个工作周期。

但应该指出的是，两个子过程构成了装配单元的整体工作过程，如果系统运行中发出了停止指令，则必须在两个子过程都返回其初始步后，才能使系统停止工作。因此，停止操作的编程，不仅在程序的启停控制部分，而且在每一子过程的初始步，必须包含停止指令的信息，使得率先返回初始步的子过程不能满足步转移条件而停在初始步等待。

2. 状态检测、启停控制部分程序的编程要点

装配单元程序的状态检测和启停控制部分与供料单元十分类似（详见项目二）：

① PLC 加电（M8002 ON）时，置位两个子过程的初始步。

② 每一扫描周期都检测有无芯件不足或缺料等故障情况出现。此外，为了避免重复装配故障，若装配完毕标志为 ON，须在装配台上工件被取出时复位此标志。

③ 每一扫描周期都调用状态显示子程序显示系统状态。

④ 系统启动前检查运行模式是否在单站模式，是否处于初始状态。

⑤ 若系统启动前已准备就绪，即可进行启动操作。

⑥ 系统启动后，将在每一扫描周期监视停止按钮是否按下或是否出现缺料故障的事件，

若事件发生，则发出停止指令，这与供料单元是相同的。

但停止指令发出后，需等待供料子过程和装配子过程的顺序控制程序都返回其初始步以后，才能复位运行状态标志和停止指令。注意，这一点与供料单元有所不同。其程序梯形图如图 4-18 所示。

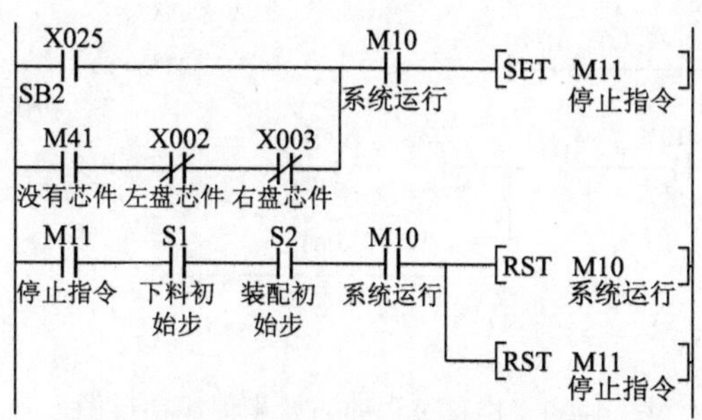

图 4-18　系统停止操作的程序梯形图

从图 4-18 中还可看到，缺料故障事件不仅是缺料检测传感器动作，而且还要求左右两料盘都没有芯件，才能认为系统无料可装配，编程时不可漏掉后者。

3. 步进顺序控制过程的编程要点

这里首先给出两个子过程的工作流程图，如图 4-19 所示。然后，进一步说明编制各个子过程程序的注意事项。

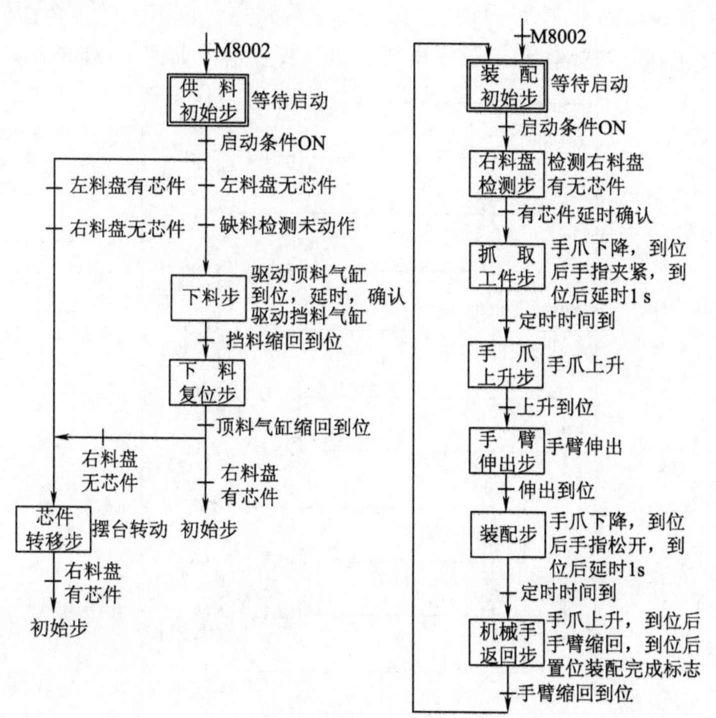

图 4-19　装配单元主控过程的工作流程图

（1）供料子过程的编程分析

由供料子过程工作流程图可见，供料过程是具有跳转分支的步进顺序控制程序，这是由

于供料过程本身包含了下料和芯件转移两个阶段的缘故，程序的分支和汇合略为复杂，下面详细加以分析。

① 供料过程在初始步就根据回转台左、右两料盘有无芯件而开始程序分支，其梯形图如图 4-20 所示。

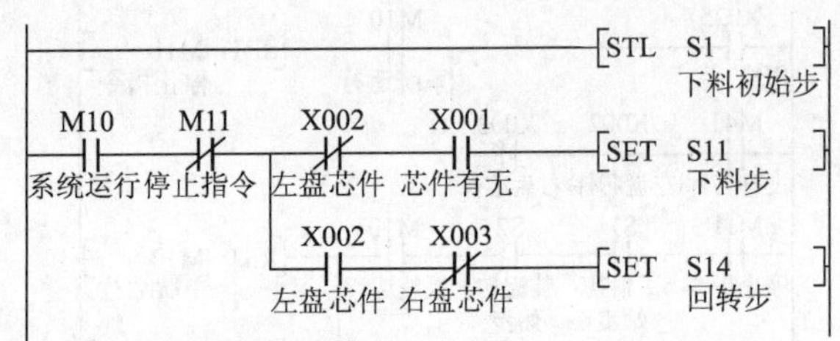

图 4-20　供料过程的初始步程序梯形图

a. 初始步转移的先决条件是系统已处于运行状态，停止指令未发出。后一条件是确保停止指令发出后，在供料子过程率先回到其初始步时不再转移。

b. 当左料盘无芯件时，程序转向下料分支。程序中引入了检测芯件有无的常开输入触点，是因为缺料故障信号的检测有 2 s 延时，为确保当程序在初始步时，如果检测芯件有无的传感器动作，步进顺序控制程序不会转移到下料步。

c. 当左料盘有芯件而右料盘无芯件时，程序直接跳转到回转步。

d. 如果左、右料盘都有芯件，即使工作台在运行状态，也不发生步转移。

② 下料分支包括下料操作和下料复位两工步，其梯形图如图 4-21 所示。

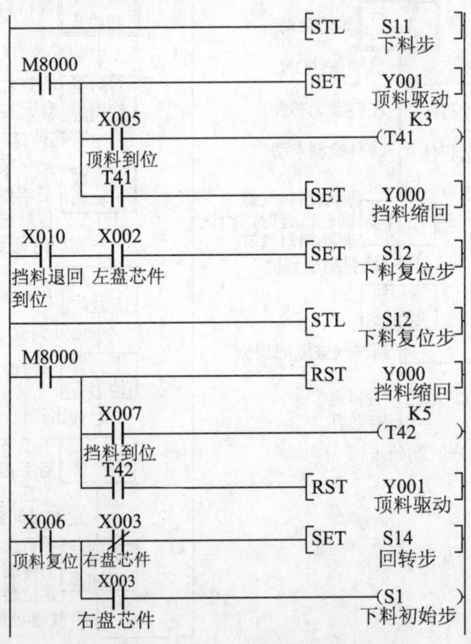

图 4-21　下料过程的程序梯形图

下料操作按顶料气缸首先伸出，到位后挡料气缸缩回，使最底层芯件自由下落到左料盘上的顺序进行。当挡料气缸退回到位且左料盘上已有芯件时，转移到下料复位步。复位操作则按相反顺序进行，当顶料气缸缩回到位后，再次根据右料盘是否有芯件而产生分支，有芯件时直接返回初始步，无芯件时分支将与初始步开始的跳转分支汇合到回转步。

③ 图 4–22 所示为供料过程回转步的程序梯形图，该步完成芯件转移的功能，其驱动条件是左料盘有芯件但右料盘没有，而摆动气缸的摆动方向则取决于摆动气缸当前位置（左限位或右限位位置）。编程时必须注意驱动条件的存在，否则摆动气缸左限信号和右限信号将交替接通，使回转操作反复进行。

当摆台回转到位后，芯件将转移到右面，使右盘芯件检测输入为 ON 状态，这时程序应返回供料初始步。

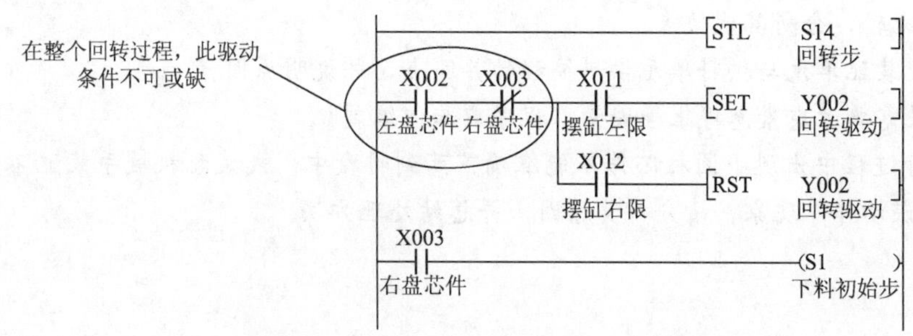

图 4–22　供料过程回转步的程序梯形图

（2）装配子过程的编程说明

装配子过程是一个单序列的、周而复始的步进过程。编程时，需注意其初始步的转移条件：当系统已启动、停止指令未发出、装配台上有待装配工件，以及“装配完成标志”在 OFF 状态等条件均满足，经延时确认后才成立。“装配完成标志”为 OFF 状态，是防止发生重复装配的措施，其原理与加工单元主控过程所采取的防止重复加工的措施相同，即在一次装配周期结束时，置位“装配完成标志”，只有将装配好的工件取出，该标志才能复位。再重新放下待装配工件，才有可能满足初始步转移条件。

项目小结

① 装配单元是 YL-335B 中元器件最多的工作单元。可按功能划分为 3 部分：

a．芯件供给（下料）部分，包括供料料仓和下料操作组件。

b．芯件传送（位置转移）部分，即回转物料台组件。

c．芯件装配部分，包括装配机械手组件和装配台。

② 进行装配单元机械安装时，可按如下顺序进行：装配各部分组件→装配工作单元支撑组件→把回转物料台组件安装到工作单元支撑架上→把芯件供给部分组件安装到工作单元支撑架上→把芯件装配部分组件安装到工作单元支撑架上，完成机械安装。

安装过程中应注意各部分组件的位置配合关系。其中回转物料台安装是关键点，必须确保摆动气缸的摆动角度为 180°，料盘位于供料料仓底座的正下方，使得下料时芯件准确落在料盘内。

③ 装配单元的工作过程包括两个相互独立的子过程：一个是供料子过程，另一个是装配子过程。两个子过程的初始步都在 PLC 加电（M8002 ON）时置位，但系统的停止则必须

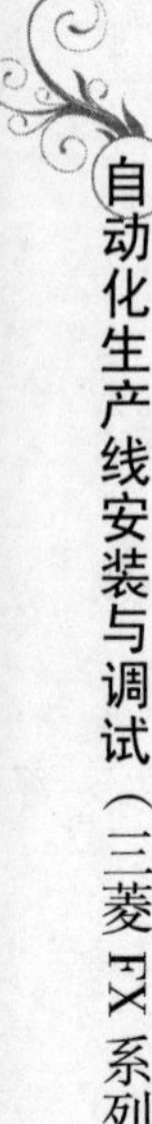

等待两个子过程都返回到其初始步以后。

供料子过程包含下料和芯件转移两个阶段，是具有跳转分支的步进顺序控制程序。本项目 PLC 编程实训的重点是使学生掌握带分支步进顺序控制程序的编制方法和技巧。

思考题

① 装配单元的主控过程也可以看作由三个相互独立的子过程构成，即下料子过程、芯件转移子过程和装配子过程。请读者按此划分方法，编制满足工作任务的程序，并与前述的编程方法相比较，分析其优缺点。

② 比较装配单元与供料单元供料编程的异同点，并说明原因。

③ 如果需要考虑紧急停止等因素，程序应如何编制？

④ 运行过程中出现小圆柱芯件不能准确下落到料盘中，或装配机械手装配不到位，或光纤传感器误动作等现象，请分析其原因，并总结处理方法。

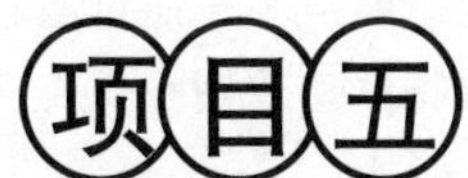

项目五

分拣单元的安装与调试

项目目标

① 掌握 FR-E740 变频器安装和接线的基本技能、基本参数的含义；能熟练使用操作面板进行参数设置以及操控电动机的运行。

② 掌握旋转编码器的结构、特点及电气接口特性，并能正确进行安装和调试；掌握高速计数器的选用、程序编制和调试方法。

③ 能在规定时间内完成分拣单元的安装和调整，进行程序设计和调试，并能解决安装与运行过程中出现的常见问题。

项目准备一　认知分拣单元的结构和工作过程

分拣单元是 YL-335B 中的最末单元，完成对上一单元送来的成品工件进行分拣。使不同属性的工件从不同的料槽分流。

分拣单元装置侧主要是一台整合了分拣功能的带传送装置，俯视图如图 5-1 所示。当输送单元送来工件放到传送带上并为进料定位 U 形板内置的光纤传感器检测到时，即可以启动变频器使传送带运转，工件开始被传送并进行分拣。

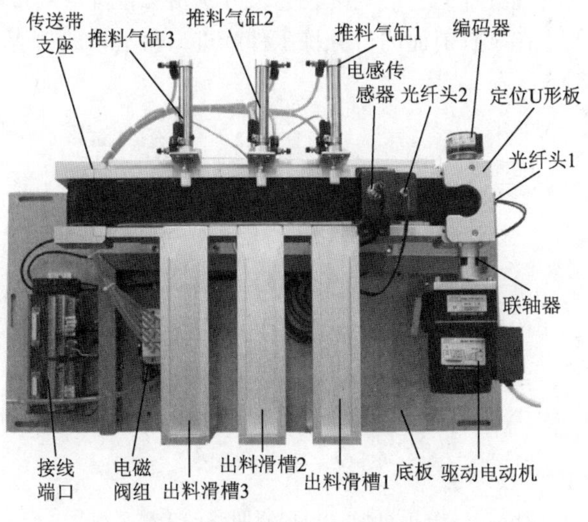

图 5-1　分拣单元装置侧俯视图

1. 传送带及其驱动机构

分拣单元的带传动属于摩擦型带传动，具有能缓冲吸振，传动平稳，噪声小；能过载打滑；结构简单，制造、安装和维护方便，成本低；两轴距离允许较大等特点，适用于无需保证准确传动比的远距离场合，在近代机械传动中应用十分广泛。

带传动装置由驱动电动机、主动轮、从动轮、紧套在两轮上的传送带和机架组成。主动轮通过弹性联轴器与驱动机构连接而被驱动，通过传送带与带轮之间产生的摩擦力，使从动轮一起转动，从而实现运动和动力的传递。

传动驱动机构的主要部分是一台带有减速齿轮机构的三相异步电动机。整个驱动机构包括电动机支座、减速电动机、弹性联轴器等，如图 5-2 所示。电动机轴与主动轮轴间的连接质量直接影响传送带运行的平稳性，安装时务必注意，必须确保两轴间的同心度。

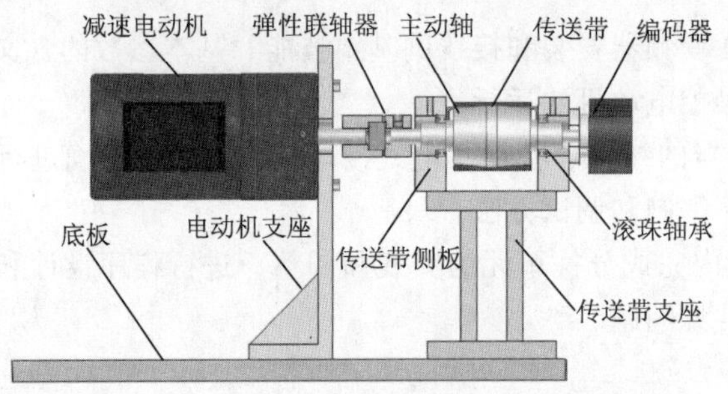

图 5-2　带传动装置的驱动机构

2. 分拣机构

由图 5-1 可以看到，带传动装置上安装有出料滑槽、推料（分拣）气缸、进料检测的光纤传感器、属性检测（电感式和光纤）传感器以及磁性开关等，它们构成了分拣机构。分拣机构把带传动装置分为两个区域，从进料口到传感器支架的前端为检测区，后段是分拣区。成品工件在进料口被检测后由传送带传送，通过检测区的属性检测传感器确定工件的属性，然后传送到分拣区，按工作任务要求把不同类别的工件推入指定的物料槽中。

三个出料滑槽的推料气缸都是直线气缸，它们分别由二位五通的带手控开关的单电控电磁阀所驱动，实现将停止在气缸前面的待分拣工件推进出料滑槽的功能。分拣机构气动控制回路的工作原理图如图 5-3 所示。

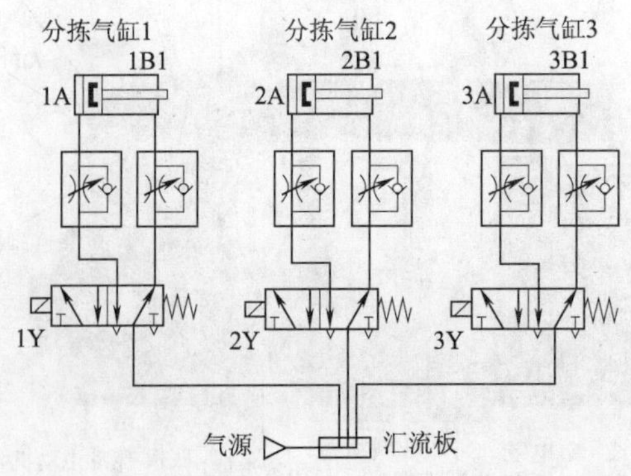

图 5-3　分拣机构气动控制回路的工作原理图

项目准备二　相关知识点

一、认知旋转编码器

旋转编码器是通过光电转换，将输出至轴上的机械、几何位移量转换成脉冲或数字信号的传感器，主要用于速度或位置（角度）的检测。根据旋转编码器产生脉冲方式的不同，可分为增量式、绝对式及混合式三大类，YL-335B 设备上只使用了增量式编码器。

1. 增量式旋转编码器的工作原理

增量式旋转编码器工件原理示意图如图 5-4 所示。它由光栅盘和光电检测装置组成。光电检测装置由发光元件、光栏板和受光元件组成，光栅盘则是在一定直径的圆板上等分地开通若干个长方形狭缝，数量从几百到几千不等。由于光栅盘与电动机同轴，电动机旋转时，光栅盘与电动机同速旋转，发光元件发出的光线透过光栅盘和光栏板狭缝形成忽明忽暗的光信号，受光元件把光信号转换成电脉冲信号，因此，根据脉冲信号数量，便可推知转轴转动的角位移数值。

为了获得光栅盘所处的绝对位置，还必须设置一个基准点，即起始零点（zero point），为此在光栅盘边缘光槽内圈还设置了一个“零位标志光槽”，参见图 5-4，当光栅盘旋转一圈，光线只有一次通过零位标志光槽射到受光元件 Z 上，并产生一个脉冲，此脉冲即可作为起始零点信号。

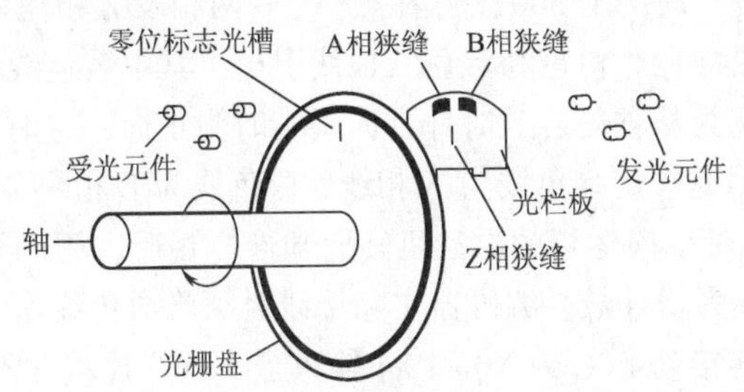

图 5-4　旋转编码器工作原理示意图

光电编码器的光栅盘条纹数决定了传感器的最小分辨角度，即分辨角 $\alpha=360°$ /条纹数。例如，若条纹数为 500 线，则分辨角 $\alpha=360° / 500 = 0.72°$。为了提供旋转方向的信息，光栏板上设置了两个狭缝，A 相狭缝与 A 相发光元件、受光元件对应；同样，B 相狭缝与 B 相发光元件、受光元件对应。若两狭缝的间距与光栅间距 T 的比值满足一定关系，就能使 A 和 B 两个脉冲列在相位上相差 90°。当 A 相脉冲超前 B 相时为正转方向，而当 B 相脉冲超前 A 相时则为反转方向。

A 相、B 相和 Z 相受光元件转换成的电脉冲信号经整形电路后，输出波形如图 5-5 所示。

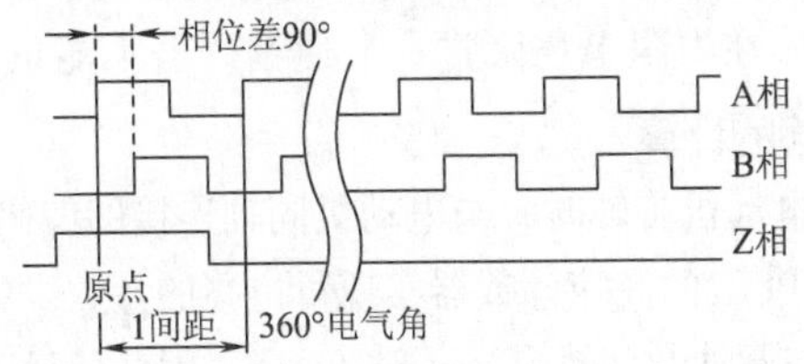

图 5-5　增量式编码器输出的三组方波脉冲

2. 增量式旋转编码器在 YL-335B 中的应用

分拣单元选用了具有 A、B 两相，相位差为 90° 的旋转编码器，用于计算工件在传送带上的位移。分拣单元所使用的编码器外观和引出线定义如图 5-6 所示。

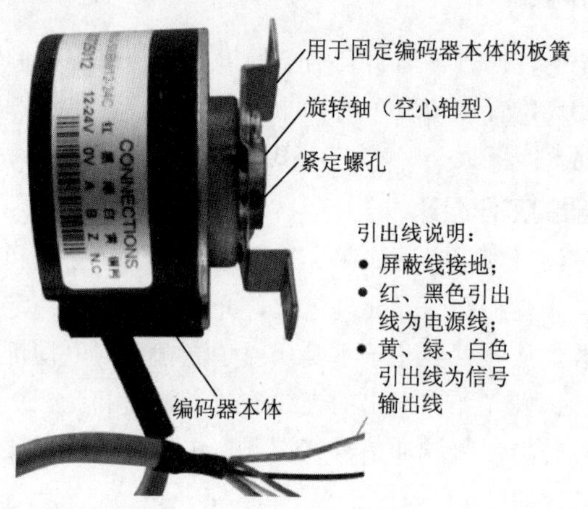

图 5-6　分拣单元所使用的编码器外观和引出线定义

该旋转编码器有关的性能数据如下：工作电压为 DC 12 ~ 24 V，工作电流为 110 mA，分辨率为 500 线（即每旋转一周产生 500 个脉冲）。A、B 两相及 Z 相均采用 NPN 型集电极开路输出。信号输出线分别由绿色、白色和黄色三根线引出，其中黄色线为 Z 相输出线。编码器在出厂时，旋转方向规定为从轴侧看顺时针方向旋转时为正向，这时绿色线输出信号将超前白色线输出信号 90°，因此规定绿色线为 A 相线，白色线为 B 相线。然而，在分拣单元传送带的实际运行中，使传送带正向运行的电动机转向却恰恰相反，为了确保传送带正向运行时，PLC 的高速计数器的计数为增计数，编码器实际接线时须将白色线作为 A 相线使用，绿色线作为 B 相线使用，分别连接到 PLC 的 X0 和 X1 输入点（这样连接并不影响编码器的性能）。此外，传送带不需要起始零点信号，Z 相脉冲没有连接。

编码器的使用应注意如下两点：

① 所选用的编码器旋转轴为中空轴形状（空心轴型）。通过将传送带主动轴直接插入中空孔进行连接，可节省轴方向的空间。编码器安装时，首先把编码器旋转轴的中空孔插入传送带主动轴，上紧编码器轴端的紧定螺栓；然后，将用于固定编码器本体的板簧用螺栓连接到进料口 U 形板的两个螺孔上，注意不要完全紧定，接着用手拨动电动机轴使编码器轴随之旋转，调整板簧位置，直到编码器无跳动，再紧定两个螺栓。

② 由于该编码器的工作电流达 110 mA，进行电气接线尚须注意，编码器的正极电源引线（红色）须连接到装置侧接线端口的+24 V 稳压电源端子上，不宜连接到带有内阻的电源端子 V_{CC} 上；否则，工作电流在内阻上压降过大，使编码器不能正常工作。

3. 工件在传送带上位移的计算

分拣单元的传送带驱动电动机旋转时，与电动机同轴连接的编码器即向 PLC 输出表征电动机轴角位移的脉冲信号，由 PLC 的高速计数器实现角位移的计数。如果传送带没有打滑现象，则工件在传送带上的位移量与脉冲数就具有一一对应关系，因此传送带上任一点对进料口中心点（原点）的坐标值可直接用脉冲数表达。PLC 程序则根据坐标值的变化计算出工件的位移量。

脉冲数与位移量的对应关系可如下计算：分拣单元主动轴的直径 d 约为 43 mm，则减速电动机每旋转一周，传送带上工件移动距离 $L=\pi \cdot d$ =3.14 × 43 mm=135.02 mm。这样每两个脉冲之间的距离，即脉冲当量 $\mu =L/500\approx 0.27$ mm，根据 μ 值就可以计算任意脉冲数与位移量的对应关系。例如，按图 5-7 所示的安装尺寸，当工件从进料口中心线（原点位置）移至第一个推杆中心点时，编码器约发出 622 个脉冲；移至第二个推杆中心点时，编码器约发出 962 个脉冲；移至第三个推杆中心点时，编码器约发出 1 303 个脉冲。

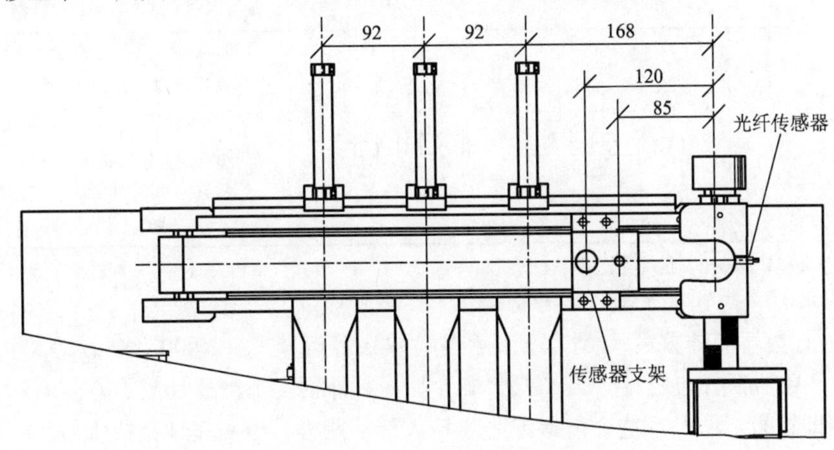

图 5-7　传送带位置计算

应该指出的是，上述脉冲当量的计算只是理论上的。实际上，各种误差因素不可避免，例如传送带主动轴直径（包括传送带厚度）的测量误差，传送带的安装偏差、张紧度等，都将影响理论计算值。经此计算得出的各特定位置（各推料气缸中心、检测区出口、各传感器中心相对于进料口中心的位置坐标）的脉冲数同样存在误差，因而经计算得出的只是估算值。实际调试时，宜以这些估算值为基础，通过简单测试程序进行现场测试以获得准确数据，作为控制程序编程的依据。

二、认知 FX3U 系列 PLC 基本单元内置的高速计数器

1. FX3U 系列 PLC 的高速计数器的用途和分类

① FX 系列 PLC 内置有 21 点高速计数器 C235 ~ C255，它们都是 32 位的计数器。高速计数器用于频率高于机内扫描频率的机外脉冲计数。由于计数信号频率高，其计数方法不能像普通计数器那样在扫描周期内用编程方式进行。FX3U 采用硬件计数或以中断方式（与扫描周期无关）进行计数，计数结果是使所用的高速计数器计数值变化，但计数过程并不体现在程序中。

② 根据计数方式的不同，高速计数器可划分为如表 5-1 所示的三种类型。

表 5-1　FX3U 系列 PLC 高速计数器的类型

项　目	输入信号形式	计 数 方 向
单相单计数的输入 （C235 ~ C245）	UP/DOWN	通过 M8235 ~ M8245 的 ON/OFF 来指定增计数或是减计数。 ON：减计数；OFF：增计数

续表

项　目	输入信号形式	计 数 方 向
单相双计数的输入（C246～C250）	UP +1 +1 +1 DOWN −1 −1 −1	对应于增计数输入或减计数输入的动作，自动地增/减计数。 计数方向可用 M8246～M8250 监控。 ON：减计数；OFF：增计数
双相双计数的输入（C251～C255）	A相 B相 +1 +1 正转时 A相 B相 −1 −1 反转时	根据 A 相/B 相的输入状态变化，自动地进行增计数或减计数。 (当 A 相脉冲为高电平时，B 相脉冲上升沿作增计数，B 相脉冲下降沿作减计数。) 计数方向可用 M8251～M8255 监控。 ON：减计数；OFF：增计数

注：双相双计数高速计数器 C251～C255 还有 1 倍频和 4 倍频两种频率模式，由相关的特殊寄存器设定。当这些特殊寄存器 ON 时，对应的计数器为 4 倍频模式。YL-335B 只使用 1 倍频模式。

③ 高速计数器的计数输入、外部复位和置位输入等信号来自 X000～X007 等 8 个输入点，每一个高速计数器都有与之对应的 X 端口配套使用，即指定了高速计数器 C×××后，对应的 X 输入端即被指定，并且这个被指定的 X 输入端不能为其他高速计数器所用。

④ 高速计数器的选用应首先考虑所选计数器的类型与外部计数源的计数方式相适应。例如，分拣单元所使用的是具有 A、B 两相 90° 相位差的通用型旋转编码器，且 Z 相脉冲信号没有使用，显然接收编码器计数信号的高速计数器应选用双相双计数类型。而具体编号，则可根据表 5-2 所列出的双相双计数高速计数器与输入点的配套关系确定。表中，“A”为 A 相输入；“B”为 B 相输入；“R”为复位输入；“S”为启动输入。由表 5-2 可见，合理的选择应为 C251；否则，若选用 C252～C255，将会使得某些输入点由于被占用而浪费掉。

表 5-2　双相双计数高速计数器与输入点的配套关系

计数器编号	X000	X001	X002	X003	X004	X005	X006	X007
C251	A	B						
C252	A	B	R					
C253				A	B	R		
C254	A	B	R				S	
C255				A	B	R		S

2. 高速计数器的基本编程

从分拣单元工作过程来看，高速计数器的编程，仅要求能接收旋转编码器的脉冲信号进行计数，提供工件在传送带上位移的信息，以及能对所使用的高速计数器进行复位操作。高速计数器更复杂的功能，例如预置值达到时中断处理等，均不需要运用，高速计数器的编程实训，只是基本技能的实训。

FX3U 系列 PLC 的高速计数器基本编程十分简单，例如，实现高速计数器使能和复位操作的功能，只需要图 5-8 所示的两个梯级。

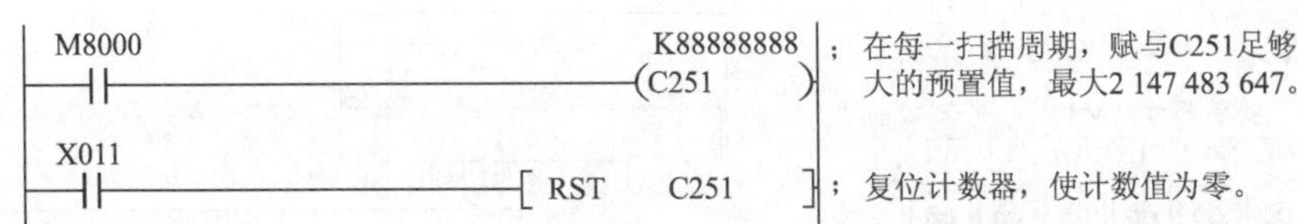

图 5-8 实现高速计数器使能和复位操作的梯形图

① 高速计数器 C251 的使能只需要用直通触点(本例用 M8000)将其选定即可。C251 一旦使能，输入 X000 和 X001 即被指定为它的计数输入端，X000 和 X001 的输入滤波时间将会自动从 10 ms 变为 5 μs（FX3U 系列），以便实现高速计数。在梯形图中，这两个计数输入信号是隐含的。

② X011 为 ON 时执行 RST 指令，C251 将被复位。复位指令起了用软件指定原点的作用，若以后继续有计数脉冲输入，C251 将从 0 开始计数。

三、三菱 FR-E740 型变频器的使用

在使用三菱 PLC 的 YL-335B 设备中，变频器选用三菱 FR-E700 系列变频器中的 FR-E740-0.75K-CHT 型变频器，该变频器额定电压等级为三相 400 V，适用电动机容量为 0.75 kW 及以下的电动机。

FR-E700 系列变频器是 FR-E500 系列变频器的升级产品，是一种小型、高性能的通用变频器。在 YL-335B 设备上进行的实训，所涉及的是使用通用变频器所必需的基本知识和技能，着重于变频器的接线、基本操作和常用参数的设置等方面。

1. FR-E740 型变频器的接线

打开 FR-E740 型变频器的前盖板，其外观如图 5-9 所示，其中，接线端子部分中，浅绿色的端子排是控制端子排，下面较大的端子排是主电路端子排。

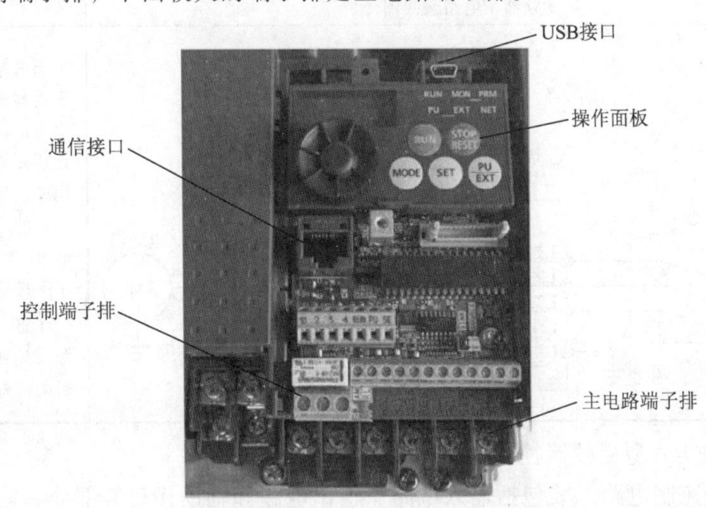

图 5-9 FR-E740 型变频器前盖板打开后的外观

主电路端子排的分布如图 5-10（a）所示，控制电路端子排的分布如图 5-10（b）所示。

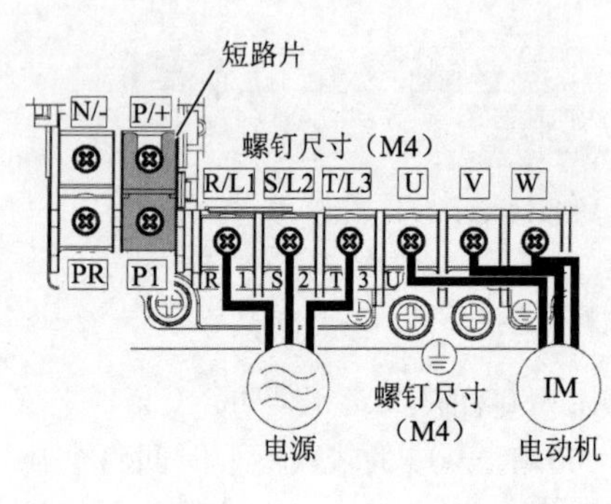

（a）主电路端子排

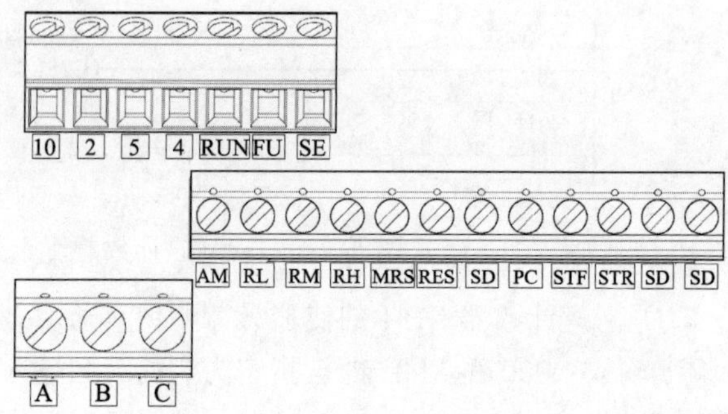

（b）控制电路端子排

图 5-10　主电路和控制电路端子排分布

（1）FR-E740 型变频器主电路的接线

变频器实现将工频电源转换为频率可变的交变的电源，用以驱动有速度调整要求的交流电动机运转。通用变频器通常采用交—直—交方式把工频交流电变换为频率和电压均可调的三相交流电，即首先将电网侧工频交流电整流成直流电，再将此直流电逆变成频率、电压均可控制的交流电。因此，变频器主电路接线主要有以下三方面：

a. 电源连接。三相工频电源连接到电源接线端子上，由于新一代通用变频器的整流器都是由二极管三相桥构成的，因此可以不考虑电源的相序。

b. 电动机接线。电动机接线端子为 U、V、W，可按照转向要求调整相序。

c. 接地。接地端子 PE 必须可靠接地，并直接与电动机接地端子相连。

FR-E740 型变频器主电路的接线原理及其说明如表 5-3 所示。

表 5-3　FR-E740 型变频器主电路的接线原理及其说明

变频器主电路接线图	说　明
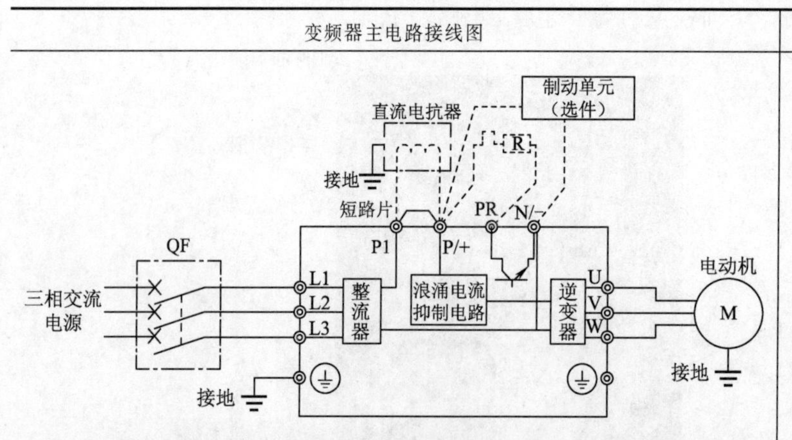	主电路端子 P1、P/+之间用来连接变频器直流回路的直流电抗器，P/+与 PR 之间用来连接制动电阻，P/+与 N/-之间用来连接制动单元选件，都是可选的。YL-335B 均不需要，故 P1、P/+间短接，PR、N/- 端子不接线。 注意，接线时切勿将输入电源线接到 U、V、W 端子上；否则，将损坏变频器

（2）FR-E740 型变频器控制电路的接线

变频器的控制电路一般包括输入电路、输出电路和辅助接口等部分。输入电路接收控制器（PLC）的指令信号（开关量或模拟量信号），输出电路输出变频器的状态信息（正常时的开关量或模拟量输出、异常输出等），辅助接口包括例如通信接口、外接键盘接口等。各控制端子的默认功能及 FR-E740 型变频器控制电路简图如表 5-4 所示。

表 5-4　各控制端子的默认功能及 FR-E740 型变频器控制电路简图

FR-E740 型变频器控制端子及默认功能	说　明
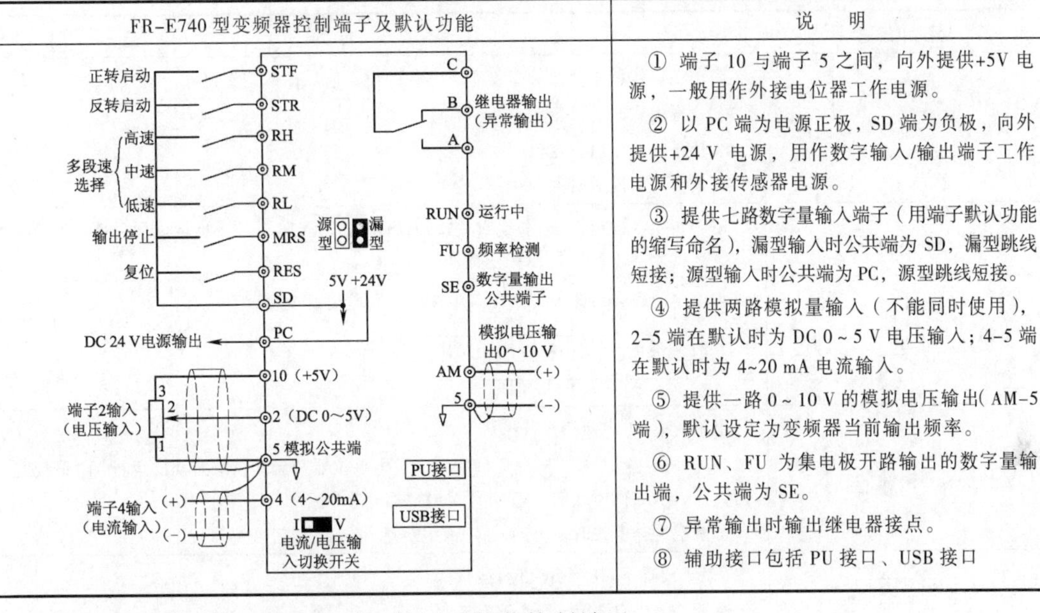	① 端子 10 与端子 5 之间，向外提供+5V 电源，一般用作外接电位器工作电源。 ② 以 PC 端为电源正极，SD 端为负极，向外提供+24 V 电源，用作数字输入/输出端子工作电源和外接传感器电源。 ③ 提供七路数字量输入端子（用端子默认功能的缩写命名），漏型输入时公共端为 SD，漏型跳线短接；源型输入时公共端为 PC，源型跳线短接。 ④ 提供两路模拟量输入（不能同时使用），2-5 端在默认时为 DC 0～5 V 电压输入；4-5 端在默认时为 4~20 mA 电流输入。 ⑤ 提供一路 0～10 V 的模拟电压输出（AM-5 端），默认设定为变频器当前输出频率。 ⑥ RUN、FU 为集电极开路输出的数字量输出端，公共端为 SE。 ⑦ 异常输出时输出继电器接点。 ⑧ 辅助接口包括 PU 接口、USB 接口

YL-335B 分拣单元在出厂时只使用了部分控制端子：

① 通过开关量输入端子接收 PLC 的启动/停止、正反转等命令信号；

② 通过模拟量输入端子接收 PLC 的频率指令；

③ 通过模拟量输出端子输出变频器当前输出频率或电流、电压等状态信息。

分拣单元的调速控制，也可以采用几个开关量端子的通断状态组合提供多段频率指令。实际工程中，多段速控制也是一种常用的方式，本项目的调速控制，则主要使用操作面板控制和多段速控制两种方式。

2. 认知 FR-E700 系列变频器的操作面板和参数设置

（1）FR-E700 系列变频器操作面板的结构及功能简介

通用变频器操作面板的结构一般包括键盘操作单元（又称控制单元）和显示屏两部分。键盘的主要功能是向变频器的主控板发出各种指令或信号，而显示屏的主要功能则是接收主控板提供的各种数据进行显示，但两者总是组合在一起的。

FR-E740 型变频器上固定有操作面板（不能拆下），用以进行运行方式、频率的设定，运行指令监视，参数设定、错误表示等。操作面板如图 5-11 所示，其上半部为监视面板和显示器，下半部为 M 旋钮和各种按键。它们的具体功能分别如表 5-5 和表 5-6 所示。

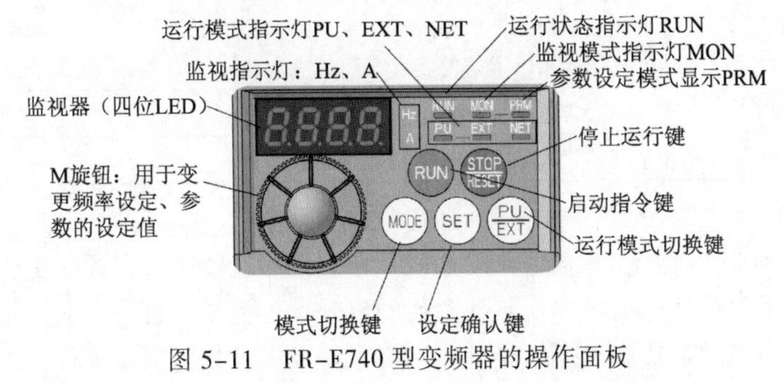

图 5-11　FR-E740 型变频器的操作面板

表 5-5　旋钮、按键功能

旋钮和按键	功　能
M 旋钮（三菱变频器旋钮）	旋动该旋钮用于变更频率设定、参数的设定值。按下该旋钮可显示以下内容： ①监视模式时的设定频率； ②校正时的当前设定值； ③报警历史模式时的顺序
模式切换键 MODE	用于切换各设定模式。和运行模式切换键 **PU/EXT** 同时按下也可以用来切换运行模式。长按此键（2 s）可以锁定操作
设定确定键 SET	各设定的确定。此外，当运行中按此键则监视器出现以下显示： 运行频率 → 输出电流 → 输出电压
运行模式切换键 PU/EXT	用于切换 PU / 外部运行模式。 使用外部运行模式（通过另接的频率设定电位器和启动信号启动的运行）时请按此键，使表示运行模式的 EXT 处于亮灯状态。 切换至组合模式时，可同时按 MODE 键 0.5 s，或者变更参数 Pr.79
启动指令键 RUN	在 PU 模式下，按此键启动运行。 通过 Pr.40 的设定，可以选择旋转方向
停止运行键 STOP/RESET	在 PU 模式下，按此键停止运转。 保护功能（严重故障）生效时，也可以进行报警复位

表 5-6　运行状态显示

显　示	功　能
运行模式显示灯	①PU：PU 运行模式时亮灯； ②EXT：外部运行模式时亮灯； ③NET：网络运行模式时亮灯
监视器（4 位 LED）	显示频率、参数编号等
监视数据单位显示	Hz：显示频率时亮灯；A：显示电流时亮灯。 （显示电压时熄灯，显示设定频率监视时闪烁。）
运行状态显示 RUN	当变频器动作中亮灯或者闪烁。其中： 亮灯——正转运行中； 缓慢闪烁（1.4 s 循环）——反转运行中。 下列情况下出现快速闪烁（0.2 s 循环）： ①按键或输入启动指令都无法运行时； ②有启动指令，但频率指令在启动频率以下时； ③输入了 MRS 信号时
参数设定模式显示 PRM	参数设定模式时亮灯
监视器显示 MON	监视模式时亮灯

（2）YL-335B 上 FR-E700 系列变频器的参数设置

FR-E700 系列变频器提供了数百个参数供用户选用，通过参数设置赋予变频器一定的功能，以满足调速系统的运行要求。变频器参数的出厂设定值被设置为完成简单的变速运行。如果出厂设定值不能满足负载和操作要求，则要重新设定参数。实际工程中，只需要设定变频器的部分参数，就能满足控制要求。

使用操作面板进行参数设置是设定参数的最重要方法，表 5-7 给出了一个将参数 Pr.79（运行模式）从出厂值“0”修改为希望设定值“2”的例子，表中列出的操作步骤也适合于其他参数的设定。

表 5-7　变更参数的设定值示例

步　骤	操　作	显　示
1	接通电源显示的监视器画面 (显示外部运行模式)	0.00 Hz MON EXT
2	按 PU/EXT 键，进入 PU 运行模式，	0.00 Hz MON PU
3	按 MODE 键，进入参数设定模式	P. 0 PRM PU
4	旋转 M 旋钮，将参数编号设定为 Pr.79	P. 79
5	按 SET 键，读取当前设定值	0
6	旋转 M 旋钮，设定希望参数值	2
7	按 SET 键，确认新设定值，这时参数和设定值将交替闪烁，参数写入完成	2　P. 79

下面根据分拣单元工艺过程对变频器的要求，介绍一些需要关注的常用参数的含义和设置要求。关于参数设定更详细的说明请参阅 FR-E700 使用手册。

① 变频器命令源和频率源的指定。指定变频器运行的命令源，以及变频器设定频率的频率源的相关参数，都是变频器运行前必须加以设置的重要参数。YL-335B 通常在设备安装调试过程中通过操作面板发出启动和停止命令，指定运行频率；在生产线运行过程中则通过外部端子排接收 PLC 发出的控制命令和频率设定值。

FR-E700 系列变频器使用运行模式参数 Pr.79 来统一指定命令源和频率源，设定值范围为 0，1，2，3，4，6，7。这七种运行模式的内容见表 5-8。变频器出厂时，参数 Pr.79 设定值为 0；停止运行时，用户可以根据实际需要修改其设定值。YL-335B 设备出厂时将 Pr.79 值设定为 2。

表 5-8　运行模式选择（Pr.79）

设定值	运行模式名称	内　　容	
0	PU/外部切换模式	通过 PU/EXT 键可切换 PU 与外部运行模式。 注意：接通电源时为外部运行模式	
1	PU 运行模式	固定为 PU 运行模式（由操作面板发出启动和停止命令，指定运行频率）	
2	外部运行模式	固定为外部运行模式，但可在外部、网络运行模式间切换运行	
3	PU/外部组合运行模式 1	启动指令	可用操作面板设定，或外部信号输入
		频率指令	外部信号输入（端子 RH、RM、RL）
4	PU/外部组合运行模式 2	启动指令	通过操作面板的 RUN 键来输入
		频率指令	外部信号输入（端子 2、4、多段速选择等）
6	切换模式	可以在保持运行状态的同时，进行 PU 运行、外部运行、网络运行的切换	
7	外部运行模式（PU 运行互锁）	X12 信号 ON 时，可切换到 PU 运行模式（外部运行中输出停止）； X12 信号 OFF 时，禁止切换到 PU 运行模式	

② 限制变频器运行频率的参数。调速系统由于工艺过程的要求或设备的限制，需要对变频器运行的最高和最低频率加以限制，即当频率设定值高于最高频率（上限频率）或低于最低频率（下限频率）时，输出频率将被钳位。例如图 5-12 给出用模拟电压控制输出频率的输出频率与频率设定值关系，当表征频率设定值的模拟电压超出有效范围时，输出频率将被嵌位。一般情况下，YL-335B 要求变频器对应的上限频率参数值设置为 50 Hz；下限频率参数值设置为 0 Hz。

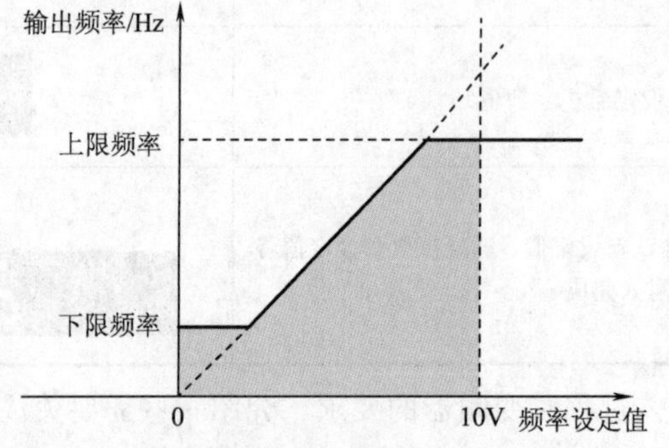

图 5-12　输出频率与设定频率关系

FR-E740 型变频器用 Pr.1“上限频率”和 Pr.2“下限频率”来设定输出频率的上、下限限位值。Pr.1 与 Pr.2 出厂设定范围为 0 ~ 120 Hz，出厂设定值分别为 120 Hz 和 0 Hz。因此，实际设置时只需要将 Pr.1 值修改为 50 Hz 即可。

③ 变频器启动、制动和加减速参数。

电动机启动、制动和加减速过程是一个动态过程，通常用加、减速时间来表征。加速时间参数用来设定从停止状态加速到加减速基准频率时的加速时间；减速时间用来设定从加减速基准频率到停止状态的减速时间。加减速时间示意图如图 5-13 所示。

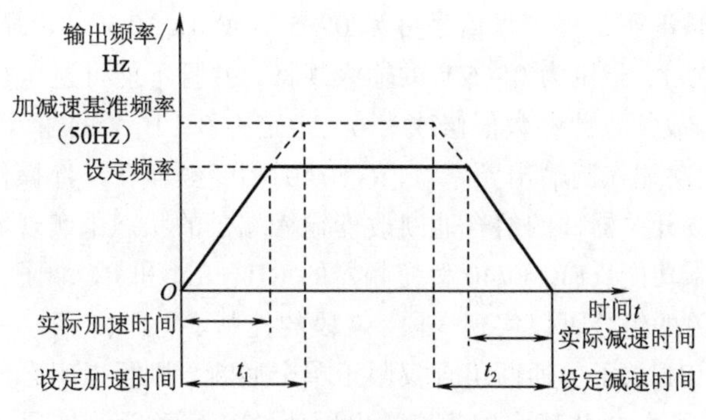

图 5-13　加减速时间示意图

从图 5-13 中看出，若要求变频器运行频率为小于 50Hz 的某一值，则实际的加减速时间显然小于设定值。

FR-E700 系列变频器指定加减速时间的相关参数包括 Pr.7、Pr.8、Pr.20、Pr.21 等，各参数的意义及设定范围如表 5-9 所示。

表 5-9　加减速时间相关参数的意义及设定范围

参数号	参数意义	出厂设定	设定范围	备　注
Pr.7	加速时间	5 s	0 ~ 3 600 s /360 s	根据 Pr.21 加减速时间单位的设定值进行设定。初始值的设定范围为“0 ~ 3 600 s”，设定单位为“0.1 s”
Pr.8	减速时间	5 s	0 ~ 3 600 s/360 s	
Pr.20	加/减速基准频率	50 Hz	1 ~ 400 Hz	—
Pr.21	加/减速时间单位	0	0/1	0: 0 ~ 3 600 s，单位：0.1 s 1: 0 ~ 360 s，单位：0.01 s

YL-335B 的调试中一般不需要重新设置加减速基准频率。必须设置的参数是加速时间和减速时间参数。其中，减速时间的设置，对分拣单元传送带运行中工件的准确定位有着至关重要的意义。

实际工程中，如果设定的加速时间太短，则有可能导致变频器过电流跳闸；如果设定的减速时间太短，则有可能导致变频器过电压跳闸。不过，YL-335B 分拣单元中变频器容量远大于所驱动的电动机的容量，即使上述参数设置得很小（例如 0.2 s），也不至于出现故障跳闸情况。但加减速时间不宜设置过短的概念必须建立起来。另外，在频繁启动、停止，且加速时间和减速时间很小时，可能出现电动机过热现象。

④ 通过模拟电压输入设定变频器输出频率。YL-335B 分拣单元变频器的频率设定，以模拟量输入信号设定为主。例如，在触摸屏上指定变频器的频率，则此频率在某一范围内是随机给定的。这时，PLC 将向变频器输出模拟量信号，因此需设置变频器模拟输入端与 PLC 输出的模拟信号相匹配的参数。

FR-E700 系列变频器提供两个模拟量输入信号端子（端子 2、4）用作连续变化的频率设定。在出厂设定情况下，只能使用端子 2，端子 4 无效；可以通过改变端子接线并且设置相应参数的方法使用端子 4，而端子 2 无效。使用 YL-335B 设备实训时，通常只使用端子 2，故关于使用端子 4 的方法此处从略，具体可参阅 FR-E700 使用手册。

在使用端子 2 的情况下，模拟量信号可为 0 ~ 5 V 或 0 ~ 10 V 的电压信号，用参数 Pr.73 指定，其出厂设定值为 1，指定为 0 ~ 5 V 的输入规格，并且不能可逆运行。但由于 PLC 的模拟量输出为 0 ~ 10 V，故须将此参数值修改为 0，指定为 0 ~ 10 V 的输入规格。

⑤ 用多段速控制功能控制输出频率。FR-E740 型变频器在外部操作模式或组合操作模式 2 下，可以通过外接开关器件的组合通断改变输入端子的状态来实现调速。这种控制频率的方式称为多段速控制功能。FR-E740 型变频器的 RH、RM 和 RL 端子，其默认功能就是速度控制，通过这些开关的组合可以实现 3 段、7 段的控制。

如果 RH、RM 和 RL 端子的通断组合仅限于单个通断，则可以组合成 3 段转速。例如当 RH 单独接通，就指定了由 Pr.4 确定的频率（出厂值 50Hz，称为高速段）；同样，RM 单独接通则指定了由 Pr.5 确定的频率，RL 单独接通则指定了由 Pr.6 确定的频率。

如果考虑 RH、RM 和 RL 端子的全部通断组合状态，则可组合成 7 段转速（全部断开状态不计），第 1 ~ 3 速与上面的 3 段速相同，第 4 ~ 7 速由 2 个或 2 个以上端子同时接通状态确定，对应频率由 Pr.24 ~ Pr.27 指定，如表 5-10 所示。须注意的是，多段速度设定在 PU 运行和外部运行中都可以设定。运行期间参数值也能被改变。

表 5-10　多段速对应的控制端状态及参数关系

多段速序号	等 1 速（高速）	等 2 速（中速）	等 3 速（低速）	等 4 速	等 5 速	等 6 速	等 7 速
RH 状态	ON	OFF	OFF	OFF	ON	ON	ON
RM 状态	OFF	ON	OFF	ON	OFF	ON	ON
RL 状态	OFF	OFF	ON	ON	ON	OFF	ON
各段速频率	Pr.4	Pr.5	Pr.6	Pr.24	Pr.25	Pr.26	Pr.27
出厂值	50 Hz	30 Hz	10 Hz	9 999	9 999	9 999	9 999

注：在运行中，上述参数在任何运行模式下都可以变更设定值，值 9 999 为未选择。

⑥ 被控对象（电动机）主要额定参数，以及使变频器的输出与之匹配的参数。例如，电动机的额定频率、额定电压等，变频器与之匹配的参数分别为基准频率（Pr.3）和基准频率电压（Pr.19）。

⑦ 若参数设置有误或被非法修改，而希望重新开始调试，需要进行清除设置或恢复出厂值的设置，就需要进行参数的初始化。参数的初始化也是参数设置的一个重要环节，可用参数清除操作方法实现，即在 PU 运行模式下，设定 Pr.CL 参数清除、ALLC 参数全部清除均为“1”，可使参数恢复为初始值。（但如果设定 Pr.77 参数写入选择 = “1”，则无法清除。）

综上所述，YL-335B 设备上，FR-E740 型变频器需关注的参数及有关设置说明见表 5-11。

表 5-11　FR-E740 型变频器需关注的参数及有关设置说明

参数功能	参数名称	参数号	出厂值	设定值	说明
指定命令源和频率源	运行模式参数	Pr.79	0	2	
输出频率的限制	上限频率	Pr.1	120Hz	50Hz	
	下限频率	Pr.2	0Hz	0Hz	
加减速时间	加速时间	Pr.7	5s	0.5s	
	减速时间	Pr.8	5s	0.2s	

续表

参数功能	参数名称	参数号	出厂值	设定值	说明
模拟量输入规格	模拟量输入选择	Pr.73	1	0	将端子 2 的模拟量输入规格从 0～5 V 改为 0～10 V
使输出电压和频率符合电动机的额定值	基准频率	Pr.3	50 Hz	50 Hz	必须与电动机铭牌上记载的额定值相符
	基准频率电压	Pr.19	380 V	380 V	
参数的初始化	参数清除	Pr.CL	0		参数初始化时，将两参数值均设为 1，初始化完成后自动归 0
	参数全部清除	ALLC	0		

注：YL-335B 出厂时未使用多段速控制功能，本表未列出其相关参数。

由表 5-11 可见，在 YL-335B 上的 FR-E740 变频器，所需关注的参数并不多，而其中需要修改出厂默认值的参数仅有上限频率，加、减速时间，模拟量输入选择等参数，因此参数设置实际上十分简单。

项目实施一　分拣单元装置侧的安装和调试

1. 工作任务

分拣单元装置侧设备安装平面图如图 5-14 所示，要求完成装置侧机械部件的安装，气路连接和调整，以及电气接线。并能熟练使用变频器操作面板驱动电动机试运行，检查传动机构的安装质量。

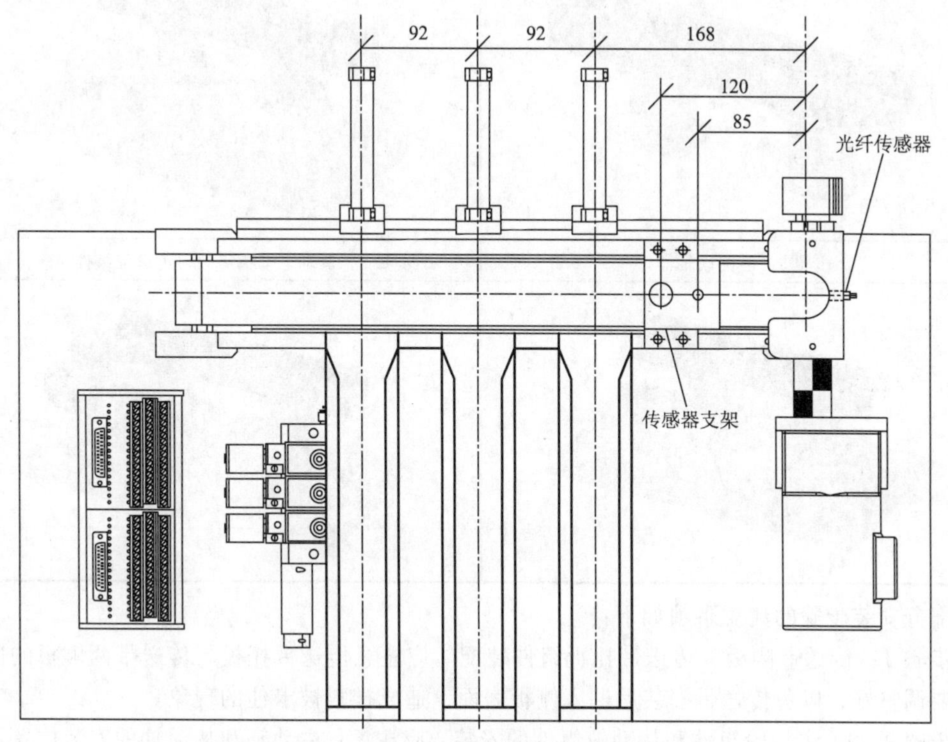

图 5-14　分拣单元装置侧设备安装平面图

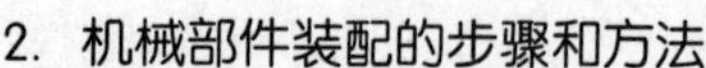

2. 机械部件装配的步骤和方法

分拣单元机械部件装配可按如下两个阶段进行：

（1）带传动机构的安装步骤（见表 5-12）

表 5-12　带传动机构的安装步骤

步骤 1 传送带侧板、传送带托板组件装配 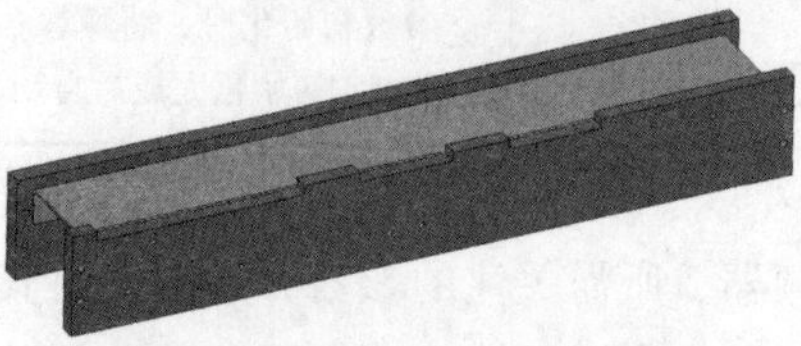	步骤 2 套入传送带 
步骤 3 安装主动轮组件 	步骤 4 安装从动轮组件 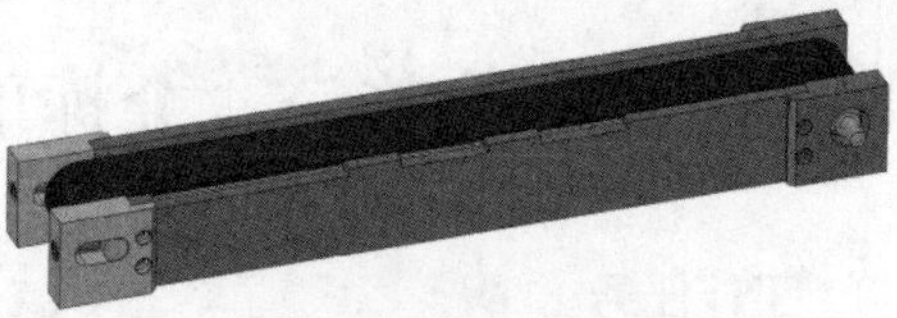
步骤 5 安装传送带组件 	步骤 6 传送带组件安装在底板上 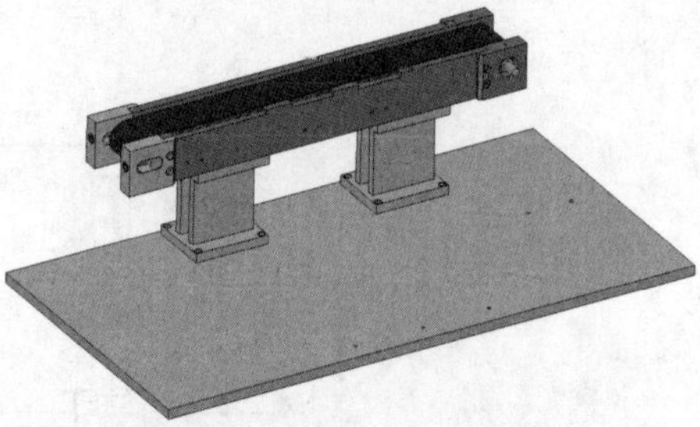
步骤 7　装配联轴器 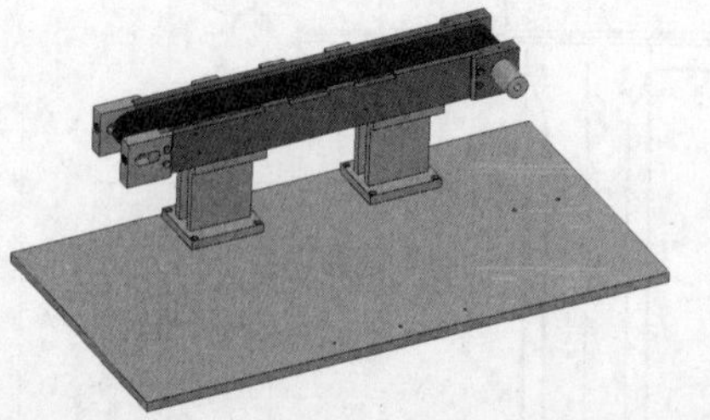	步骤 8　驱动电动机组件与传送带组件相连接 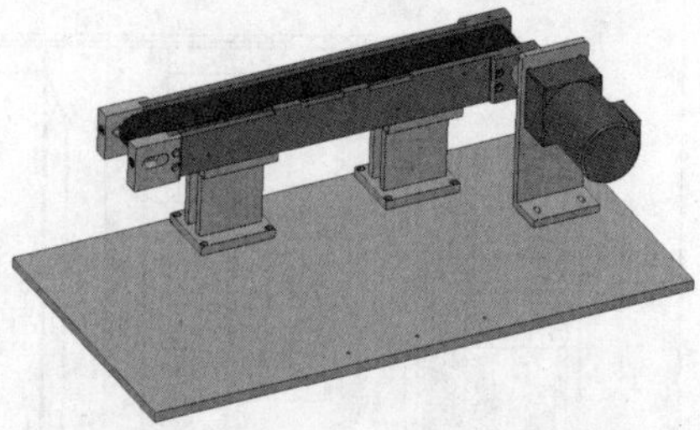

部分安装步骤的注意事项如下：

步骤 1：传送带侧板、传送带托板组件装配。应注意传送带托板与传送带两侧板的固定位置要调整好，以免传送带安装后凹入侧板表面，造成推料被卡住的现象。

步骤 3、4：主动轮组件和从动轮组件的安装。应注意：主动轴和从动轴的安装位置不能错，主动轴和从动轴的安装板的位置不能相互调换。

步骤 6：在底板上安装传动机构并调整传送带张紧度。应注意：传送带张紧度要调整适中，并保证主动轴和从动轴的平行。

步骤 8：连接驱动电动机组件与传送带组件，须注意联轴器的装配步骤：

① 将联轴器套筒固定在传送带主动轴上，套筒与轴承座距离 0.5 mm（用塞尺测量）。

② 电动机预固定在支架上，不要完全紧定，然后将联轴器套筒固定在电动机主轴上，接着把组件安装到底板上，同样不要完全紧定。

③ 将弹性滑块放入传送带主动轴套筒内。沿支架上下移动电动机，使两套筒对准。

④ 套筒对准之后，紧定电动机与支座连接的四个螺栓；用手扶正电动机之后，紧定支座与底板连接的两个螺栓。

（2）分拣机构的安装步骤（见表 5-13）

表 5-13　分拣机构的安装步骤

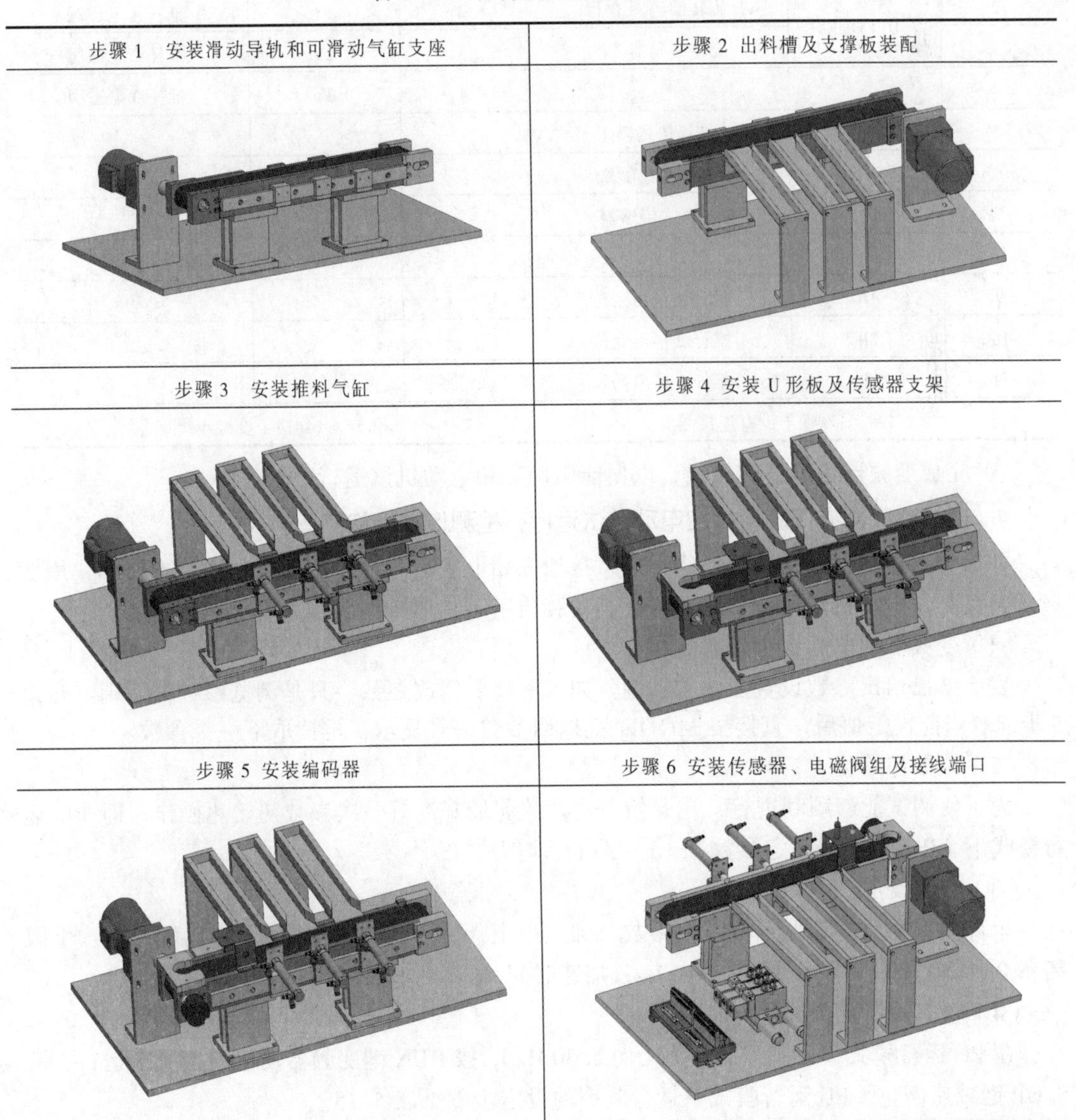

步骤 1　安装滑动导轨和可滑动气缸支座	步骤 2 出料槽及支撑板装配
步骤 3　安装推料气缸	步骤 4 安装 U 形板及传感器支架
步骤 5 安装编码器	步骤 6 安装传感器、电磁阀组及接线端口

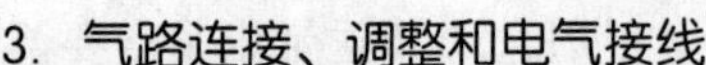

3．气路连接、调整和电气接线

① 按照图 5-3 的气动控制回路原理图连接气路。然后接通气源，用电磁阀上的手动换向按钮验证各推料气缸的初始和动作位置是否正确，调整各气缸节流阀，使得气缸动作时无冲击、无卡滞现象。

② 按照表 5-14 所给出的分拣单元装置侧的接线端口信号端子分配表连接控制电路。表 5-14 中，光纤传感器 1 用于进料口工件检测，光纤传感器 2 用于检测芯件的颜色属性，电感式传感器用于检测金属芯件。

表 5-14　分拣单元装置侧的接线端口信号端子分配

输入端口中间层			输出端口中间层		
端子号	设备符号	信号线	端子号	设备符号	信号线
2	DECODE	旋转编码器 B 相	2	1Y	推杆 1 电磁阀
3		旋转编码器 A 相	3	2Y	推杆 2 电磁阀
4			4	3Y	推杆 3 电磁阀
5	BG1	光纤传感器 1			
6	BG2	光纤传感器 2			
7	BG3	电感式传感器			
8					
9	1B	推杆 1 推出到位			
10	2B	推杆 2 推出到位			
11	3B	推杆 3 推出到位			
12#～17#端子没有连接			5#～14#端子没有连接		

③ 完成变频器主电路的接线，以便能驱动三相电动机试运行。

4．通过变频器操作面板操控电动机试运行，检测传动机构的安装质量

如果变频器的主电路接线已经完成，接通三相电源后就可以借助操作面板的操作，用变频器直接驱动电动机试运行，以便检查其安装质量。具体操作步骤如下：

（1）变频器加电后浏览现有的参数

表 5-7 已给出参数设置步骤的示例。如果不需要修改参数，只是浏览参数值，则可在第 5 步读取当前设定值后，直接按 MODE 键返回参数编号显示，再读取下一个参数。

（2）参数初始化

为了使调试能够顺利进行，在开始设置参数前最好进行一次参数初始化操作，即 PU 运行模式下（Pr.79=1），设定参数 Pr.CL、ALLC 均为“1”。

（3）参数设定

运行前需要给变频器预置一些参数，如上/下限频率、加/减速时间等。设置参数：上限频率 Pr.1=50 Hz；下限频率 Pr.2=10 Hz；加速时间 Pr.7=4 s；减速时间 Pr.8=4 s。

（4）频率设定及调试运行

在 PU 运行模式下设置运行频率（例如 30 Hz），按 RUN 键变频器便以设定频率运行；按 STOP 键减速停止。PU 运行模式下运行频率的设定步骤见表 5-15。

表 5-15　PU 运行模式下运行频率的设定步骤

步骤	操作说明	面板显示
1	电源接通时显示监视器画面	0.00 Hz MON EXT
2	按 PU/EXT 键，进入 PU 运行模式	PU显示灯亮 PU EXT ⇨ 0.00 PU
3	旋转 M 旋钮，显示想要设定的频率，闪烁约 5 s	⇨ 30.00 闪烁约5 s
4	在数值闪烁期间按 SET 键设定频率。闪烁约 3 s 后，显示将返回“0.00”（监视显示）	SET ⇨ 30.00 F 闪烁频率设定完成！
5	通过 RUN 键运行	⇩ 3 s后 RUN ⇨ 0.00 → 30.00 Hz RUN MON PU
6	通过 STOP/RESET 键停止	STOP RESET ⇨ 30.00 → 0.00 Hz MON PU

传动机构投入试运行后，应仔细观察运行状况。例如，机构运行时的跳动、工件有无跑偏、传送带有无打滑等情况，以便采取相应措施进行调整。

项目实施二　分拣单元的 PLC 控制实训

一、工作任务

本 PLC 控制实训是前面分拣单元装置侧安装实训的后续任务，安装平面图见图 5-14。

① 设备的工作目标是完成对白色芯、黑色芯和金属芯的白色工件进行分拣，根据芯件属性的不同，分别推入 1 号、2 号和 3 号出料滑槽中。

② 设备加电和气源接通后，若工作单元的三个气缸均处于缩回位置，电动机停止状态，且传送带进料口没有工件，则 “正常工作” 指示灯 HL1 长亮，表示设备准备好；否则，该指示灯以 1 Hz 频率闪烁。

③ 若设备准备好，按下按钮 SB1，系统启动，“设备运行” 指示灯 HL2 长亮。当在传送带进料口人工放下已装配工件，并确认该工件位于进料口中心时，按下 SB2 按钮，变频器启动，驱动传送带运转，带动工件首先进入检测区，经传感器检测获得工件属性，然后进入分拣区进行分拣。

当满足某一滑槽推入条件的工件到达该滑槽中间时，传送带应停止，相应气缸伸出，将工件推入槽中。气缸复位后，分拣单元的一个工作周期结束。这时可再次向传送带下料，开

始下一工作周期。

④ 如果在运行期间再次按下 SB1 按钮，该工作单元在本工作周期结束后停止运行。

⑤ 变频器可以输出 20 Hz 和 30 Hz 两个固定频率驱动传送带，两个频率的切换控制使用按钮/指示灯上的急停按钮 QS 实现。当 QS 未按下时，输出频率为 20 Hz；当 QS 按下时，输出频率为 30Hz。当传送带正在运转时，若改变 QS 状态，则变频器应在下一工作周期才改变输出频率。

二、PLC 控制电路的设计和电路接线

1. PLC 控制电路的设计

从分拣过程可以看到，分拣控制不仅有对气动执行元件的逻辑控制，还包括工件在传送带上传送、变频器的速度控制等运动控制。相关的接口考虑如下：

① PLC 应使用高速计数器 C251 对旋转编码器输出的 A、B 相脉冲进行高速计数，故两相脉冲信号线应连接到 PLC 的输入点 X000 和 X001。其中，为了使传送带正向运行时，PLC 的高速计数器的计数为增计数，白色线应连接到 X000 点，绿色线应连接到 X001 点。

② 可用 FR-E740 型变频器的三段速控制功能控制输出频率，实现输出 25 Hz 和 30 Hz 两个固定频率的控制要求。速度控制端子宜使用“RM”和“RL”端，对应参数 Pr.5 保持默认值 30 Hz，Pr.6 则设定为 25 Hz。

根据上述考虑，分拣单元 PLC 可选用三菱 FX3U-32MR 主单元，共 16 点输入和 16 点继电器输出。分拣单元 PLC 的 I/O 信号表见表 5-16，电气控制电路图如图 5-15 所示。

表 5-16　分拣单元 PLC 的 I/O 信号表

输入信号				输出信号			
序号	PLC 输入点	信号名称	信号来源	序号	PLC 输出点	信号名称	信号来源
1	X000	编码器白色线	装置侧	1	Y000	STF	变频器相应的数字输入端子，且公共端 SD 连接 COM1
2	X001	编码器绿色线		2	Y001	RM	
3	X002			3	Y002	RL	
4	X003	光纤传感器 1（BG1）		4	Y003		
5	X004	光纤传感器 2（BG2）		5	Y004	1Y	推杆 1 电磁阀
6	X005	电感式传感器（BG3）		6	Y005	2Y	推杆 2 电磁阀
7	X006	推杆 1 推出到位（1B）		7	Y006	3Y	推杆 3 电磁阀
8	X007	推杆 2 推出到位（2B）		8	Y007		
9	X010	推杆 3 推出到位（3B）		9	Y010	HL1	按钮/指示灯模块
10	X011			10	Y011	HL2	
11	X012	SB1 按钮	按钮/指示灯模块	11	Y012	HL3	
12	X013	SB2 按钮		12	Y013		
13	X014	QS 按钮开关		13	Y014		
14	X015	SA 选择开关		14	Y015		
15	X016			15	Y016		
16	X017			16	Y017		

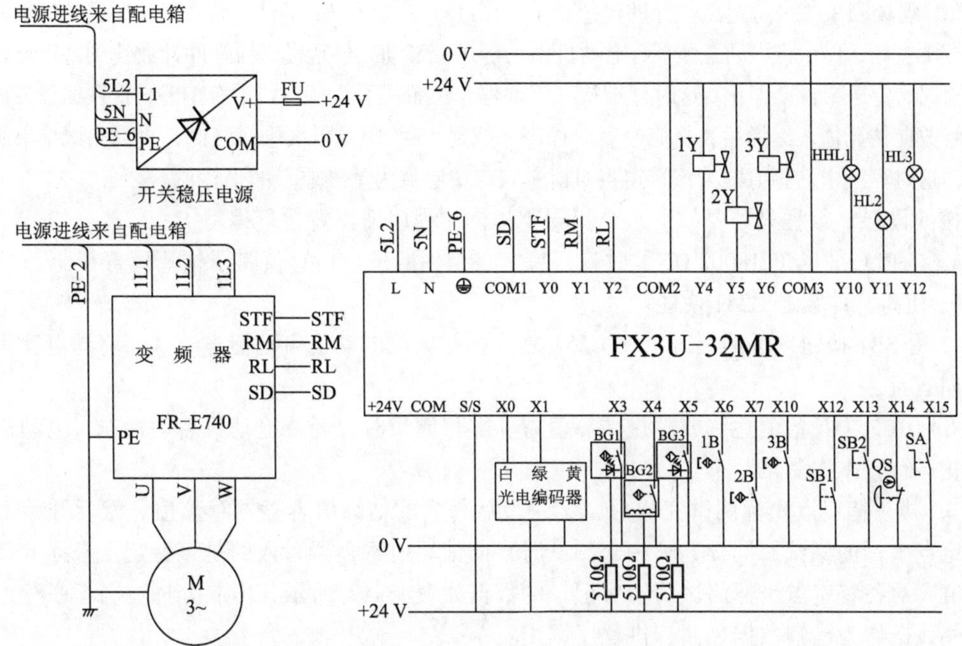

图 5-15　分拣单元 PLC 控制电路图

2. PLC 侧的电气接线、校验和传感器调整

① 变频器控制接线、按钮及指示灯的接线可直接从相应的 PLC I/O 端子连接到变频器控制端子和按钮/指示灯模块。其余输入、输出信号应从相应的 PLC I/O 端子连接到 PLC 侧接线端口上，注意接线端子号与装置侧接线端口端子号相互对应。

② 接线完成后，用万用表校验变频器控制接线、按钮及指示灯接线的正确性；用编程软件的监控功能和强制输出功能校验 PLC 与装置侧各 I/O 器件的接线。

③ 变频器参数设定为：运行模式 Pr.79 =2；上限频率 Pr.1=50 Hz；下限频率 Pr.2=0 Hz；中速段频率 Pr.5=30 Hz；低速段频率 Pr.6=20 Hz；加速时间 Pr.7=0.2 s，减速时间 Pr.8=0.2 s。

④ 接通控制电源，调试装置侧各传感器。其中：

a. 调整安装在进料口 U 形板螺孔处的光纤头 1 的旋入深度，避免光纤头发出的光线被螺孔壁遮挡而发生误动作；调整该光纤的灵敏度，使得白色工件在进料口放下时能可靠动作。

b. 调整安装在传感器支架上的光纤头 2 的灵敏度，使得对放置在其下方的白色芯工件能可靠动作，并对黑色芯工件不动作。

c. 调整安装在传感器支架上的金属传感器的安装高度，使得对放置在其下方的金属芯工件能可靠动作，并确保在运行中金属传感器不会与工件发生碰撞。

三、编写和调试 PLC 控制程序

1. 编程前的准备

编制分拣控制程序前，传送带上各特定位置（各推料气缸中心、检测区出口、传感器支架上各传感器有效检测范围等，它们相对于进料口中心的位置坐标）的脉冲数是必须知道的。为此，需要编制简单的测试程序进行现场测试。

① 现场测试时传送带应低速运转，可将低速段频率参数 Pr.6 临时设定为 8 Hz。

② 现场测试某一特定点坐标的设想如下：在进料口放下一个工件，确认工件在进料口中心位置后按下按钮，程序将启动变频器，电动机驱动传送带带动工件运动，当脉冲计数达到特定点坐标估算值时，传送带自动停止。这时仔细检查工件停止位置是否正确，如果有偏差，就在编程界面上适当修改此估算值。编译后，将修改后的程序下载到 PLC 中，再次进行测试，直到测试结果满意为止，这时程序中估算值即为该特定点对以进料口中心点为基准原点的坐标值。

按此设想，编程只需要如下几个步骤（具体的程序请读者自行编写）：

a. 在 PLC 加电（M8002 ON）时将某特定点坐标的理论估算值赋予估算值寄存器。

b. 使高速计数器 C251 使能。

c. 用 SB1 按钮按下的上升沿使 C251 复位，并置位电动机启动标志，从而驱动电动机低速正向运行。

d. 当 C251 计数值达到或超过估算值寄存器存储值时，复位电动机启动标志，电动机立即停止运行，本次测试结束。

③ 某一特定点坐标测试完成后，记录最后得到的估算值寄存器存储值，然后开始下一个特定点坐标的测试，同样，第一次测试时，向估算值寄存器写入的是该特定点坐标的理论估算值。对各特定点坐标测试后，所记录的数据如表 5-17 所示，编制分拣控制程序时，可将这些数据作为已知数据存储，供程序调用。

表 5-17　特定点坐标测试数据

特定点名称	光纤传感器 2 中心点坐标	金属传感器中心点坐标	检测区出口坐标	推杆 1 中心点坐标	推杆 2 中心点坐标	推杆 3 中心点坐标
位置坐标值	312	440	504	618	963	1305

2. 分拣控制程序的编制

分拣过程的控制包括了运动控制和逻辑控制，并以运动控制为主，这与供料、加工、装配等工作单元的控制有所不同。下面只指出编程时的注意点。

（1）状态检测与启停控制部分的编程要点

① PLC 加电的第一个扫描周期（M8002 ON），应将现场测试所得到各特定点坐标值存入指定的寄存器（用 32 位的 DMOV 指令），同时置位步进过程的初始步 S0。

② 在每一扫描周期，赋予 C251 足够大的预置值，使 C251 使能。

③ 由于工作任务要求，只用一个按钮（SB1）控制系统的启动和停止，编写系统启动和停止操作的程序段时，要注意程序编写顺序，否则系统可能无法启动。具体程序梯形图如图 5-16 所示。

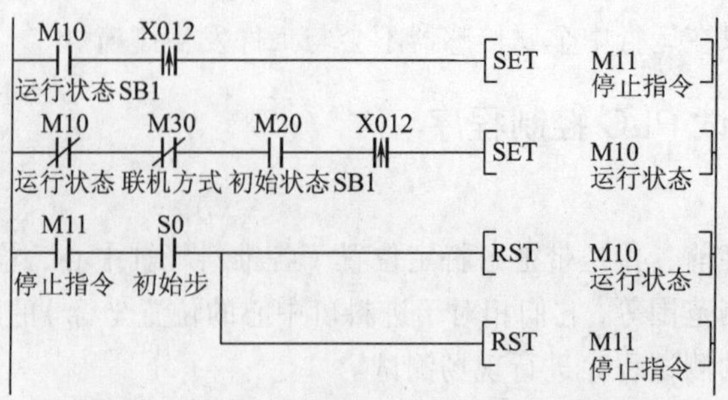

图 5-16　系统启动和停止操作的程序梯形图

（2）分拣过程是一个步进顺序控制过程

工件从原点开始，运动到检测区出口，这一阶段实现了属性检测。在检测区出口发生分支转移，芯件属性不同的工件按任务要求分拣到相应滑槽中。分拣过程步进控制的流程示意图如图 5-17 所示。

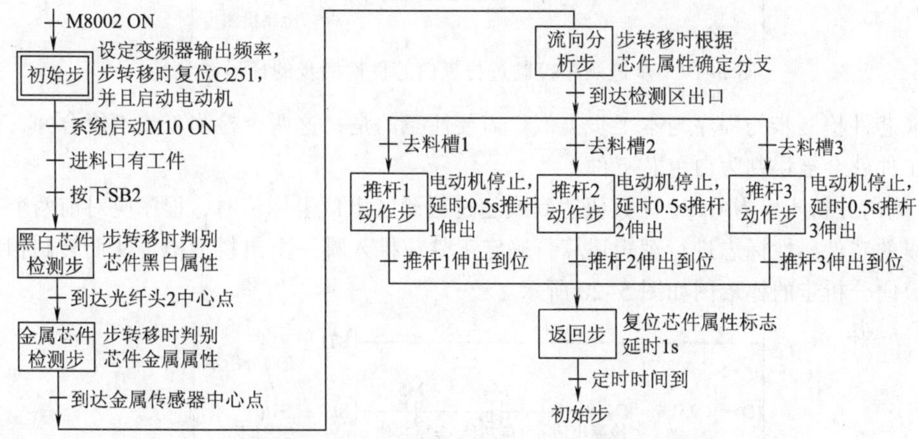

图 5-17　分拣过程步进控制的流程示意图

下面着重说明顺序控制过程一些工步编程的注意事项：

① 初始步 S0 在 PLC 加电的第一个扫描周期就被置位而成为活动步。系统启动前则处于等待状态，并且不断扫描开关 QS 的通断以确定变频器输出频率。

当系统已启动(M10 ON)，且进料口已检测到工件，SB2 按下时，即复位高速计数器 C251，并以当前 QS 所确定的频率启动变频器，驱动电动机正向运转。同时，转移到下一工步（黑白芯件检测步）。初始步梯形图如图 5-18 所示。

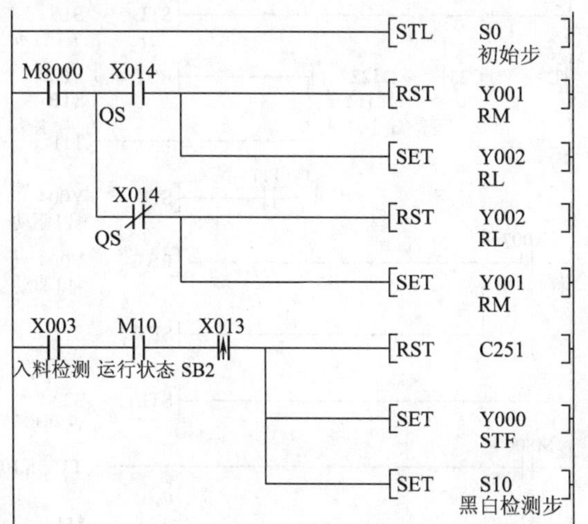

图 5-18　步进顺序控制过程初始步梯形图

② 黑白芯件检测步。当 C251 计数值达到或超过黑白芯件检测点的坐标值时，工件位于光纤头 2 下方，根据光纤头 2 动作与否确定芯件是否为白色芯。同时，转移到下一工步（金属芯件检测步）。黑白芯件检测步的梯形图如图 5-19 所示。

STL S10
黑白检测步
D>= C251 D110
黑白检测
X004
白芯检测
SET M4
白色芯件
SET S12
金属检测步

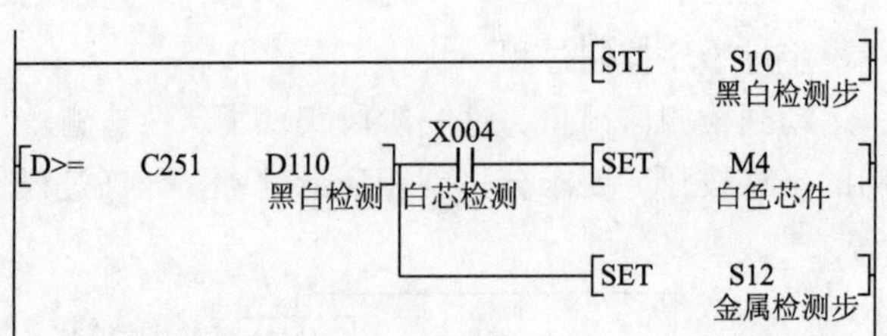

图 5-19　步进顺序控制过程黑白芯件检测步的梯形图

金属芯件检测步的程序与本工步类似。需要注意的是，这两个检测工步不能合并，否则黑色芯工件就会被误判为白色芯工件。

③ 流向分析步。当 C251 计数值达到或超过检测区出口坐标值时，程序应对前两个检测步所获得的芯件属性标志进行逻辑运算，确定工件应推入哪一个出料滑槽，从而转到相应的分支。流向分析步的梯形图如图 5-20 所示。

STL S14
流向分析步
D>= C251 D118
检测出口
M4
白色芯件
M5
金属芯件
SET S16
去槽1步
SET S18
去槽2步
SET S20
去槽3步

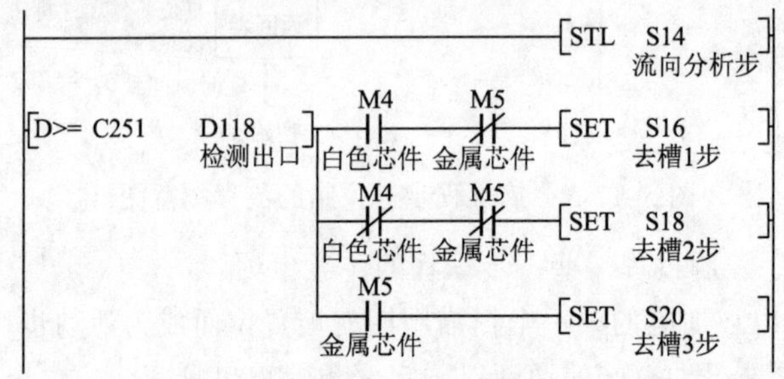

图 5-20　流向分析步的梯形图

④ 工件推入出料槽的程序。图 5-21 所示为把白色芯工件推入料槽 1 的分支程序段。把工件推入料槽 2 和料槽 3 的分支程序段请读者自行完成。

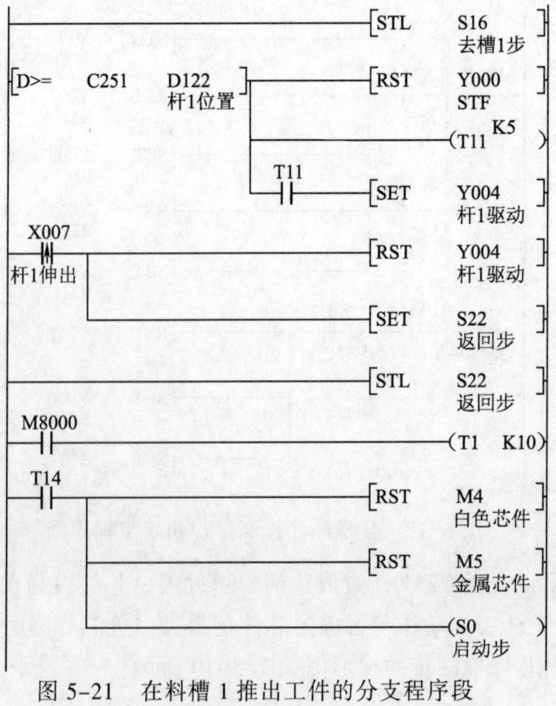

STL S16
去槽1步
D>= C251 D122
杆1位置
RST Y000
STF
T11 K5
T11
SET Y004
杆1驱动
X007
杆1伸出
RST Y004
杆1驱动
SET S22
返回步
STL S22
返回步
M8000
T1 K10
T14
RST M4
白色芯件
RST M5
金属芯件
S0
启动步

图 5-21　在料槽 1 推出工件的分支程序段

3. 程序调试注意事项

① 单站运行时，在进料口放下工件是人工实现的。请注意，工件位置应尽可能调整到作为传送带原点的进料口中心位置，再按下传送带启动按钮，否则各特定点坐标位置将因参考点的偏离而带来误差，致使出现推料不准确等现象。

② 传感器灵敏度的调整是判别工件属性的关键，应仔细地反复调整，同时应考虑各种因素的影响。例如，新旧不同的白色芯件可能颜色有所变化，使用时久的黑色芯件会积聚灰尘而略带灰色等。

③ 推出工件的动作调试是一个综合问题：

a. 为简化编程、突出重点起见，设定变频器减速时间为 0.2 s，但仍会出现工件停止位置在推料中心位置之后的偏移现象，因此，停止指令发出时的坐标值应较中心位置值有一提前量，其大小应反复测试，寻找高速挡（35 Hz）和低速挡（25 Hz）均可接受量值。

b. 平稳地推出工件的关键是推料气缸伸出速度的调整，应反复调整推料气缸上的节流阀，确保推出动作无冲击、无卡滞现象。

项目小结

① 分拣单元设备部件的安装中，带传动机构是安装的关键。须注意如下几点：

a. 保证主动轴和从动轴足够高的平行度，以及适中的传送带张紧度，以防传送带跑偏或打滑的现象。

b. 按规定的步骤进行联轴器装配。如果电动机轴与主动轴的同心度偏差过大，会使运行时振动严重甚至无法运行。

c. 旋转编码器是一精密部件，安装时应按规定步骤进行，切忌在受力变形情况下将板簧勉强固定在传送带支座上。

② 本项目 PLC 实训的重点是高速计数器的使用，变频器的面板操作和参数设置等基本技能的训练。变频器输出频率的模拟量控制、运行时实时频率的检测和显示、FX3U 系列 PLC 的模拟量适配器的使用等知识点和技能点的实训，将在下一项目中结合触摸屏人机界面组态一并进行。

③ 本工作任务的分拣要求比较简单，在检测区出口处确定工件属性后就能直接确定选择分支的后续步，但对于较复杂的分拣要求，往往需要通过一系列逻辑算法才能确定。为了使程序结构化，建议采用调用子程序的方法实现。

思考题

项目实施二的变频器参数设定中，减速时间设定为 Pr.8=0.2s。若将此设定改为 Pr.8=1s，运行时会出现什么现象？试设计解决方案，使得程序运行时，能使工件顺利推入规定的料槽中。

项目六

用人机界面控制分拣单元的运行

项目目标

① 掌握人机界面的概念及特点，人机界面的组态方法，能编制人机交互的组态程序，并进行安装、调试。

② 掌握 FX3U 系列 PLC 模拟量特殊适配器 FX3U-3A-ADP 的主要性能、接线以及使用、编程方法。

③ 掌握用模拟量输入控制变频器频率的接线、参数设置。

④ 掌握编写人机界面控制分拣单元运行程序的方法和技巧，并解决调试与运行过程中出现的问题。

项目准备一　认知 TPC7062K 人机界面的组态

本项目将在项目五的基础上，引入人机界面组态，以及用模拟量输入控制变频器频率实现分拣单元运行的工作任务。

一、TPC7062K 人机界面的硬件连接

TPC7062K（简称 TPC）的正视图和背视图如图 6-1 所示。人机界面的电源进线、各种通信接口均在其背面进行，其中 USB1 口用来连接鼠标和 U 盘等，USB2 口用作工程项目下载，九针串行接口通过 RS-232 连接电缆或 RS-485 连接电缆与 PLC 连接。

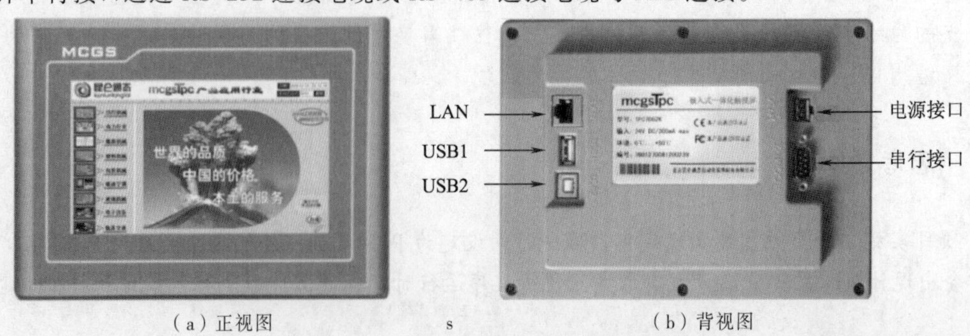

（a）正视图　　s　　（b）背视图

图 6-1　TPC7062K 的正视图和背视图

1. TPC 供电接线和启动

供电接线步骤如下：

① 将直流电源的 24 V+端插入 TPC 电源插头接线端 1 中，如图 6-2 所示。

② 将 24V-端插入 TPC 电源插头接线端 2 中。

③ 使用一字头螺丝刀将电源插头锁紧，最后将电源插头插入 TPC 背面的电源接口中。

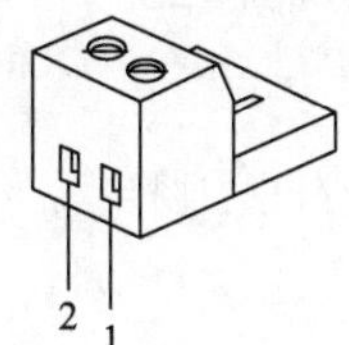

PIN	定义
1	+
2	-

图 6-2　电源插头示意图及引脚定义

使用 24 V 直流电源给 TPC 供电，开机启动后屏幕出现“正在启动”提示进度条，此时不需要任何操作，系统将自动进入工程运行界面，如图 6-3 所示。

图 6-3　工程运行界面

2. TPC 与 FX 系列 PLC 的连接

在 YL-335B 的出厂配置中，TPC 通过串行口与输送单元的 FX 系列 PLC 的编程口连接，采用 RS-232 通信协议。（注：有关串行通信及通信协议，将在项目八中介绍）

如果在工作单元 PLC 的左侧连接一块 FX3U-485-ADP 模块，则 TPC 也可采用 RS-485 通信协议，通过串口与 PLC 相连的 FX3U-485-ADP 模块连接。

需要指出的是，TPC 虽然只有一个九针串行接口，但使用不同引脚却有不同的通信方式。表 6-1 所示为 TPC7062K 串行口的引脚定义。

表 6-1　TPC7062K 串行口的引脚定义

接　口	PIN	引脚定义	串口引脚图
COM1	2	RS-232 RXD	1 2 3 4 5 6 7 8 9
	3	RS-232 TXD	
	5	GND	
COM2	7	RS-485 +	
	8	RS-485 -	

本项目只讨论 TPC 与 FX 系列 PLC 编程口连接的情况。TPC 通过串口与 PLC 相连的 FX3U-485-ADP 模块连接，将在项目八中介绍。

当 TPC 与 FX 系列 PLC 编程口连接时，应使用 COM1 接口，其通信线带有 RS-232/RS-422 转换器，如图 6-4 所示。

为了实现正常通信，除了正确进行硬件连接，尚须对触摸屏的串行口属性进行设置，这将在设备组态中实现，设置方法将在后面的组态实例中详细说明。

图 6-4　TPC 与 FX 系列 PLC 编程口的连接

二、MCGS 嵌入版生成的用户应用系统

组态 TPC 人机界面，需要在个人计算机上运行 MCGS 嵌入版组态软件，即双击计算机桌面上的组态环境快捷方式图标，打开嵌入版组态软件。

接着单击文件菜单中“新建工程”选项，在弹出的“新建工程设置”对话框中，选择 TPC 类型为“TPC7062K”，单击“确认”按钮后，将在组态界面上弹出图 6-5 所示的工作台。这时组态软件新建了一个工程，用“工作台”窗口来管理构成用户应用系统的各个部分。

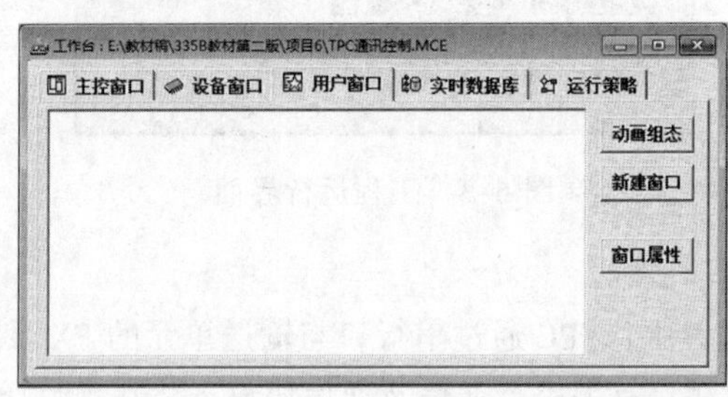

图 6-5　MCGS 组态界面上的工作台

工作台上有五个标签：主控窗口、设备窗口、用户窗口、实时数据库和运行策略。它们对应于五个不同的窗口页面，每一个页面负责管理用户应用系统的一个部分。用鼠标单击不同的标签可选取不同的窗口页面，对应用系统的相应功能模块进行组态操作。图 6-6 给出了这五大功能模块的组成。

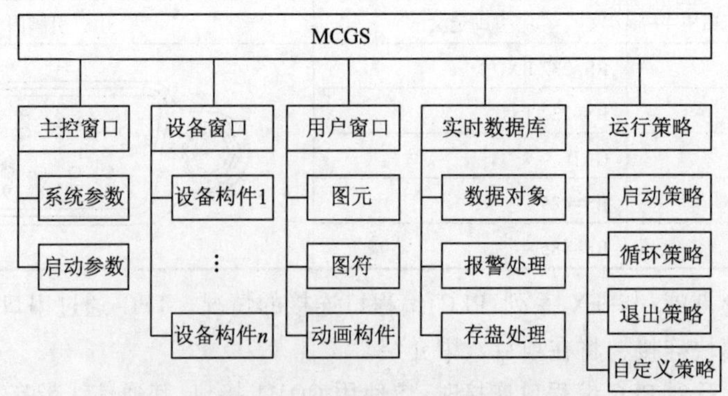

图 6-6　MCGS 嵌入版组态软件的组成图

在 MCGS 嵌入版中，每个应用系统只能有一个主控窗口和一个设备窗口，但可以有多个用户窗口和多个运行策略，实时数据库中也可以有多个数据对象。MCGS 嵌入版用主控窗口、

设备窗口和用户窗口来构成一个应用系统的人机交互图形界面，组态配置各种不同类型和功能的对象或构件，同时可以对实时数据进行可视化处理。

① 主控窗口确定了工业控制中工程作业的总体轮廓，以及运行流程、特性参数和启动特性等内容，是应用系统的主框架。

② 设备窗口是 MCGS 嵌入版系统的重要组成部分，它通过所配置的设备构件，建立人机界面与外围设备（PLC）之间的数据传输，把外围设备的数据采集进来，送入实时数据库，或把实时数据库中的数据输出到外围设备，从而实现对 PLC 的操作和控制。

③ 用户窗口是屏幕中的一块空间，是一个“容器”，直接提供给用户使用。在窗口内，用户可以放置不同的构件，创建图形对象并调整画面的布局，组态配置不同的参数以完成不同的功能。

用户窗口中可以放置三种不同类型的图形对象：图元、图符和动画构件。通过在用户窗口内放置不同的图形对象，用户可以构造各种复杂的图形界面，用不同的方式实现数据和流程的“可视化”。

④ 实时数据库是一个数据处理中心，同时也起到公共数据交换区的作用。从外围设备采集来的实时数据送入实时数据库，系统其他部分操作的数据也来自于实时数据库。

⑤ 运行策略本身是系统提供的一个框架，其里面放置由策略条件构件和策略构件组成的“策略行”，通过对运行策略的定义，使系统能够按照设定的顺序和条件操作任务，实现对外围设备工作过程的精确控制。

三、组态实例

下面以一个相对简单的人机界面监控要求作为实例，重点是使学生掌握 TPC 与 PLC 建立通信、指定和配置设备通道，以实现组态工程的实时数据库的数据对象与 PLC 的内部变量正确连接的方法和步骤，这是人机界面组态技术中一个基本的要求。

该实例要求组态的图形界面十分简单：界面上放置两个自复位按钮。触摸按钮 1，PLC 接收到信号后，使输出 Y000 ON 并保持；触摸按钮 2，使输出 Y000 OFF；Y000 的输出信息应送回人机界面，使界面上的指示灯点亮或熄灭。

1. 建立“TPC 通信控制”工程

运行 MCGS 嵌入版组态软件，新建工程后，选择文件菜单中的“工程另存为”选项，弹出“文件保存”窗口，在文件名一栏内输入“TPC 通信控制”，单击“保存”按钮，完成工程的创建。

2. 图形界面的组态步骤

（1）新建用户窗口

在工作台中激活用户窗口，单击“新建窗口”按钮，建立新画面“窗口 0”，如图 6-7（a）所示。接下来单击“窗口属性”按钮，弹出“用户窗口属性设置”对话框，在基本属性页，将“窗口名称”修改为“控制画面”，单击“确认”按钮进行保存，如图 6-7（b）所示。

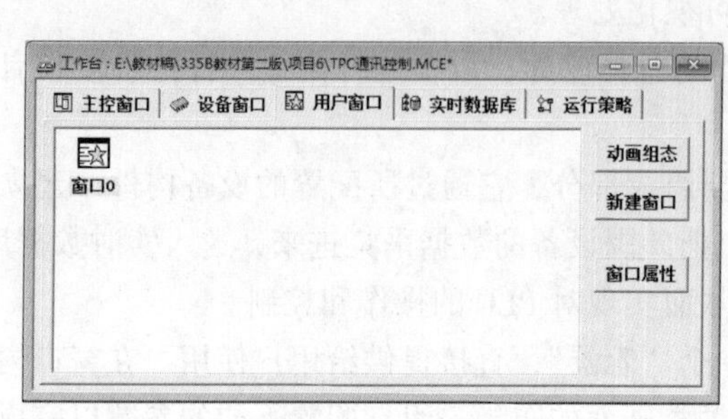

（a）新建用户窗口 0

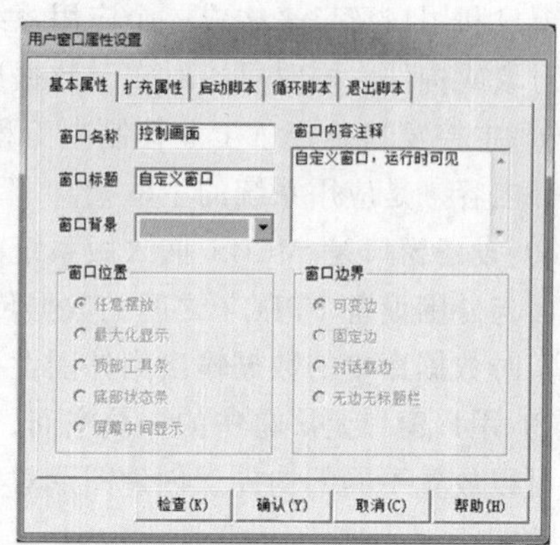

（b）更改窗口名称

图 6-7　新建用户窗口“控制画面”

（2）组态按钮构件

在用户窗口中双击“控制画面”图标，进入“动画组态控制画面”；单击按钮打开“工具箱”。从工具箱中单击选中“标准按钮”构件，在窗口编辑位置按住鼠标左键，拖放出一定大小后，松开鼠标左键，这样一个按钮构件就绘制在了窗口画面中，如图 6-8 所示。（注：如果希望精确地确定构件的位置和大小，可调整组态界面下方状态栏右侧的两组数字框中的数值，这两组数值分别显示构件的位置坐标和构件大小。）

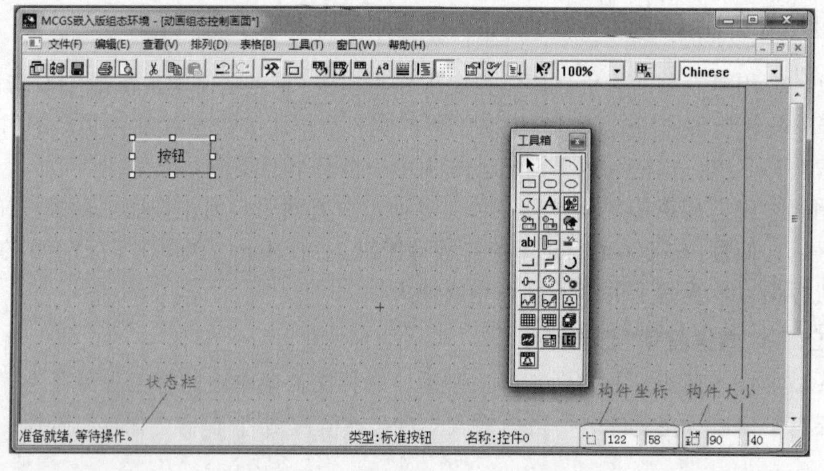

图 6-8　在窗口上放置一个按钮

接着，双击该按钮打开“标准按钮构件属性设置”对话框，在“基本属性”选项卡中将“文本”修改为“启动”。在“操作属性”选项卡中选中“数据对象值操作”复选框，数据对象指定为“输出 1”，操作功能指定为“按 1 松 0”，如图 6-9 所示。

由于数据对象“输出 1”尚未在实时数据库中定义，上述设置后单击“确认”按钮，会出现图 6-10（a）中的组态错误的报警框。单击“是”按钮以后，组态软件会弹出“输出 1”的“数据对象属性设置”对话框，如图 6-10（b）所示。“对象类型”选为“开关”型，单击“确认”按钮，“输出 1”将添加到实时数据库中，从而完成启动按钮的组态。

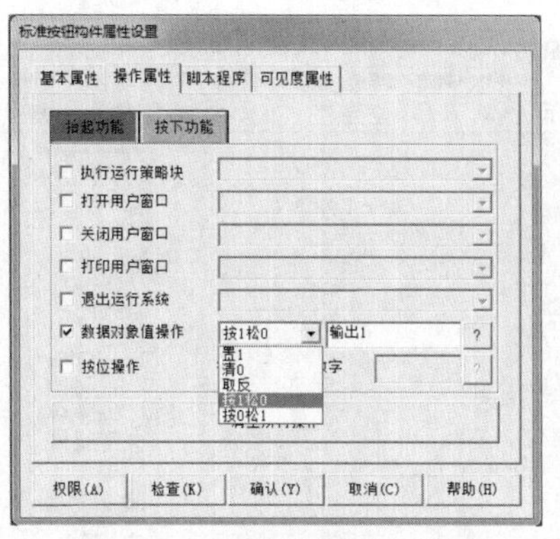

图 6-9　按钮操作属性设置

（a）数据对象未知的组态错误

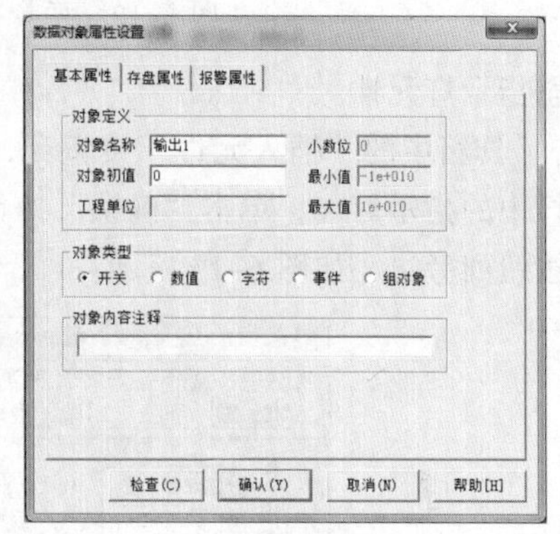

（b）数据对象“输出 1”属性设置

图 6-10　在实时数据库中定义数据对象“输出 1”

用同样的方法组态按钮 2，其“文本”属性修改为“停止”，操作属性的数据对象定义为“输出 2”。绘制后的界面如图 6-11 所示。

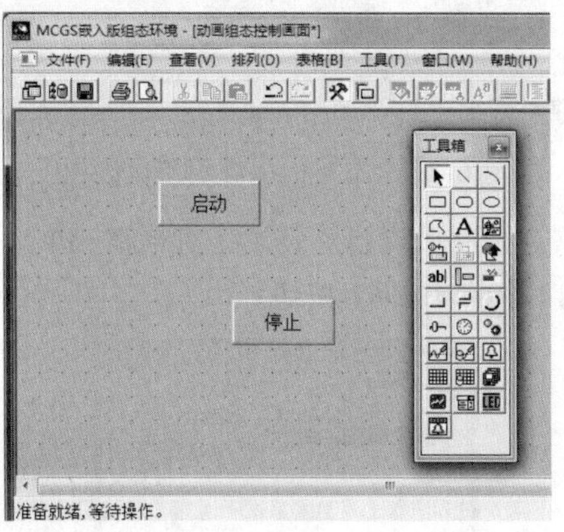

图 6-11　放置两个按钮

为了使两个按钮排列整齐，可按住键盘的【Ctrl】键，先后单击选中这两个按钮，然后使用工具栏中左（右）对齐对两个按钮进行排列对齐，如图 6-12 所示。

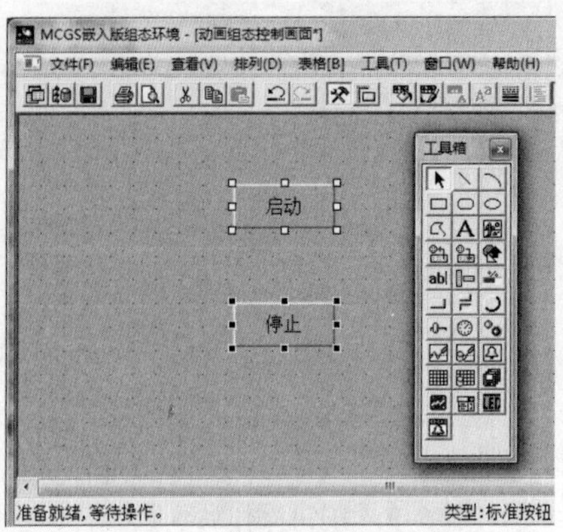

图 6-12　两个按钮排列对齐

（3）组态指示灯元件

① 单击工具箱中的“插入元件”按钮，打开“对象元件库管理”对话框，选中图形对象库指示灯中的指示灯 6，单击“确认”按钮，将其添加到窗口画面中，并调整到合适大小，摆放在按钮列旁边，如图 6-13 所示。

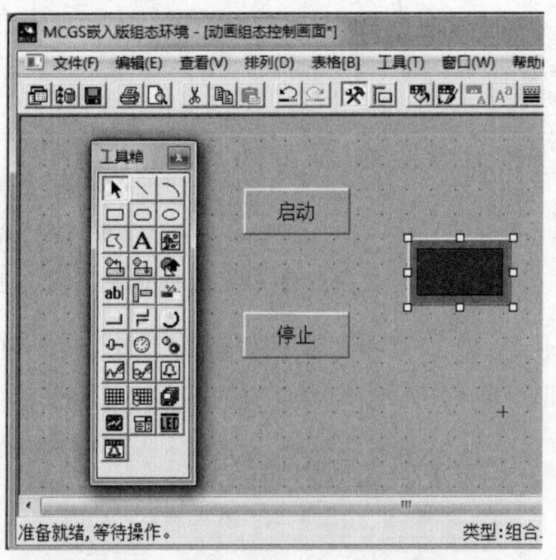

图 6-13　添加指示灯到窗口画面

② 双击指示灯构件，将弹出“单元属性设置”对话框，单击“连接类型”栏下面的“填充颜色”，右侧将出现图 6-14 中的 ? 和 > 按钮。

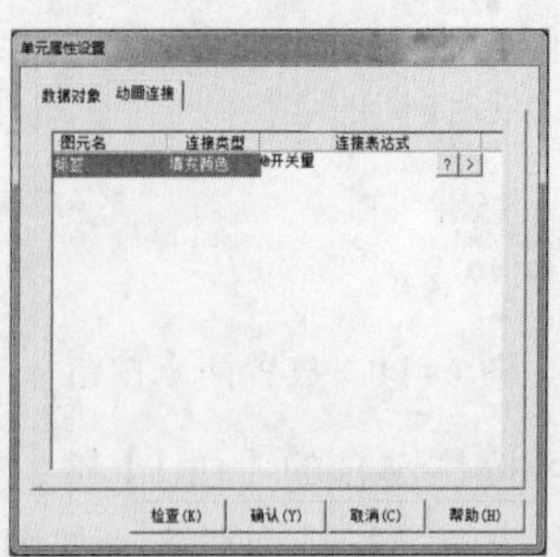

图 6-14　指示灯的“单元属性设置”对话框

③ 接着即可设置指示灯构件的属性，设置步骤见表 6-2。

表 6-2 设置指示灯构件属性的步骤

步骤 1　单击 ? 按钮，定义一个数据对象“Y0 状态”	步骤 2　单击 > 按钮，出现“标签动画组态属性设置”对话框
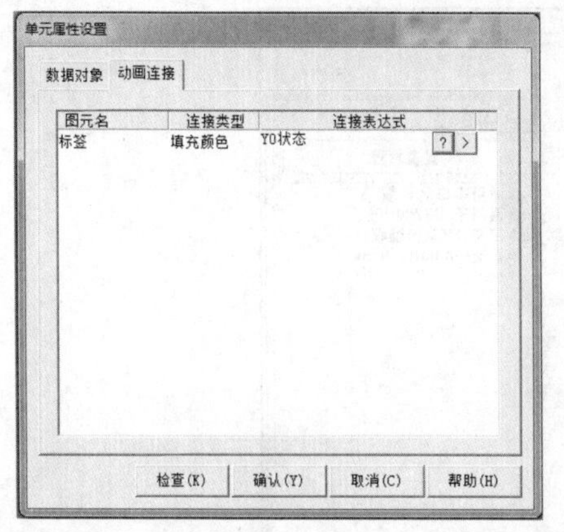	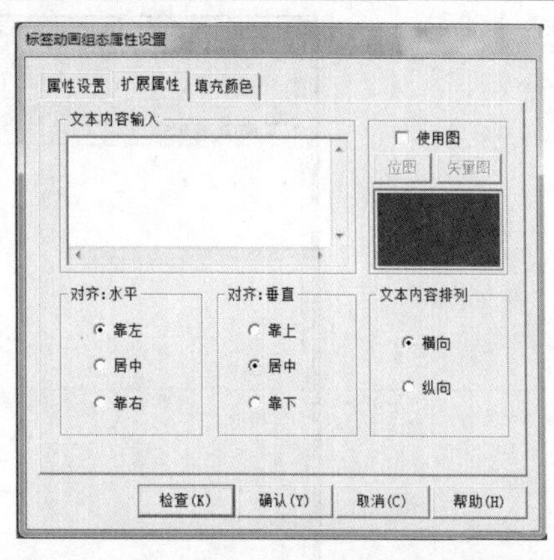
步骤 3　在“属性设置”选项卡中修改“静态属性”框内的“填充颜色”属性，选择“其他颜色”命令	步骤 4　在弹出的“颜色”对话框中选择墨绿色，并添加到自定义颜色中，单击“确定”按钮结束静态属性设置
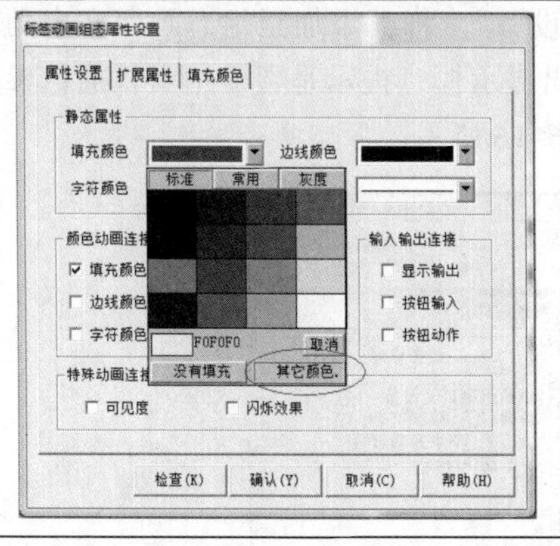	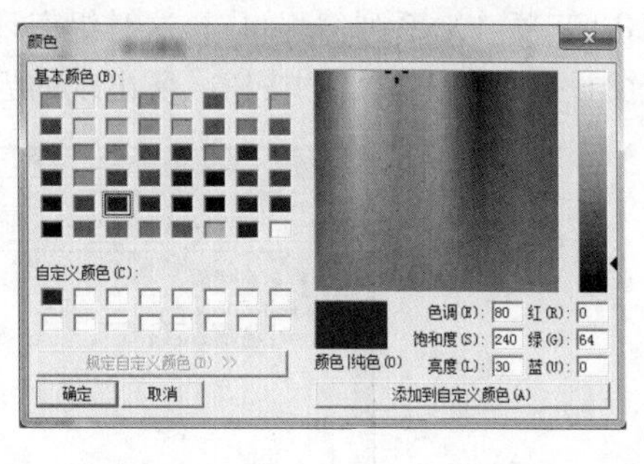
步骤 5“填充颜色”选项卡中，分段点 0 对应墨绿色；分段点 1 对应浅绿色，最后单击“确认”按钮	步骤 6　设置数据对象“Y0 状态”的对象类型为“开关”型，单击“确认”按钮后，“Y0 状态”将添加到实时数据库中
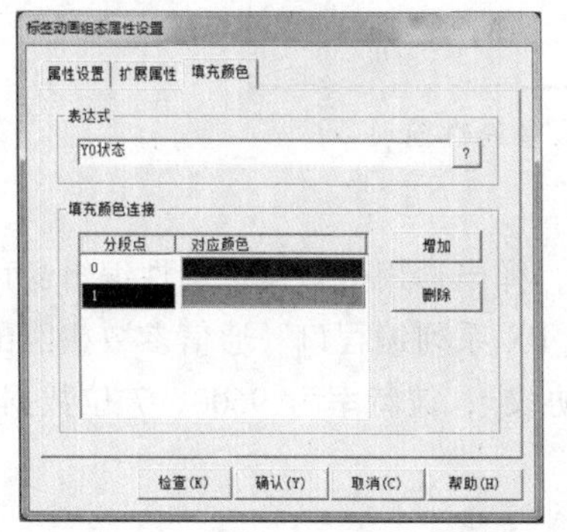	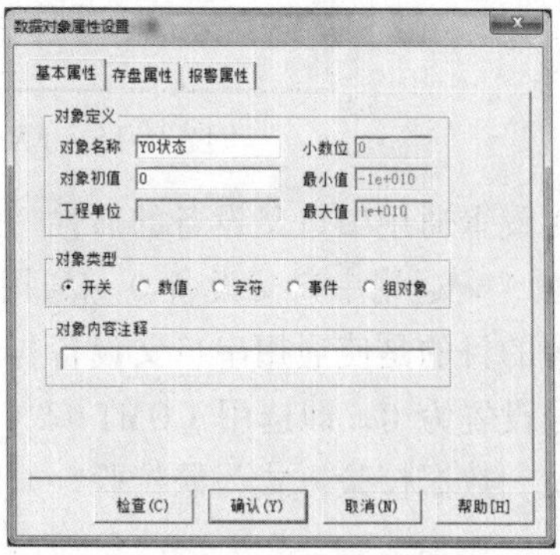

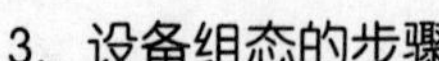

3. 设备组态的步骤

（1）在设备窗口内配置设备构件

在工作台中激活设备窗口：单击“设备窗口”标签使工作台进入设备组态画面，再单击“设备组态”标签，将出现设备工具箱和设备窗口画面，如图 6-15 所示。

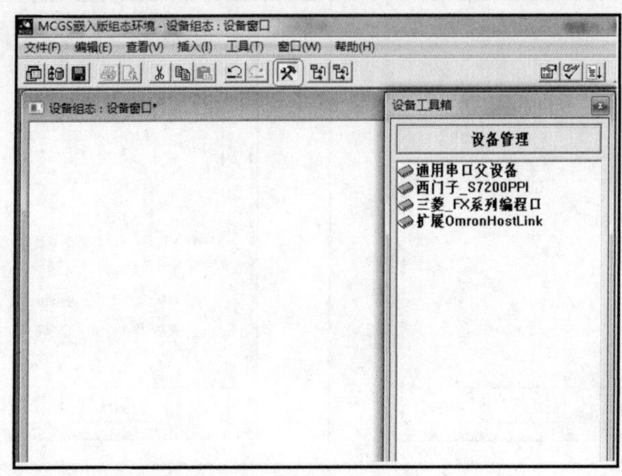

图 6-15　设备工具箱和设备窗口画面

接着在设备工具箱中，首先双击“通用串口父设备”，将其添加至组态画面左上角，再而双击“三菱_FX 系列编程口”，这时组态环境会弹出提示框，提示是否使用默认通信参数来设置父设备，单击“是”按钮，所出现的界面如图 6-16 所示。

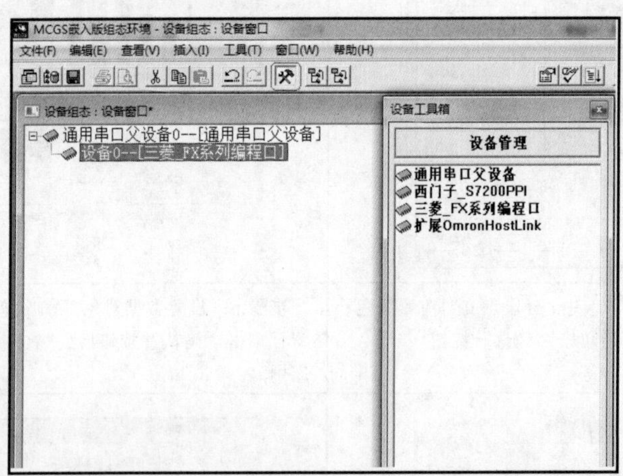

图 6-16　FX 系列 PLC 的父设备属性窗口

（2）设置通用串口父设备的属性

双击“通用串口父设备 0—[通用串口父设备]”，弹出通用串口设备属性编辑窗口。此属性设置的目的是使通用串口父设备与子设备“三菱_FX 系列编程口”通信参数相匹配：串口端口号设置为 0，即选用 COM1 口（RS-232 通信协议）；波特率为 9600，7 位数据位，1 位停止位，数据校验方式为偶校验，如图 6-17 所示。

图 6-17　FX 系列 PLC 的父设备属性编辑窗口

（3）设置三菱_FX 系列编程口的设备属性

双击"设备 0—[三菱_FX 系列编程口]"，弹出三菱_FX 系列编程口设备编辑窗口。设备编辑窗口由设备的驱动信息、基本信息、通道信息及功能按钮四部分组成，如图 6-18 所示。实际组态时，一般只需要设置基本信息、通道信息两部分。

图 6-18　三菱_FX 系列编程口的设备编辑窗口

① 对设备的基本信息编辑，仅需要将 CPU 类型选为"4-FX3UCPU"，其余取默认值即可。

② 通道信息部分是设备属性编辑窗口最重要的部分。MCGS 嵌入版设备中一般都包含有多个用来读取或者输出数据的物理通道，这些物理通道称为设备通道。例如，设备构件"三

菱_FX 系列编程口”包含有 X 输入寄存器、Y 输出寄存器、M 辅助寄存器、D 数据寄存器等等设备通道。

设备通道只是数据交换用的通路，而数据输入到哪儿和从哪儿读取数据以供输出，即进行数据交换的对象，则必须由用户指定和配置。实时数据库是 MCGS 嵌入版的核心，各部分之间的数据交换均须通过实时数据库。因此，所有的设备通道都必须与实时数据库连接。所谓通道连接，即由用户指定设备通道与数据对象之间的对应关系。如不进行通道连接组态，则 MCGS 嵌入版无法对设备进行操作。

新建工程时，设备编辑窗口会自动列出 X0000 ~ X0007 等输入通道，如果不需要配置这些输入通道，可单击功能按钮区的“删除全部通道”按钮将其全部删除，然后再添加所需要的设备通道。表 6-3 首先以“输出 1”数据对象为例，给出对连接变量进行编辑的步骤。最后，给出全部连接变量编辑完成后的通道信息区。

表 6-3　在设备编辑窗口连接变量的编辑步骤

步骤 1　单击“增加设备通道”按钮，添加设备通道	步骤 2　设置所添加通道的基本属性
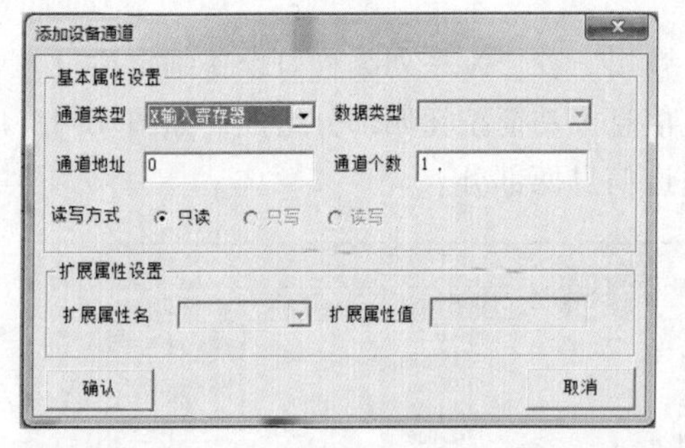	
步骤 3　在通道信息区加上连接变量“输入 1”，即指定了数据对象“输出 1”与 M 辅助寄存器通道 0 的连接，完成一个通道连接的组态	步骤 4　全部连接变量编辑完成后的通道信息区
	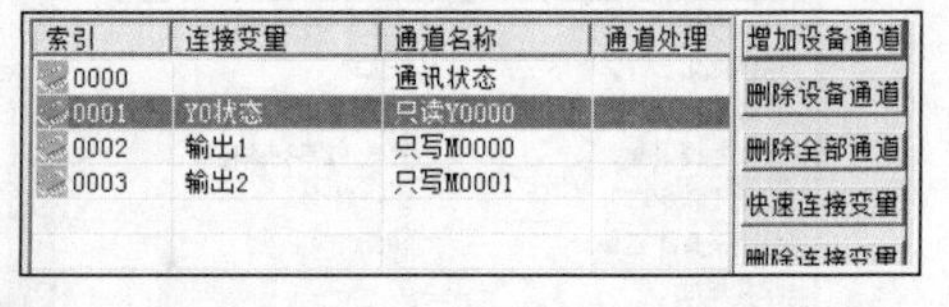

上述所有编辑完成后，关闭设备窗口，返回工作台，从而完成配置设备组态的工作。

至此，图形画面组态和设备组态均已完成。在本组态实例情况下（只需要组态一个用户窗口），可将组态好的工程文件下载到 TPC 中。

4. 工程文件的下载

（1）下载前连接 TPC7062K 和 PC

将普通的 USB 线，一端为扁平接口，插到 PC 的 USB 口；另一端为微型接口，插到 TPC 端的 USB2 口，如图 6-19 所示。

图 6-19　PC 与 TPC 的连接

（2）下载步骤

① 单击工具条中的“下载”按钮，进行下载配置，选择“连机运行”，连接方式选择“USB 通信”。

② 单击“通信测试”按钮进行通信测试，如图 6-20（a）所示。

③ 通信测试正常后，单击“工程下载”按钮，如图 6-20（b）所示。

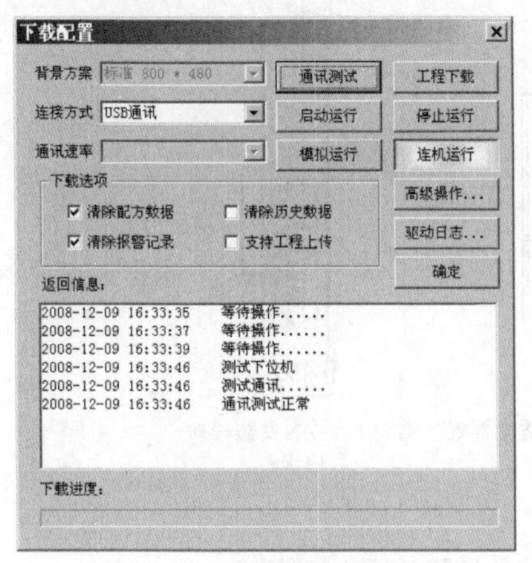

（a）工程下载前的通信测试

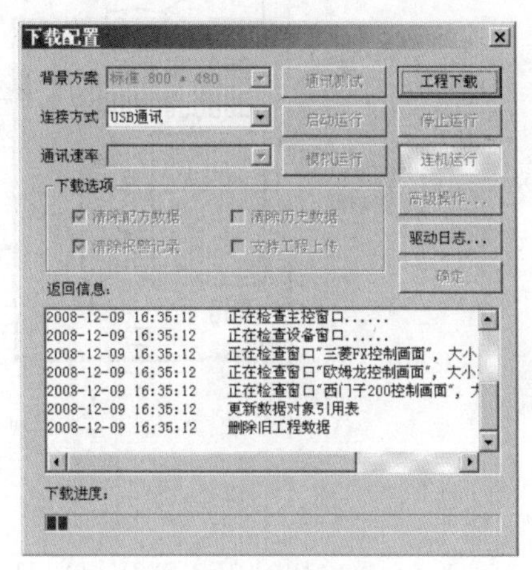

（b）工程下载窗口

图 6-20　工程下载配置操作

5. 连接 PLC 运行

将组态好的资料下载到 TPC 后，如果 TPC 与 PLC 已连接，PLC 侧编制了相应的程序，并且在运行状态，则 PLC 将与人机界面的交换信息。本实例的 PLC 程序只是一个简单的自锁电路，请读者自行编制，此处从略。

项目准备二　认知 FX 系列 PLC 的模拟量模块

YL-335B 自动化生产线分拣单元的出厂配置：变频器驱动采用模拟量控制，通过 D/A 变换实现变频器的模拟电压输入以达到连续调速的目的；通过 A/D 转换采集变频器实时输出的模拟电压（频率信息），以便在人机界面上显示变频器当前输出频率。

早期的 YL-335B，分拣单元 PLC 采用 FX2N 系列，所连接的模拟量模块为 FX0N-3A。PLC

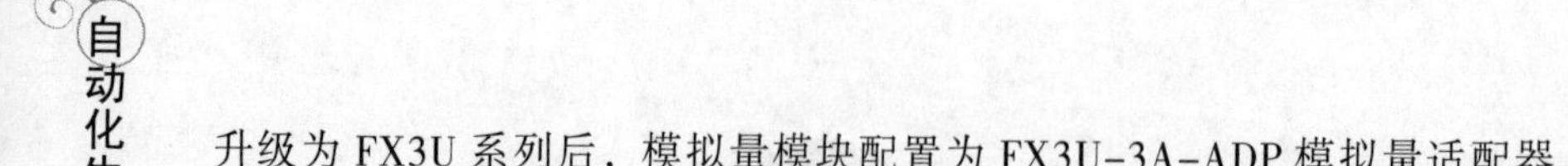

升级为 FX3U 系列后，模拟量模块配置为 FX3U-3A-ADP 模拟量适配器。

一、认知模拟量适配器 FX3U-3A-ADP

FX3U-3A-ADP 是连接在 FX3S、FX3G、FX3U 等 PLC 左侧，可获取 2 通道的电压/电流数据并输出 1 通道的电压/电流数据的模拟量适配器。

1. FX3U-3A-ADP 的硬件安装

FX3U-3A-ADP 模拟量适配器外形和各部分的名称如图 6-21 所示。图 6-22 为 FX3U-3A-ADP 连接到 PLC 基本单元的示意图。注意，连接特殊适配器时，需要预先安装连接器转换适配器或功能扩展板。若已经安装功能扩展板，则可将适配器的特殊适配器连接器插入功能扩展板的连接器处；把特殊适配器固定用卡口嵌入基本单元左侧面对应矩形孔（两处），然后压下基本单元左侧的两处卡扣即可进行固定。

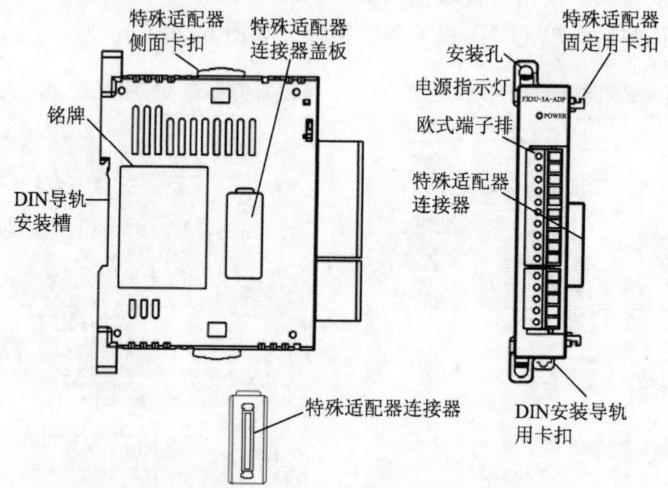

图 6-21　FX3U-3A-ADP 的外形和各部分的名称

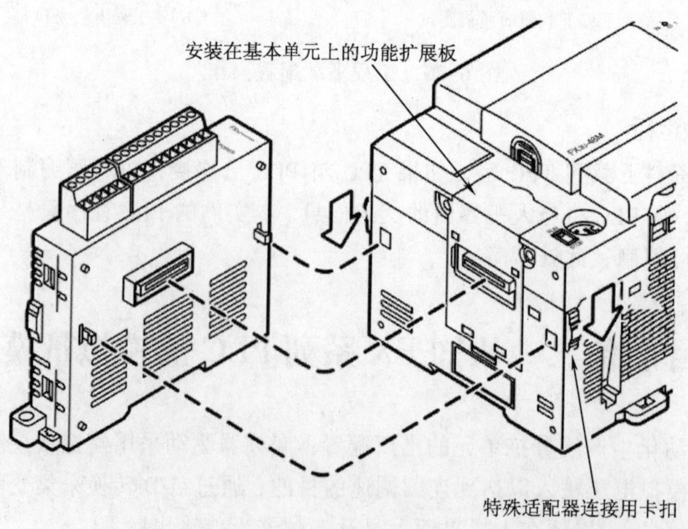

图 6-22　FX3U-3A-ADP 连接到 PLC 基本单元的示意图

2. FX3U-3A-ADP 与模拟量转换相关的性能规格（见表 6-4）

表 6-4　FX3U-3A-ADP 与模拟量转换相关的性能规格

项　目	电压输入	电流输入	电压输出	电流输出
通道数	2 通道		1 通道	
模拟量输入输出范围	DC 0 ~ 10 V 输入电阻 198.7 kΩ	DC 4 ~ 20mA 输入电阻 250 kΩ	DC 0 ~ 10V 外部负载 5 kΩ ~ 1MΩ	DC 4 ~ 20mA 外部负载≤500Ω
最大输入	-0.5 V，+15 V	-2 mA，+30 mA	—	—
数字分辨率	12 位 二进制			
输入/输出特性	4 080 4 000 数字量输出 0 10V 10.2V 模拟量输入	3 280 3 200 数字量输出 0 4mA 20mA 20.4mA 模拟量输入	10V 模拟量输出 0 4 000 4 080 数字量输入	20mA 模拟量输出 4mA 0 4 000 4 080 数字量输入
分辨率	2.5 mV （0 ~ 10 V/0 ~ 4 000）	5 μA （4 ~ 20 mA/0 ~ 3 200）	2.5 mV （10 V × 1/4 000）	4 μA （16 mA × 1/4 000）
综合精度（0 ~ 55 ℃）	针对满量程 10 V ± 1.0%（± 100 mV）	针对满量程 16 mA ± 1.0%（± 160 μA）	针对满量程 10 V ± 1.0%(± 100 mV)	针对满量程 16 mA ± 1.0%（± 160 μA）
转换时间	使用 FX3U/FX3UC 系列 PLC 时 80ms × 使用输入通道数+40ms × 使用输出通道数（每个运算周期更新数据）			
绝缘方式	①模拟量输入/输出部分和可编程控制器之间，通过光耦隔离。 ②电源和模拟量输入之间，通过 DC/DC 转换器隔离。 ③各通道间不隔离			

3. 接线

FX3U-3A-ADP 的外部工作电源、模拟量 I/O 信号等接线均连接到其上的欧式端子排上。端子的排列如图 6-23 所示。

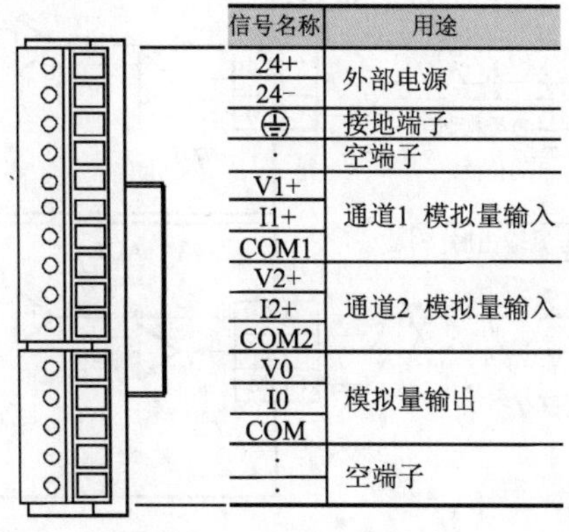

图 6-23　FX3U-3A-ADP 端子排上各端子的排列

说明：

① 适配器的电源要求为 DC 24 ×（1 ± 10%）V，90 mA，由外部电源供给，需要在端子排上连接 DC 24 V 电源供电；数字电路电源要求为 DC 5 V，30 mA，由 PLC 主单元的内部电路供给。外部电源接线时应将接地端子和 PLC 基本单元的接地端子一起连接到进行了 D 类接地（100 Ω以下）的供给电源的接地上。

② 模拟量输入在每个通道中都可以使用电压输入、电流输入。接线图如图 6-24 所示，接线注意事项如下：

a. 模拟量的输入线使用两芯的屏蔽双绞电缆，请与其他动力线或者易于受感应的线分开布线。

b. 电流输入时，请务必将 V□+端子和 I□+端子(□:通道号)短接。

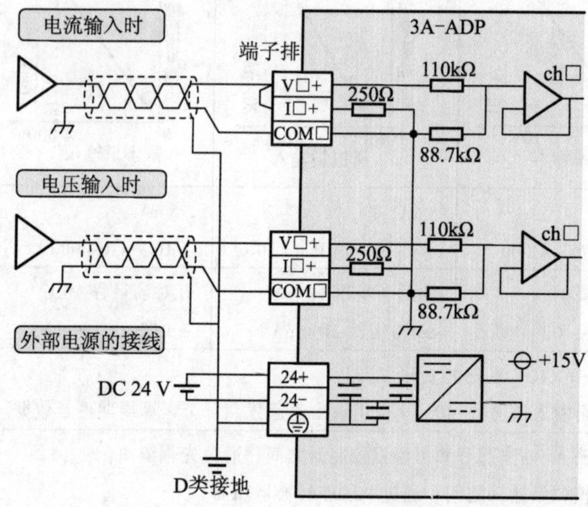

图 6-24　模拟输入接线图

③ 模拟量输出接线，同样使用两芯的屏蔽双绞电缆，须与其他动力线或者易于受感应的线分开布线。屏蔽线应在信号接收侧进行单侧接地，接线图如图 6-25 所示。

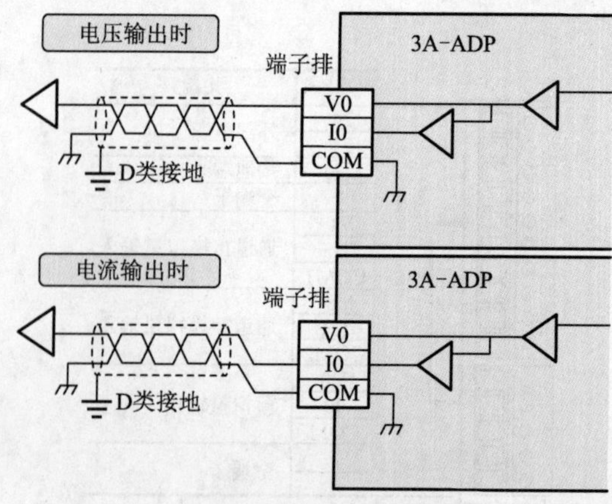

图 6-25　模拟输出接线图

4. 程序编写

（1）FX3U-3A-ADP 的模拟量转换机制

FX3U-3A-ADP 没有内置的缓冲存储器（BFM），在 A/D 转换数据时，输入的模拟量数据被转换成数字量，直接保存在 PLC 的特殊软元件中；通过向某些特殊软元件写入数值，可以设定平均次数或者指定输入模式（电压输入或电流输入）。而在 D/A 转换数据时，输入特殊软元件的数字量被转换成模拟量并输出，并且通过向某些特殊软元件写入数值，可以设定输出保持。

FX3U-3A-ADP 连接到 PLC 后，转换及特殊数据寄存器的更新时序如下：PLC 的每个运算周期都在 END 指令中指示执行 A/D 转换，读出 A/D 转换值，写入特殊数据寄存器中。并且写入特殊数据寄存器中的输出设定数据，执行 D/A 转换，更新模拟量输出值。由此可见，实现 FX3U-3A-ADP 转换数据的获取/写入，不需要使用 FROM-TO 等缓冲存储器（BFM）的读/写指令，只需要使用 MOV 指令即可，因而编程将十分简单。

（2）特殊软元件的分配

依照从 PLC 基本单元开始的连接顺序，每台 FX3U-3A-ADP 可分配特殊辅助继电器、特殊数据寄存器各 10 个。表 6-5 给出了 FX3U 基本单元左侧仅连接一台 FX3U-3A-ADP 的特殊软元件分配。

表 6-5　连接一台 FX3U-3A-ADP 的特殊软元件分配

特殊软元件	软元件编号	内　容	读写状态
特殊辅助继电器	M8260	通道 1 输入模式切换（OFF：电压输入；ON：电流输入）	R/W
	M8261	通道 2 输入模式切换（OFF：电压输入；ON：电流输入）	R/W
	M8262	输出模式切换（OFF：电压输入；ON：电流输入）	R/W
	M8263	未使用（请不要使用）	—
	M8264		
	M8265		
	M8266	输出保持解除设定（OFF: PLC 从 RUN→STOP 时，保持之前的模拟量输出；ON:PLC STOP 时，输出偏置值）	R/W
	M8267	设定输入通道 1 是否使用（OFF：使用通道；ON：不使用）	R/W
	M8268	设定输入通道 2 是否使用（OFF：使用通道；ON：不使用）	R/W
	M8269	设定输出通道是否使用（OFF：使用通道；ON：不使用）	R/W
特殊数据寄存器	D8260	通道 1 输入数据	R
	D8261	通道 2 输入数据	R
	D8262	输出设定数据	R/W
	D8263	未使用（请不要使用）	—
	D8264	通道 1 平均次数（设定范围:1 ~ 4 095）	R/W
	D8265	通道 2 平均次数（设定范围:1 ~ 4 095）	R/W
	D8266	未使用（请不要使用）	—
	D8267		
	D8268	错误状态	R/W
	D8269	机型代码=50	R

（3）输入数据例程（见图 6-26）

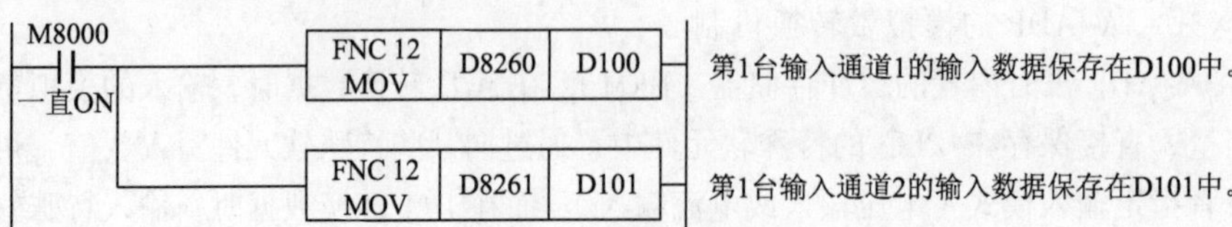

图 6-26　输入数据例程

注：即使不在 D100、D101 中保存输入数据，也可以在定时器、计数器的设定值或者 PID 指令等中直接使用 D8260、D8261。

（4）输出设定数据例程

图 6-27 所示的是把数据寄存器 D102 的数字量指定为模拟量输出的例程。D102 的值可用人机界面或者顺控程序指定。

图 6-27　输出数据例程

二、变频器模拟量控制的编程和调试注意事项

① 使用 FX3U-3A-ADP 特殊适配器进行 D/A 转换编程时，如果给定的是变频器的目标频率值（0～50Hz），须将此数值变换为 0～4 000 的数字量，传送到特殊辅助寄存器 D8262 中，通过 D/A 转换成 0～10 V 的模拟量输出实现速度调节。显然，当目标频率值为 50 Hz 时，D/A 转换的数字量为 4 000，因此对于任意给定的目标频率，应乘以 80 作为 D/A 转换的数字量。

同样，在 A/D 转换编程时，FX3U-3A-ADP 所接收的是来自变频器输出的 0～10 V 的模拟量，表征变频器当前输出频率为 0～50 Hz（变频器参数默认设置）。模拟量经 A/D 转换后得到 0～4000 的数字量。如果需要在人机界面上显示当前输出频率的数值，就需要将 A/D 转换后的数字量除以 80，然后发送到人机界面。不过除法运算将带来浮点运算问题，如果要避免浮点运算，可直接把转换后的数字量送到人机界面，让人机界面去完成数字量到当前输出频率的变换。

② 对变频器模拟量控制调试时，可能会出现变频器的输出频率有较大波动的现象。这主要是空间电磁场的干扰，使变频器输入的电压出现较大的电压波动的缘故，可在变频器 2、5 端子之间并联一个约 25 V，0.1~0.47 μF 的电容。

③ 变频器参数的设置。FX3U-3A-ADP 的 D/A 转换输出的电压模拟量范围为 0～10 V，故分拣单元变频器的相应参数 Pr.73（模拟量输入选择）应设置为“0”，以相匹配（默认值为“1”，输入电压范围为 0～5 V）。变频器的其余参数设置与项目五相同。

项目实施一　人机界面监控及组态

一、采用人机界面监控时的工作任务

下面给出一个在项目五实训工作任务的基础上修改的，由人机界面提供主令信号并监控系统工作状态的分拣单元单站运行的实训任务。

① 设备的工作要求，包括系统启动、传送带启动、具体的分拣要求等，均与原工作任务相同；但工作模式切换、系统启动/停止、传送带启动操作、变频器输出频率的指定等主令信号及工作状态指示，则由人机界面实现。

② 分拣单元运行界面效果图如图 6-28 所示。

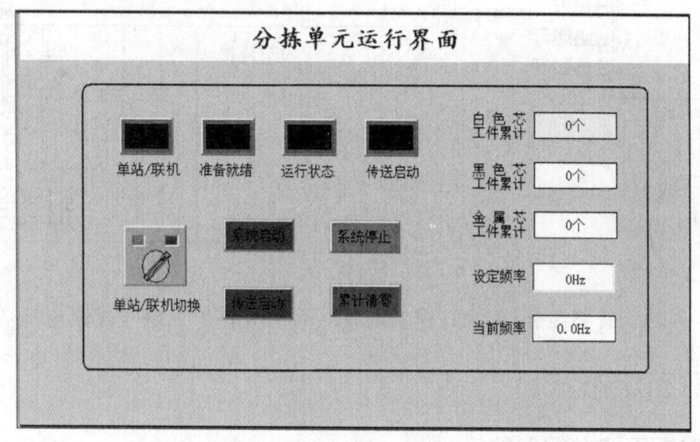

图 6-28　分拣单元运行界面效果图

组态的具体要求如下：

a. 界面上的单站/联机切换开关、系统启动、系统停止和传送启动按钮取代了按钮/指示灯模块的 SA 转换开关、SB1 和 SB2 按钮。

- 单站/联机切换开关可在工作过程中任一时刻操作，但 PLC 接收到切换信号后，程序应使系统在停止状态下才能进行工作模式切换。
- 系统启动、系统停止和传送启动按钮同样可在工作过程中任一时刻操作，发出系统启动或停止或传送带启动的指令，PLC 程序的响应与项目五相同。

b. 界面上设置了四盏指示灯。它们的点亮（浅绿色）/熄灭（墨绿色）状态，取决于人机界面从 PLC 读取的相应信号。

c. 要求在界面上显示运行期间各种芯件属性的工件被分拣进料槽的累计数。当运行停止时，若触摸界面上的“累计清零”按钮，PLC 程序将清零各累计数。

d. 变频器输出频率值可由界面上的输入框设定（输入范围为 0 ~ 35 Hz）。

e. 变频器当前输出频率值可在界面上显示。（精确到 0.1 Hz）

③ 由于系统工作的主令信号均由人机界面提供，系统工作状态也在人机界面上显示，按钮/指示灯模块可以不使用。图 6-29 是忽略按钮/指示灯模块的接线后的分拣单元电气控制电路图。

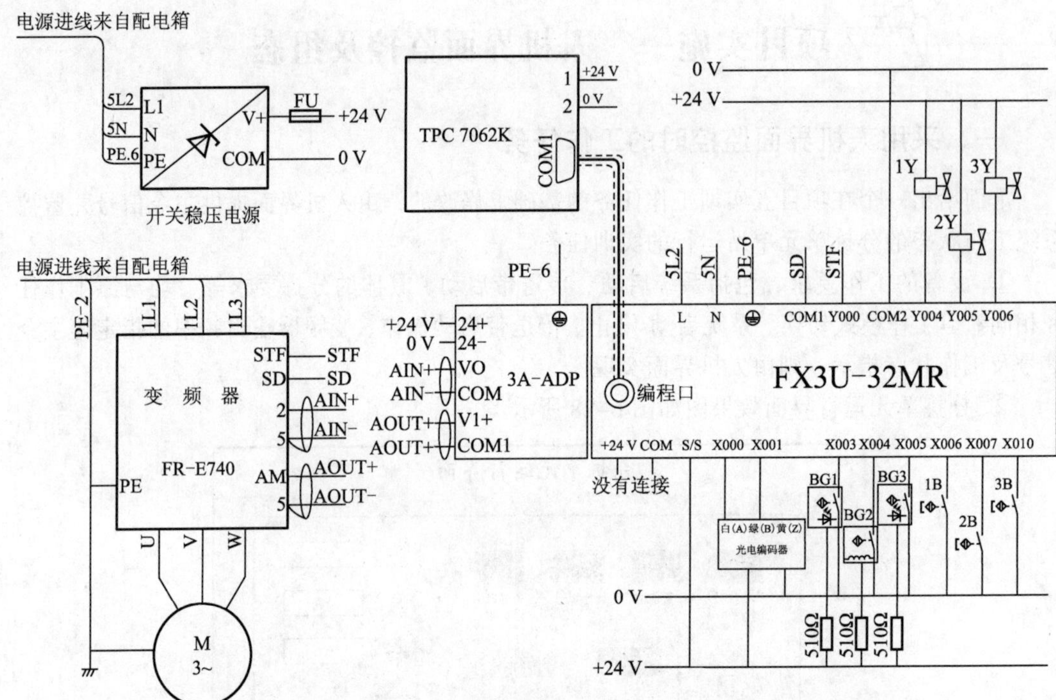

图 6-29　忽略按钮/指示灯模块的接线后的分拣单元电气控制电路图

二、人机界面组态

1. 建立实时数据库的数据对象

实际应用中，当人机界面的组态要求已经给出，常见的组态步骤是首先在实时数据库中定义所需要的数据对象，组态完成整个应用系统。在最后的调试阶段，再把所需的硬件设备接上，进行设备窗口的组态，建立设备通道和对应数据对象的连接。这种组态方法的优点是，在组态应用系统时，可无须顾及应连接的硬件设备（PLC），待组态完成进行模拟测试后才加以考虑。此外，首先建立实时数据库的数据对象，可以避免在组态工程画面时，由于数据对象未建立而屡屡出现组态错误的提示现象。因此，本项目的人机界面组态将按这种方法实施。

根据图 6-28 的画面及具体的组态要求，容易建立画面元件与实时数据库的数据对象的连接关系，如表 6-6 所示。

表 6-6　画面元件与实时数据库的数据对象的连接关系

画面元件	对象名称	类　型	注　　释
单站/全线切换开关	模式切换	开关型	切换系统工作模式
系统启动按钮	启动命令	开关型	发出系统启动命令
系统停止按钮	停止命令	开关型	发出系统停止命令
传送启动按钮	传送启动	开关型	发出启动传送带命令
累计清零按钮	累计清零	开关型	清除 PLC 程序中所统计的累计数据

续表

画面元件		对象名称	类　型	注　　释
指示灯	单站/全线	单站_全线	开关型	当前系统工作模式，单站模式时灯灭
	准备就绪	准备就绪	开关型	显示系统运行前是否就绪
	运行状态	运行状态	开关型	显示当前系统是否运行
	传送启动	变频启动	开关型	显示传送带启动状态
频率设定输入框		设定频率	数值型	设定变频器输出频率值
标签	实时频率显示	当前频率	数值型	变频器当前输出频率的 A/D 转换值
	白色芯工件累计	白累计数	数值型	显示已推入料槽的白色芯工件累计数
	黑色芯工件累计	黑累计数	数值型	显示已推入料槽的黑色芯工件累计数
	金属芯工件累计	金累计数	数值型	显示已推入料槽的金属芯工件累计数

下面以数据对象“运行状态”为例，介绍在实时数据库中定义数据对象的步骤：

① 新建工程后，单击工作台中的“实时数据库”窗口标签，进入实时数据库窗口页。

② 单击“新增对象”按钮，在窗口的数据对象列表中，增加新的数据对象。系统默认定义的名称为 Data1、Data2、Data3 等（多次单击该按钮，则可增加多个数据对象）。

③ 选中对象，单击“对象属性”按钮，或双击选中对象，则打开“数据对象属性设置”对话框。

④ 将对象名称改为：运行状态；对象类型选择：开关型；单击“确认”按钮。

按照此步骤，根据上面列表，设置其他数据对象。

2. 工程画面的组态

单击工作台中的“用户窗口”标签，新建一个窗口，名称改为“监控界面”，窗口背景色改为浅蓝色。选中“监控界面”窗口图标，单击“动画组态”按钮，进入动画组态窗口，开始编辑画面。鉴于项目准备一的组态实例中已经介绍了组态按钮和指示灯的基本步骤，此处不再重复，仅介绍标签、切换开关、输入框等构件的组态步骤。

（1）标签的组态

图 6-28 所示的分拣单元运行界面，要求组态多个标签构件。例如，界面的标题、各元件的注释文字，以及显示工件累计数、变频器当前输出频率的构件等都是标签构件，只是有些标签是用作文本显示（显示标题、注释信息等），另一些则用作数据显示。实际上，标签是用处最多的构件之一。

① 组态仅用作文本显示的标签比较简单，下面以标题文字的制作为例进行说明。

a. 单击工具条中的“工具箱”按钮，打开绘图工具箱。

b. 选择“工具箱”内的“标签”按钮，鼠标的光标呈十字形，在窗口上拖动鼠标，拉出一个一定大小的矩形。

c. 在光标闪烁位置输入文字“分拣单元运行界面”，按回车键或在窗口任意位置单击一下，文字输入完毕。

d. 选中文字框，在组态环境界面下方的状态栏中，将构件坐标改为（0，0），大小尺寸改为（800，55），这样就绘制出一个坐标位置在窗口左上角顶端，宽度为 800，高度为 55 的标签构件。

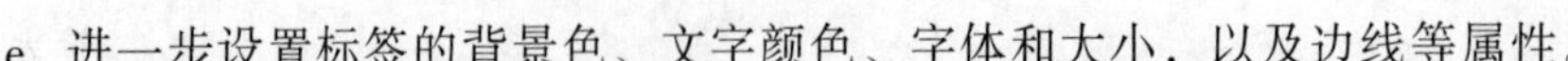

e. 进一步设置标签的背景色、文字颜色、字体和大小，以及边线等属性。

- 单击工具条中的“填充色”按钮，设置文字框的背景颜色为“白色”。
- 单击工具条中的“线色”按钮，设置文字框的边线颜色为“没有边线”。
- 单击工具条中的“字符字体”按钮，设置文字字体为“楷体”；字形为“粗体”；大小为“二号”。
- 单击工具条中的“字符颜色”按钮，设置文字颜色为“深蓝色”。

上述设置完成后即可得到满足图 6-28 所示的标题文字标签。

图 6-28 界面上的注释文字也是仅用作文本显示的标签，它们的组态步骤、所需设置的属性项目，与标题文字标签组态相同，只是具体属性不同，读者可根据它们的属性要求自行组态。

② 组态用作数据显示的标签，主要是设置其“显示输出”属性。下面以显示变频器当前输出频率的标签组态为例，说明组态这类标签的步骤。

a. 在组态编辑界面插入标签，拉出一个一定大小的矩形后，不需要输入文本文字。在调整其位置和大小后，双击该标签构件，弹出“标签动画组态属性设置”对话框。

b. 首先在属性设置页中进行静态属性设置：填充颜色为“白色”；文字颜色为“黑色”、文字字体为“宋体”、常规字形、大小为“小四号”；边线颜色为“黑色”，细线线型。

完成上述设置后，在输入输出连接选择框中选中“显示输出”复选框，则标签属性设置框将增加“显示输出”按钮，如图 6-30（a）所示。

c. 单击“显示输出”按钮，属性设置页将转到显示输出页，页面中的表达式值就是需要显示的数据。此处应输入“当前频率/80”，单位为 Hz。这是因为该标签要求显示的是变频器当前输出频率值，而从 PLC 传输到人机界面的却是 A/D 转换得到的数字量，因此需要将此数字量除以 80（对 FX3U-3A-ADP 特殊适配器）。再根据工作任务中实时频率的显示须精确到 0.1Hz 的要求，设置显示输出格式为浮点输出，四舍五入后保留 1 位小数位数。组态结果如图 6-30（b）所示。组态完成后，单击“确认”按钮，结束该标签的组态。

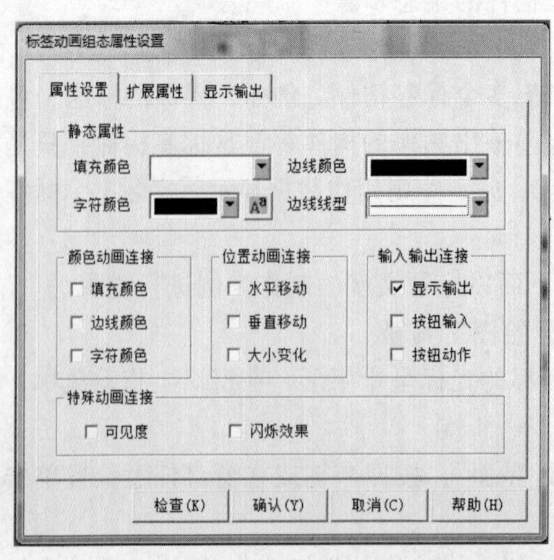

（a）“标签动画组态属性设置”对话框

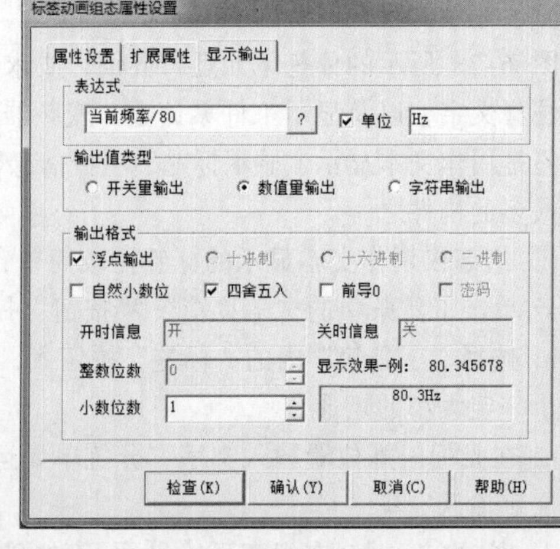

（b）显示输出的组态

图 6-30　用作数据显示的标签的组态

（2）制作切换旋钮

单击绘图工具箱中的“插入文件”▣按钮，弹出“对象元件库管理”对话框，选择“开关 6”（两挡位旋钮开关），单击“确定”按钮，界面上将插入该旋钮开关，把其拖动到适当位置并调整好大小后双击，弹出图 6-31（b）所示的对话框。在“数据对象”选项卡的按钮输入和可见度连接数据对象“模式切换”。

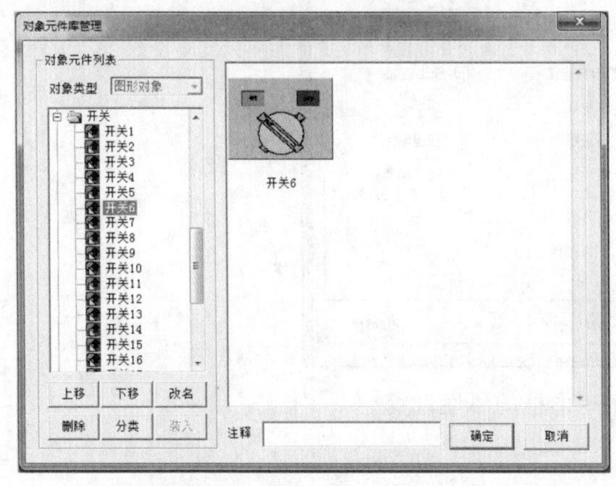

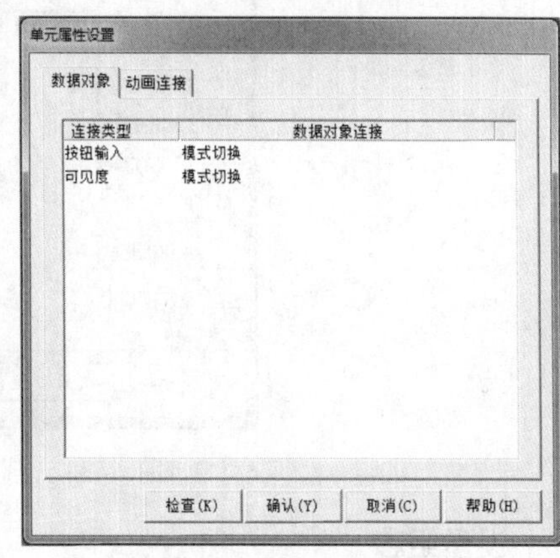

（a）在对象元件库中选择切换开关　　(b) 切换开关的属性组态

图 6-31　切换开关元件及其属性组态

（3）制作数值输入框

① 单击工具箱中的“输入框”abl按钮，拖动鼠标，绘制一个输入框。

② 双击 输入框 图标，弹出属性设置对话框。只需要设置操作属性，设置结果如图 6-32 所示。

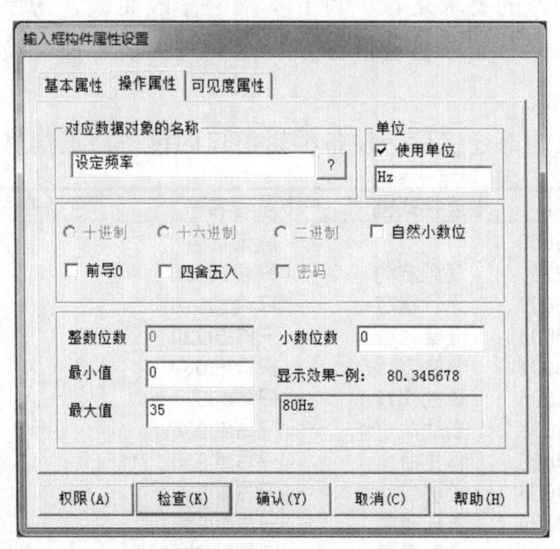

图 6-32　数值输入框的操作属性设置

（4）制作圆角矩形框

单击工具箱中的▭按钮，在窗口的左上方拖出一个大小合适的圆角矩形，双击该圆角矩形，出现图 6-33 所示的对话框。属性设置为：背景颜色设置为“没有填充”；边线颜色为“褐

色”；其他默认。

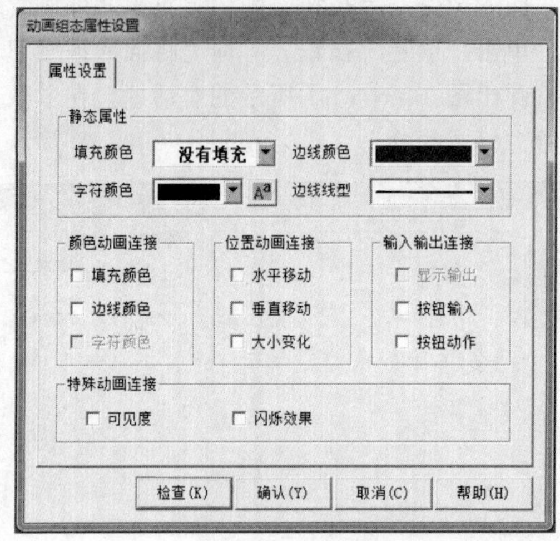

图 6-33　圆角矩形框的属性设置

3. 设备组态

① 通用串口父设备的属性设置与项目准备一的组态实例相同。这里强调指出，通用串口父设备的通信参数必须与子设备“三菱_FX 系列编程口”相匹配：串口端口号设置为 0，即选用 COM1 口（RS-232 通信协议）；波特率为 9600，7 位数据位，1 位停止位，数据校验方式为偶校验。有些初学者往往忽略设置通用串口父设备属性，以致运行时人机界面与 PLC 之间无法通信。

② 进行通道连接组态前，建议预先规划好相关的通道编号，以便与下一步的 PLC 编程相对应。考虑到本工作任务的要求是在项目五基础上修改而成，为便于比较，PLC 程序中 M 辅助继电器的选取将尽可能参照项目五的设定，需要与人机界面交换信息的数据寄存器则从 D60 开始。

基于上述考虑，完成全部连接后，设备编辑窗口的设备通道信息如图 6-34 所示。

索引	连接变量	通道名称	通道处理
0000		通讯状态	
0001	变频启动	只读Y0000	
0002	运行状态	只读M0010	
0003	准备就绪	只读M0020	
0004	单站_全线	只读M0030	
0005	模式切换	只写M0031	
0006	启动命令	只写M0035	
0007	停止命令	只写M0036	
0008	传送启动	只写M0037	
0009	累计清零	只写M0038	
0010	设定频率	只写DWUB0060	
0011	当前频率	只读DWUB0062	
0012	白累计数	只读DWUB0064	
0013	黑累计数	只读DWUB0065	
0014	金累计数	只读DWUB0066	

图 6-34　连接变量的全部通道

项目实施二 编写和调试 PLC 控制程序

1. PLC 控制程序的编制

满足本工作任务要求的 PLC 程序，在结构上与项目五基本相同，因此很容易在项目五程序的基础上加以修改得到。下面只说明程序中需要修改之处。

① 原项目五程序中，主令信号来自按钮模块，需要修改为来自人机界面的主令信号。

② 变频器驱动改为模拟量控制。控制程序应在系统启动后，每一扫描周期都把来自人机界面的设定频率信号值（单位为 Hz）乘以 80，保存在供 D/A 转换用的数据寄存器 D70 中。同时，将 A/D 转换获得的变频器当前输出频率的数字量保存到数据寄存器 D62 中，供人机界面显示。此段程序应在主程序的状态检测与启停控制部分中编写，其梯形图如图 6-35 所示。

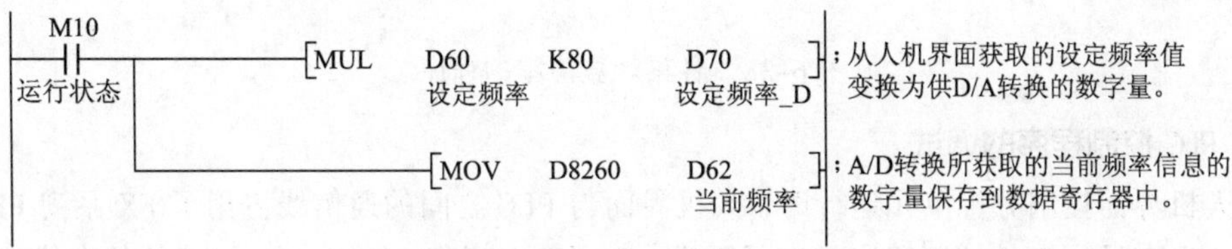

图 6-35 频率设定值和实时值保存

注意：该程序段并未执行 D/A 转换给定值的刷新。刷新应在步进程序的初始步为活动步时执行，从而满足了变频器输出频率仅在每一分拣周期开始时才被刷新的要求。图 6-36 为步进程序初始步的梯形图，读者可与项目五程序中对应的初始步进行比较，找出其异同点。

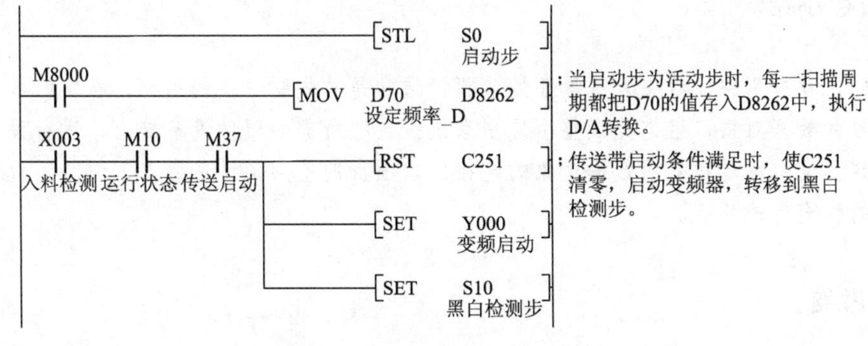

图 6-36 步进程序初始步的梯形图

③ 统计运行期间不同芯件属性的工件被分拣进料槽的累计数量，运行停止时允许清零各累计数，是本工作任务新增的要求。

实现统计要求的编程方法：在步进顺序控制程序的工件推出工步中，当推杆伸出到位时，执行一条累计数加 1 的语句。图 6-37 为白色芯工件在料槽 1 被推出时累计数加 1 的程序示意图，黑色芯工件和金属芯工件的编程方法与此相同。

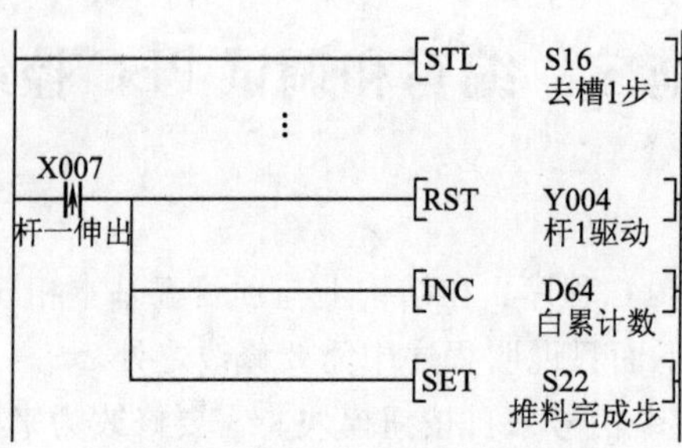

图 6-37　白色芯工件被推出时累计数加 1 的程序示意图

各累计数清零的程序可在步进顺序控制程序外编写一条如图 6-38 所示的语句即可。

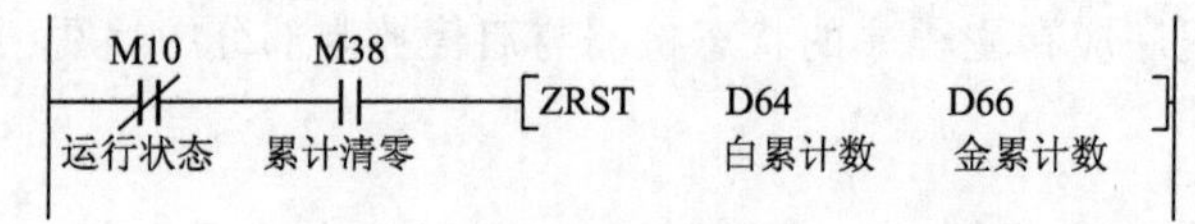

图 6-38　各累计数清零的程序

2. PLC 控制程序的调试

用人机界面控制分拣单元运行时，人机界面与 PLC 之间的通信线占用了 FX 系列 PLC 的编程口，这给调试 PLC 控制程序带来了困难。为了能在三菱 GX Developer 软件的在线监控状态下调试程序，可在调试阶段使个人计算机与 PLC 之间的保持通信连接，打开状态监控界面，把本应从人机界面接收的主令信号和变频器设定的频率信号，用强制写入方式取代。利用编程软件进行软元件的强制写入的方法和步骤，已在项目二中进行了介绍，此处不再赘述。

项目小结

在实际工程应用中，组态人机界面的步骤，通常是首先制作工程画面，在实时数据库中定义所需要的数据对象，组态完成整个应用系统；再把所需的硬件设备接上，进行设备窗口的组态，建立设备通道和对应数据对象的连接。本项目的重点是设备组态，它是人机界面组态中基本的和重要的环节。

思考题

① 本工作任务中，对人机界面上设定频率的要求仅为设定整数频率值，如果要求设定频率须精确到 0.1 Hz，请设计一个简单易行的人机界面组态和 PLC 编程方案。

② 工业环境下各种电磁干扰信号常常较为严重，模拟量控制更多地倾向于使用电流输入和输出的控制方式。请进一步查阅 FR-E740 型变频器有关资料，设计一个用 FX3U-3A-ADP 适配器采用 4 ~ 20 mA 电流输出方式馈送频率指令信号，控制 FR-E740 型变频器运行的实训方案。

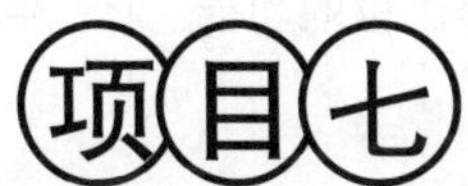

项目七

输送单元的安装与调试

① 掌握伺服电动机的特性及控制方法，伺服驱动器的基本原理及电气接线；能使用伺服驱动器进行伺服电动机的控制，会设置伺服驱动器的参数。

② 掌握 FX3U 系列 PLC 内置定位控制指令的使用和编程方法，编制实现伺服电动机定位控制的 PLC 控制程序。

③ 掌握输送单元直线运动组件的安装和调整、电气配线的敷设；能在规定时间内完成输送单元的安装和调整进行程序设计和调试，并能解决安装与运行过程中出现的常见问题。

项目准备一　认知输送单元装置侧的结构与工作过程

输送单元的功能：驱动其抓取机械手装置精确定位到指定单元的物料台，在物料台上抓取工件，把抓取到的工件输送到指定地点后放下。

YL-335B 出厂配置时，输送单元在网络系统中担任着主站的角色，它接收来自触摸屏的系统主令信号，读取网络上各从站的状态信息，加以综合后，向各从站发送控制要求，协调整个系统的工作。

输送单元装置侧由直线运动组件、抓取机械手装置、拖链装置、接线端口等部件组成。图 7-1 是安装在工作台面上的输送单元装置侧部分。

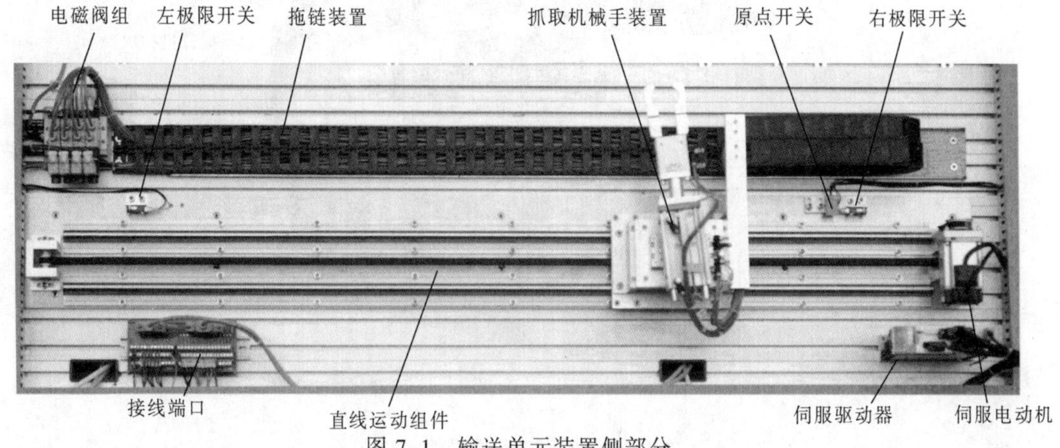

图 7-1　输送单元装置侧部分

1. 直线运动组件

直线运动组件用以拖动抓取机械手装置做往复直线运动，完成精确定位的功能。图 7-2 是该组件的俯视图。

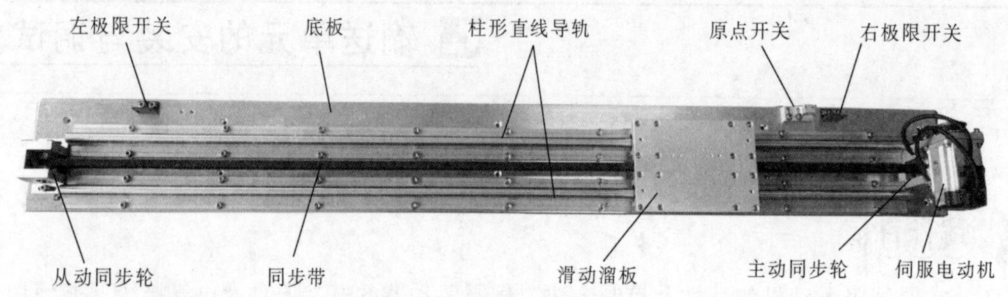

图 7-2　直线运动组件的俯视图

直线运动组件由直线导轨组件（包括柱形直线导轨及其安装底板），滑动溜板、同步轮和同步带，伺服电动机及伺服驱动器，原点开关、左、右极限开关等组成。

伺服电动机由伺服驱动器驱动，通过同步轮及同步带带动滑动溜板沿柱形直线导轨做往复直线运动，固定在滑动溜板上的抓取机械手装置也随之运动。同步轮齿距为 5 mm，共 12 个齿，即旋转一周机械手装置位移 60 mm。

2. 抓取机械手装置

抓取机械手装置是一个能实现三自由度运动（即升降、伸缩、气动手指夹紧/松开和沿垂直轴旋转的四维运动）的工作单元。该装置整体安装在直线运动组件的滑动溜板上，在传动组件带动下整体做直线往复运动，定位到其他各工作单元的物料台，然后完成抓取和放下工件的功能。图 7-3 是该装置的实物图。

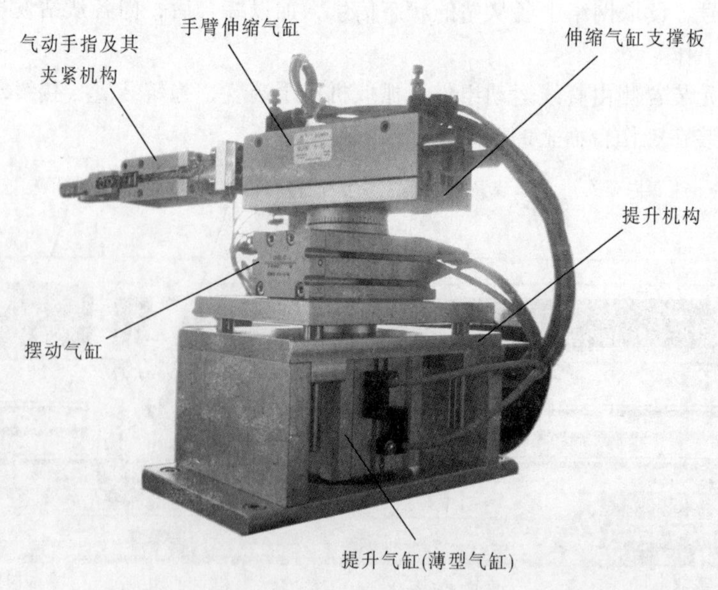

图 7-3　抓取机械手装置的实物图

该装置具体构成如下：

① 气动手指及其夹紧机构：用于在各个工作站物料台上抓取/放下工件。由一个二位五通双向电控阀控制。

② 手臂伸缩气缸：用于驱动手臂伸出/缩回。由一个二位五通单向电控阀控制。

③ 回转气缸（摆动气缸）：用于驱动手臂正反向 90° 旋转，由一个二位五通双向电控阀控制。

④ 提升气缸：用于驱动整个机械手上升与下降。由一个二位五通单向电控阀控制。

3. 拖链装置

抓取机械手通常工作在往复运动的状态。为了使其上引出的电缆和气管随之被牵引并被保护，输送单元使用塑料拖链作为管线敷设装置。拖链装置一端固定在工作台面上，活动端则通过拖链安装支架与抓取机械手装置连接，如图 7-4 所示。抓取机械手引出的气管和电缆沿拖链敷设，从固定端引出后，气管连接到电磁阀组上，电缆则进入线槽后连接到接线端口上。

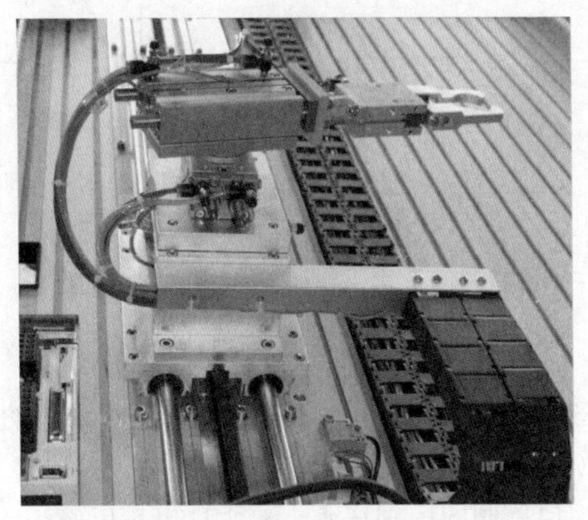

图 7-4　拖链与抓取机械手装置的连接

4. 原点开关和极限开关

抓取机械手做直线运动的起始点信号，由安装在直线导轨底板上的原点开关提供。此外，为了防止机械手越出行程而发生撞击设备事故，直线导轨底板上还安装了左、右极限开关。其中，原点开关和右极限开关在底板上的安装如图 7-5 所示。

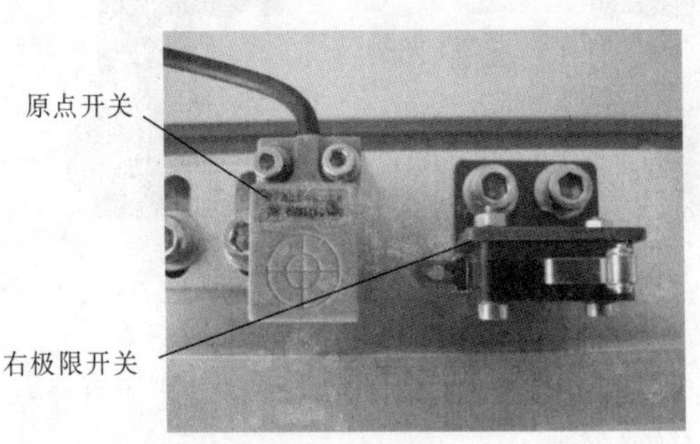

图 7-5　原点开关和右极限开关在底板上的安装

原点开关是一个无触点的电感式接近传感器。关于电感式接近传感器的工作原理及选用、安装注意事项请参阅项目二（供料单元的安装与调试）。

左、右极限开关均是有触点的微动开关。当滑动溜板在运动中越过左或右极限位置时，极限开关会动作，从而向系统发出越程故障信号。

5. **气动控制回路**

输送单元的抓取机械手装置上的所有气缸连接的气管沿拖链带敷设，插接到电磁阀组上，其气动控制回路原理图如图 7-6 所示。

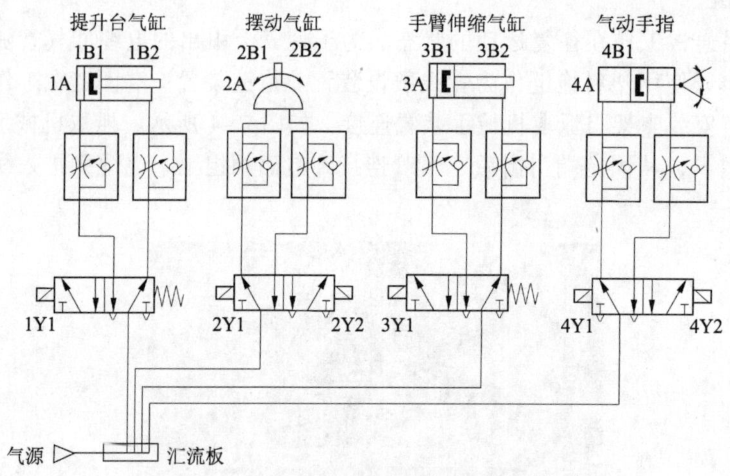

图 7-6 输送单元气动控制回路原理图

在气动控制回路中，驱动摆动气缸和手指气缸的电磁阀采用的是二位五通双电控电磁阀，电磁阀外形如图 7-7 所示。

双电控电磁阀与单电控电磁阀的区别在于，对于单电控电磁阀，在无电控信号时，阀芯在弹簧力的作用下会被复位，而对于双电控电磁阀，在两端都无电控信号时，阀芯的位置取决于之前一个电控信号的动作结果。

图 7-7 双电控电磁阀外形

注意：双电控电磁阀的两个电控信号不能同时为“1”，即在控制过程中不允许两个线圈同时得电；否则，可能会造成电磁线圈烧毁，当然，在这种情况下阀芯的位置是不确定的。

项目准备二　相关知识点

一、认知永磁式同步伺服电动机及伺服驱动器

现代的自动化生产线中，交流伺服系统是主流的执行机构。当前高性能的电伺服系统大多采用永磁式同步伺服电动机，控制驱动器都采用快速、准确定位的全数字位置伺服系统。

1. 永磁式同步伺服电动机的基本结构

永磁式同步伺服电动机在结构上也由定子和转子两部分组成。图 7–8 为永磁式同步伺服电动机的外观和剖视图，其定子为硅钢片叠成的铁芯和三相绕组，转子是由高矫顽力稀土磁性材料（例如钕铁硼）制成的磁极。为了检测转子磁极的位置，在电动机非负载端的端盖外面还安装上光电编码器。

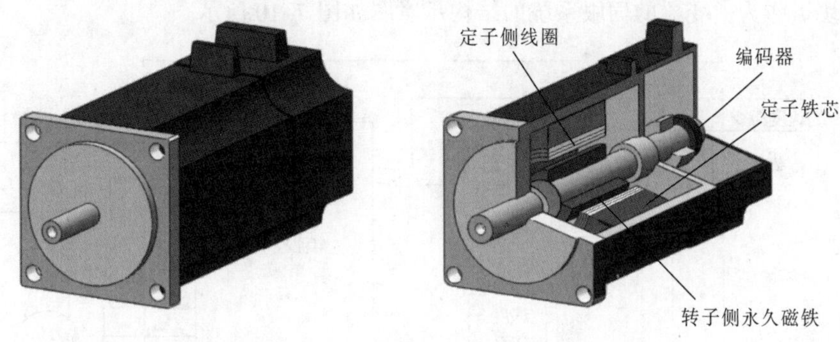

图 7–8　永磁式同步伺服电动机的外观示意图和剖视图

2. 伺服电动机和驱动器的控制原理

图 7–9 为一个两极的永磁式同步伺服电动机的工作原理图，当定子绕组通上交流电源后，就产生一旋转磁场，在图中以一对旋转磁极 N、S 表示。当定子磁场以同步转速 n_1 逆时针方向旋转时，根据异性相吸的原理，定子旋转磁极吸引转子磁极，带动转子一起旋转，转子的旋转速度与定子磁场的旋转速度（同步转速 n_1）相等。

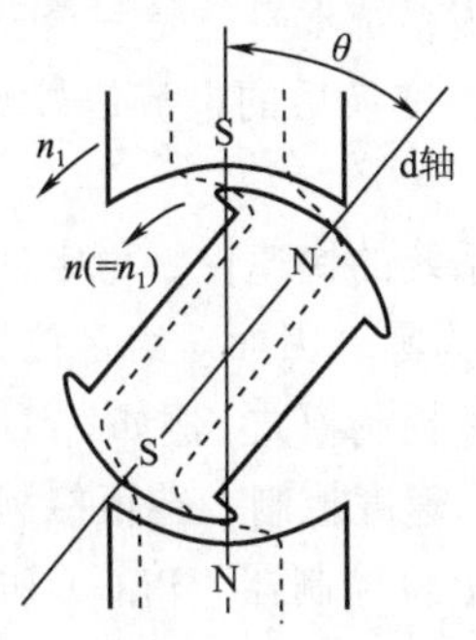

图 7–9　两极的永磁式同步伺服电动机的工作原理图

当电动机转子上的负载转矩增大时，定、转子磁极轴线间的夹角 θ 就相应增大，导致穿过各定子绕组平面法线方向的磁通量减少，定子绕组感应电动势随之减小，而使定子电流增大，直到恢复电源电压与定子绕组感应电动势的平衡。这时电磁转矩也相应增大，最后达到

新的稳定状态，定、转子磁极轴线间的夹角 θ 称为功率角。虽然夹角 θ 会随负载的变化而改变，但只要负载不超过某一极限，转子就始终跟着定子旋转磁场以同步转速 n_1 转动，即转子的转速为 $n=n_1=\dfrac{60f_1}{p}$。

注意：只有定子旋转磁极对转子磁极的切向吸力才能产生带动转子旋转的电磁转矩，因此电磁转矩与定子电流大小的关系并不是一个线性关系，不能简单地通过调节定子电流的大小来控制电磁转矩。实际上，现代的伺服系统对定子电流的控制，除了引入定子电流的反馈信息外，还引入来自伺服电动机内置的旋转编码器的角位移信号，通过复杂的运算处理来获得希望的电流控制信号。

由于算法比较复杂，必须在具有功能强大的微处理器的智能装置中才能实现。伺服驱动器就是整合了智能控制器、驱动执行机构以及参数设定和状态显示等功能的装置，它与伺服电动机配套使用，构成伺服系统。一个智能控制器采用 DSP（数字信号处理器）、IPM（智能功率模块）作为逆变器的伺服系统的结构示意图如图 7-10 所示。

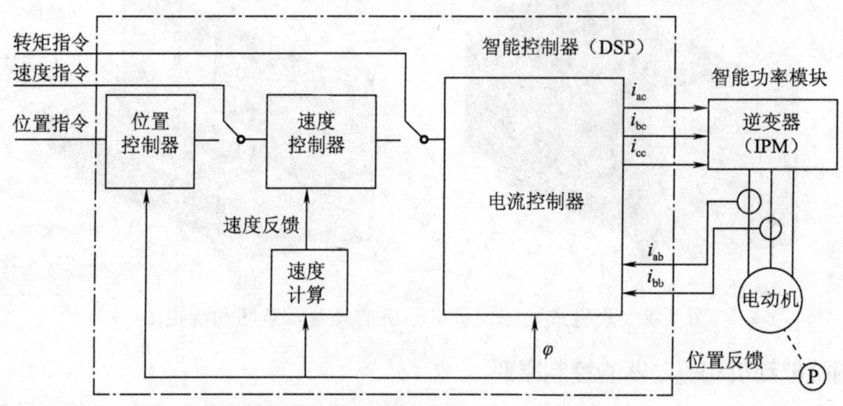

图 7-10　永磁同步伺服系统的结构示意图

图 7-10 中，角位移信号 φ 的变化率就是速度反馈信号，可以与给定速度比较构成速度环，实现速度控制；角位移信号本身可以与上位机（PLC）输出的位置指令相比较构成位置环，实现位置控制。由此可见，伺服系统本身就是一个三闭环控制系统：位置控制是外环，速度控制是中环，电流控制是内环。变换后的电流信号对智能功率模块（IPM）逆变器进行控制，使伺服电动机运行。

三闭环控制的系统结构提高了系统的快速性、稳定性和抗干扰能力，并且由于位置控制器带有 PI 调节器，系统的稳态误差为零，因而对给定位置信号具有良好的跟随能力。此外，这种结构也使得伺服系统可以有多种控制模式。例如，YL-335B 设备所选用的松下 MINAS A5 系列的伺服系统，就具有位置控制、速度控制、转矩控制等控制模式。YL-335B 只使用了位置控制模式，这种控制模式根据从上位控制器（PLC）输入的位置指令（脉冲列）进行位置控制，是最基本和常用的控制模式。

二、认知松下 MINAS A5 系列交流伺服电动机和驱动器

松下 MINAS A5 系列交流伺服电动机和驱动器具有设定和调整简单；所配套的电动机采

用了 20 位增量式编码器，在低刚性机器上有较高的稳定性，可在高刚性机器上进行高速、高精度运转等特点，因而广泛应用于各种机器上。

1. 认知松下 MINAS A5 系列伺服系统

YL-335B 的输送单元抓取机械手的运动控制装置所采用的松下 MINAS A5 系列的伺服电动机为 MSMD022G1S 型，配套的伺服驱动装置为 MADHT1507E 型。

MSMD022G1S 的含义：MSMD 表示电动机类型为低惯量；02 表示电动机的额定功率为 200 W；2 表示电压规格为 200 V；G 表示编码器为增量式编码器，脉冲数为 2 500 p/r，分辨率为 10 000，输出信号线数为 5 根；1S 表示标准设计，电动机结构为有键槽、无保持制动器、无油封。

该伺服电动机外观及各部分名称如图 7-11 所示，伺服驱动器的外观和接口如图 7-12 所示。

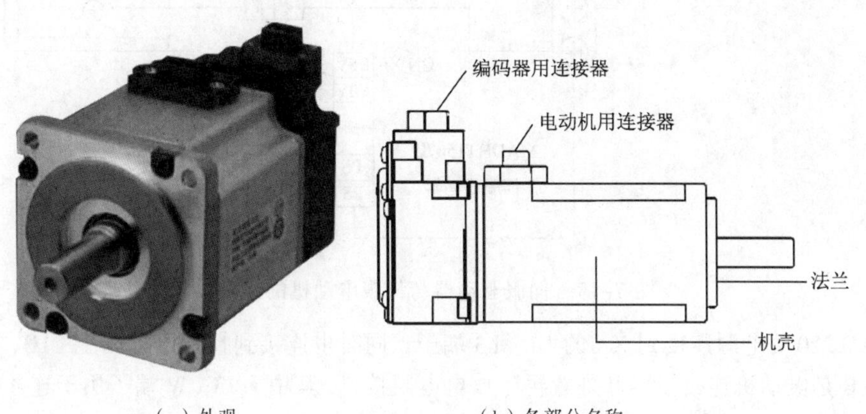

图 7-11　YL-335B 所使用的 MINAS A5 系列伺服电动机

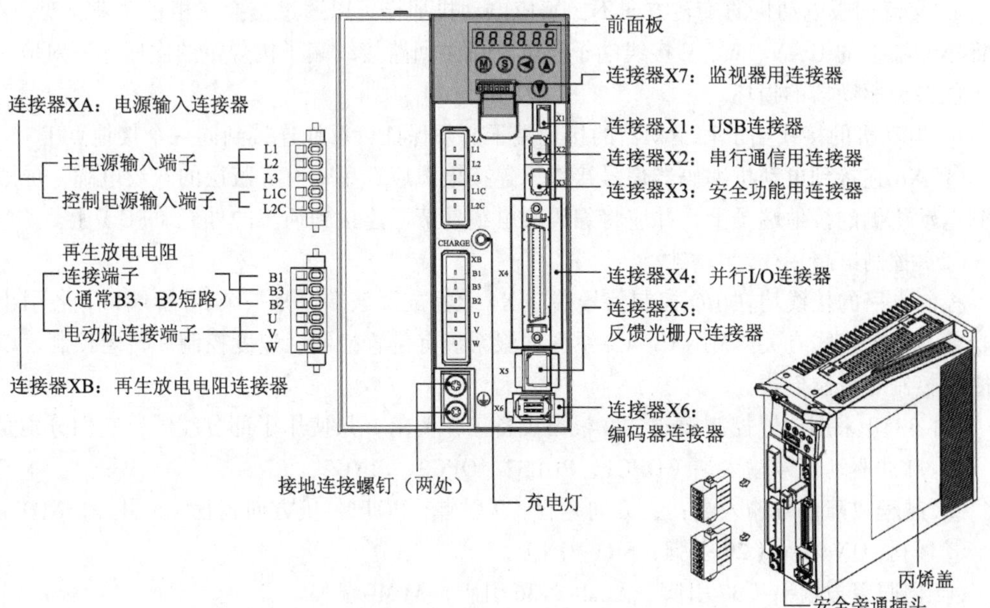

图 7-12　伺服驱动器的外观和接口

2. 伺服系统的接线

（1）伺服系统的主电路接线

MADHT1507E 伺服驱动器面板上有多个接线端口，YL-335B 设备上伺服系统的主电路接线只使用了电源接口 XA、电动机连接接口 XB、编码器连接器 X6，接线图如图 7-13 所示。

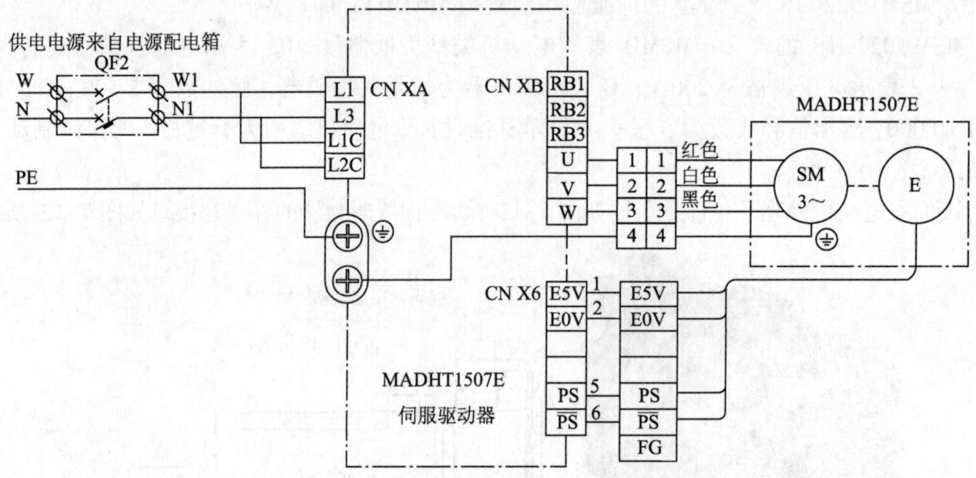

图 7-13　伺服驱动器与伺服电动机的连接

① AC 220 V 电源连接到 XA 的 L1、L3 端子，同时也连接到控制电源端子 L1C、L2C 上。

② XB 是电动机连接接口和外置再生放电电阻接口，其中 U、V、W 端子用于连接电动机；RB1、RB2、RB3 端子是外接放电电阻，YL-335B 没有使用。

进行电动机接线时必须注意：

a. 交流伺服电动机的旋转方向不像感应电动机那样可以通过交换三相相序来改变，必须保证驱动器上的 U、V、W、E 接线端子与电动机主回路接线端子按规定的次序一一对应，否则可能造成驱动器的损坏。

b. 电动机的接线端子和驱动器的接地端子必须保证可靠地连接到同一个接地点上。

③ X6 连接到电动机编码器信号接口，连接电缆应选用带有屏蔽层的双绞电缆，屏蔽层接到电动机侧的接地端子上，并应将编码器电缆屏蔽层连接到插头的外壳（FG）上。

（2）控制电路接线

控制电路的接线均在 I/O 控制信号端口 X4 上完成。该端口是一个 50 针端口，各引出端子功能与控制模式有关。MINAS A5 系列伺服系统有位置控制、速度控制和转矩控制，以及全闭环控制等控制模式。

YL-335B 采用位置控制模式，并根据设备工作要求，只使用了部分端子，它们分别是：

① 脉冲驱动信号输入端（OPC1、PULS2、OPC2、SING2）。

② 越程故障信号输入端：正方向越程（9 引脚，POT），负方向越程（8 引脚，NOT）。

③ 伺服 ON 输入（29 引脚，SRV_ON）。

④ 伺服警报输出（37 引脚，ALM+；36 引脚，ALM-端）。

为了方便接线和调试，YL-335B 在出厂时已经在 X4 端口引出线接线插头内部把伺服 ON 输入（SRV_ON）和伺服警报输出负端（ALM-）连接到 COM- 端（0 V）。因此，从接线插头引出的信号线只有 OPC1、PULS2、OPC2、SING2、POT、NOT、ALM+等七根信号线，以及 COM+和 COM-电源引线。所使用的 X4 端口部分引出线及内部电路图如图 7-14（a）所示。图中，脉冲和方向信号都来自 PLC，若选用漏型输出的 FX3U 系列（晶体管输出），PLC 的脉冲输出端与驱动器的连接如图 7-14（b）所示。

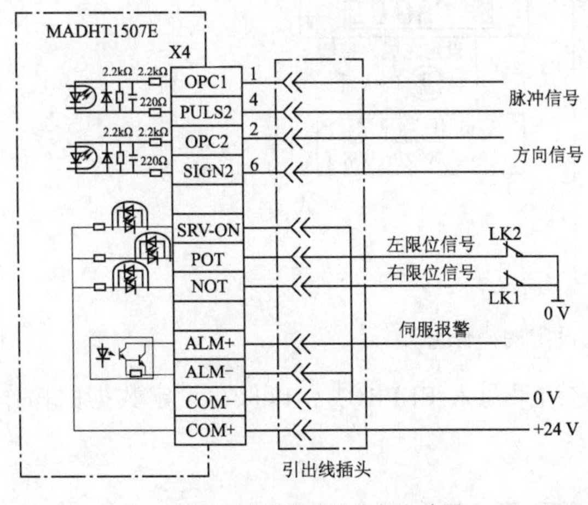

（a）X4 端口部分引出线及内部电路图

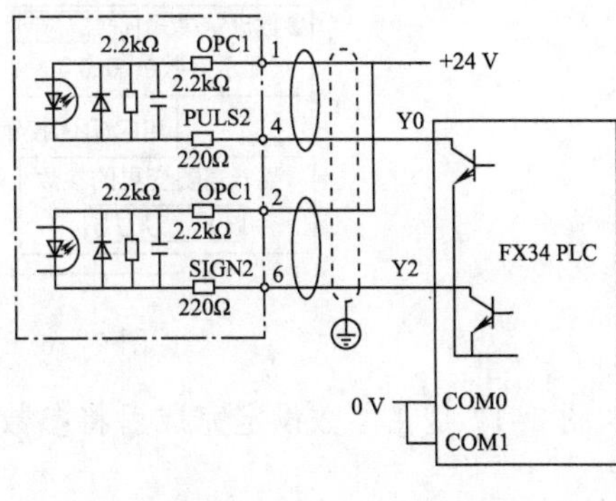

（b）PLC 的脉冲输出端与驱动器的连接

图 7-14　伺服驱动器控制信号及接线

3. 伺服驱动器的参数设置

伺服驱动器具有设定其特性和功能的各种参数，参数分为七类，即分类 0（基本设定）；分类 1（增益调整）；分类 2（振动抑制功能）；分类 3（速度、转矩控制、全闭环控制）；分类 4（I/F 监视器设定）；分类 5（扩展设定）；分类 6（特殊设定）。设置参数的方法：一是通过与 PC 连接后在专门的调试软件上进行设置；二是在驱动器的前面板上进行。YL-335B 需要设置的伺服参数不多，只在前面板上进行设置。

（1）前面板及其参数设置操作

A5 系列伺服驱动器前面板及各个按键功能的说明如图 7-15 所示。

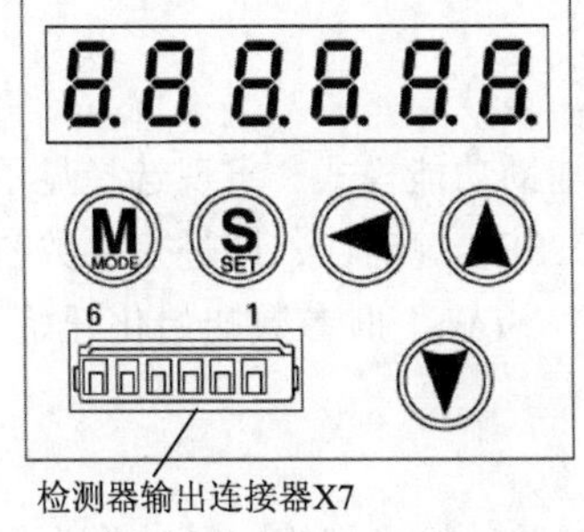

按键功能说明

按键说明	激活条件	功　能
模式转换（MODE）键	在模式显示时有效	在以下模式之间切换：①监视器模式；②参数设置模式；③EEPROM 写入模式；④辅助功能模式
设置键（SET）	一直有效	在模式显示和执行显示之间切换
升降键▲▼	仅对小数点闪烁的哪一位数据位有效	改变各模式里的显示内容、更改参数、选择参数或执行选中的操作
移位键◀		把移动的小数点移动到更高位数

图 7-15　伺服驱动器前面板

在前面板上进行参数设置操作包括参数设定和参数保存两个环节。图 7-16 所示为一个将参数 Pr_008 的值从初始值 10 000 修改为 6 000 的流程示例。

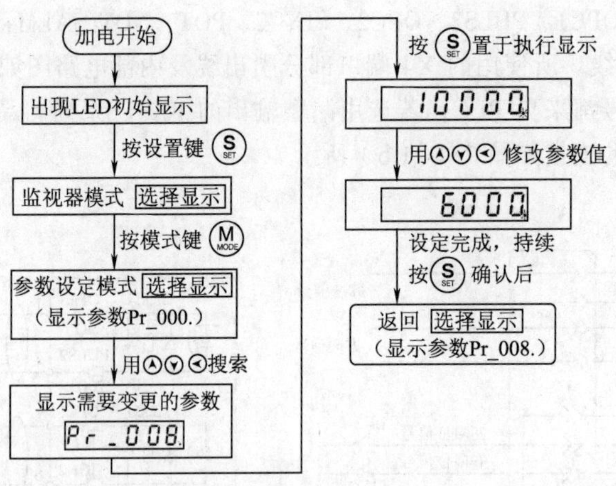

图 7-16　参数设定的操作流程

图 7-17 是在参数设定完成后将参数设定结果写入 EEPROM，以保存设定数据的操作流程。

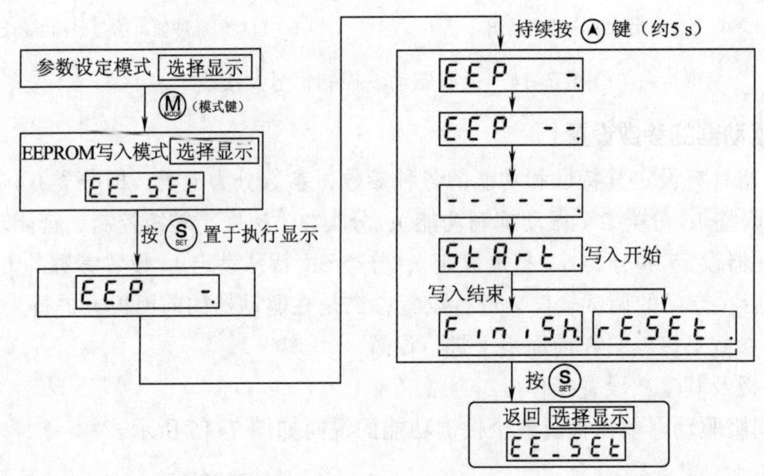

图 7-17　参数保存的操作流程

（2）参数初始化

参数初始化操作属于辅助功能模式。须按 MODE 键选择到辅助功能模式，出现选择显示“AF_Acl”，然后按▲键选择辅助功能，当出现“AF-ini”时，按 SET 键确认，即进入参数初始化功能，出现执行显示“ini-”。持续按▲ 键（约 5 s），出现“StArt”时参数初始化开始，再出现“Finish”时初始化结束。

（3）YL-335B 设备中伺服系统需要设置的参数

YL-335B 设备中伺服系统工作于位置控制模式，PLC 的高速脉冲输出端输出脉冲作为伺服驱动器的位置指令，脉冲的数量决定了伺服电动机的旋转位移，亦即机械手的直线位移；脉冲的频率决定了伺服电动机的旋转速度，即机械手的运动速度；PLC 的另一输出点作为伺服驱动器的方向指令。伺服系统的参数设置应满足控制要求，并与 PLC 的输出相匹配。

① 指定伺服电动机旋转的正方向。设定的参数为 Pr0.00。如果设定值为 0，则正向指令时，电动机旋转方向为 CCW 方向（从轴侧看电动机为逆时针方向）；如果设定值为 1（默认值），则正向指令时，电动机旋转方向为 CW 方向 （从轴侧看电动机为顺时针方向）。

YL-335B 设备的输送单元要求机械手装置运动的正方向是向着远离伺服电动机的方向。从图 7-18 所示的伺服电动机的传动装置图可见，这时要求电动机旋转方向为 CW 方向（从轴侧看电动机为顺时针方向），故 Pr0.00 设定为默认值 1。

图 7-18　伺服电动机的传动装置图

② 指定伺服系统的运行模式。设定的参数为 Pr0.01。该参数设定范围为 0~6，默认值为 0，指定定位控制模式。

③ 设定运行中发生越程故障时的保护策略。设定的参数为 Pr5.04，该参数设定范围为 0~2，数值含义如下：

0：发生正方向（POT）或负方向（NOT）越程故障时，驱动禁止，但不发生报警。

1：POT、NOT 驱动禁止无效（默认值）。

2：POT / NOT 任一方向的输入，将发生 Err38.0（驱动禁止输入保护）出错报警。

机械手装置运动时若发生越程，可能导致设备损坏事故，故该参数设定为 2。这时伺服电动机立即停止。仅当越程信号复位，且驱动器断电后再重新加电，报警才能复位。

④ 设定驱动器接收指令脉冲输入信号的形态，以适应 PLC 的输出信号。

指令脉冲信号形态包括指令脉冲极性和指令脉冲输入模式两方面，分别用 Pr0.06 和 Pr0.07 两个参数设置。

Pr0.06 设定指令脉冲信号的极性，设定为 0 时为正逻辑，输入信号高电平（有电流输入）为“1”；设定为 1 时为负逻辑。PLC 的定位控制指令都使用正逻辑，故 Pr0.06 应设定为 0（默认值）。

Pr0.07 用来确定指令脉冲旋转方向的方式。旋转方向可用两相正交脉冲、正向旋转脉冲和反向旋转脉冲、指令脉冲+指令方向等三种方式来表征。当设定 Pr0.07=3 时，选择指令脉冲+指令方向。FX 系列 PLC 的定位控制指令都采用这种驱动方式。

当设定 Pr0.06=0，Pr0.07=3 时，伺服驱动器的 PULS 和 SIGN 端子输入的正向指令信号波形图如图 7-19 所示。

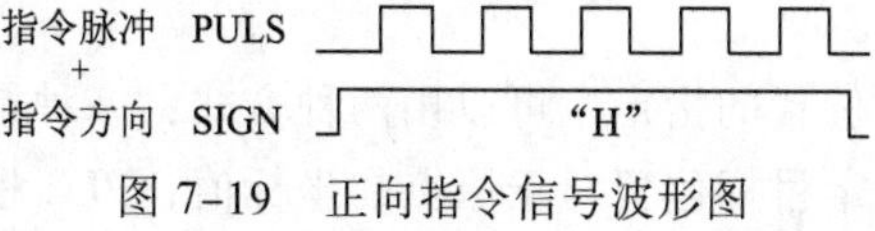

图 7-19　正向指令信号波形图

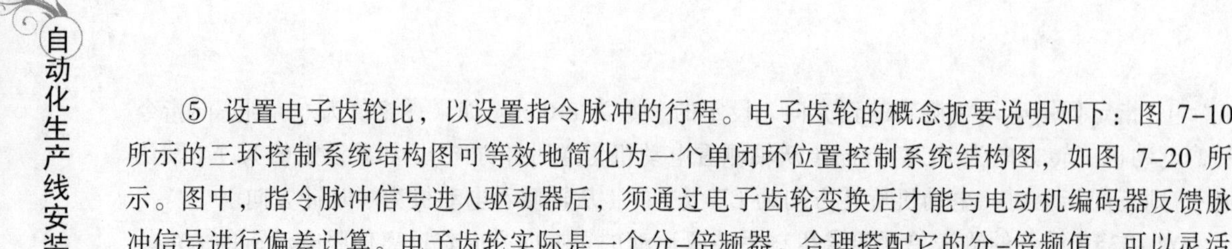

⑤ 设置电子齿轮比，以设置指令脉冲的行程。电子齿轮的概念扼要说明如下：图 7-10 所示的三环控制系统结构图可等效地简化为一个单闭环位置控制系统结构图，如图 7-20 所示。图中，指令脉冲信号进入驱动器后，须通过电子齿轮变换后才能与电动机编码器反馈脉冲信号进行偏差计算。电子齿轮实际是一个分-倍频器，合理搭配它的分-倍频值，可以灵活地设置指令脉冲的行程。

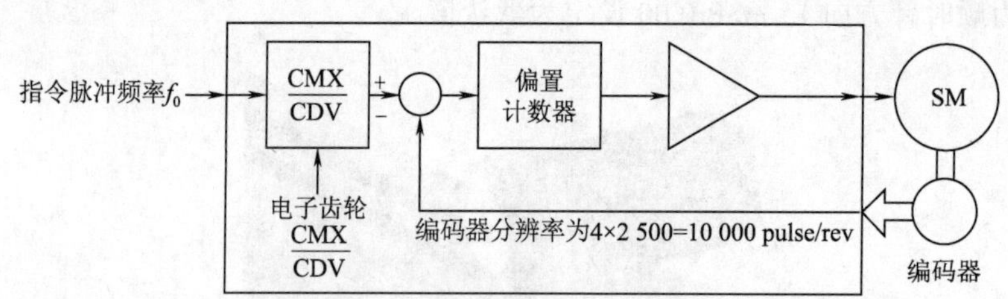

图 7-20　等效的单闭环位置控制系统结构图

A5 系列伺服驱动器配置了 Pr0.08 这一参数，其含义为“伺服电动机每旋转一周的指令脉冲数”。该参数以编码器分辨率（2 500 × 4=10 000）为电子齿轮比的分子，Pr0.08 的设置值为分母而构成电子齿轮比。当指令脉冲数恰好为设置值时，偏差器给定输入端的脉冲数正好为 10 000，从而达到稳态运行时伺服电动机旋转一周的目标。

YL-335B 中，伺服电动机所连接的同步轮齿数为 12，齿距为 5mm，故每旋转一周，抓取机械手装置移动 60 mm。为便于编程计算，希望脉冲当量为 0.01 mm，即伺服电动机转一圈，需要 PLC 发出 6 000 个脉冲，故应把 Pr0.08 设置为 6 000。

电子齿轮的设置还用于更复杂设置的场合，需要分别设置电子齿轮比的分子和分母，这时应设定 Pr0.08=0，用参数 Pr0.09、Pr0.10 来设置电子齿轮比。

⑥ 设置前面板显示用 LED 的初始状态。设定参数为 Pr5.28，参数设定范围为 0~35，默认设定为 1，显示电动机实际转速。

以上六项参数是 YL-335B 设备的伺服系统在正常运行时所必需的。须注意的是，参数 Pr0.00、Pr0.01、Pr5.04、Pr0.06、Pr0.07、Pr0.08 的设置必须在控制电源断电重启之后才能修改、写入成功。

三、认知 PLC 的定位控制

1. 认知定位控制的基本要求

（1）原点位置的确定

为了在直线运动机构上实现定位控制，运动机构应该有一个参考点（原点），并指定运动的正方向。YL-335B 输送单元的直线运动机构，原点位于原点开关的中心线上，抓取机械手从原点向分拣单元运动的方向为正方向，可通过设定伺服驱动器的 Pr0.00 参数确定。

PLC 进行定位控制前，必须搜索到原点位置，从而建立运动控制的坐标系。定位控制从原点开始，时刻记录着控制对象的当前位置，根据目标位置的要求驱动控制对象运动。

（2）目标位置的指定

进行定位控制时，目标位置的指定，可以用两种方式：一种是指定当前位置到目标位置的位移量；另一种是直接指定目标位置对于原点的坐标值，PLC 根据当前位置信息自动计算目标位置的位移量，实现定位控制。前者为相对驱动方式，后者为绝对驱动方式。FX3U 系列 PLC 配置了相对位置控制和绝对位置控制的指令。

在 YL-335B 输送单元机械手的定位控制中，主要使用绝对位置控制指令，这是因为若使用相对位置控制指令，在某些情况下（例如紧急停车后再启动），编程计算当前位置到目标位置的位移量会比较烦琐的缘故。

当目标位置不明确时，上述 PLC 还提供可变速脉冲输出指令。这是另一种运动控制方式，即只指定运动方向和速度，并且速度大小在运动过程中是可改变的，通过外部条件或手动控制来终止运动。

（3）定位控制过程

定位控制驱使控制对象从某一基底速度开始，加速到指定的速度，在到达目标位置前减速到最低速度后停止，如图 7-21 所示。

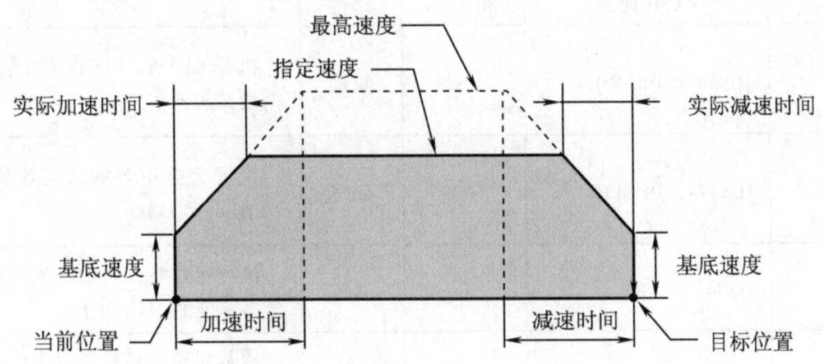

图 7-21　定位控制过程

图 7-21 中，最高速度受限于电动机和 PLC 的最大输出频率，指定速度应不大于允许的最高速度。基底速度则是运动开始和停止时的速度，如果基底速度数值过低，可能会在运动开始和结束时跳动；数值过高，电动机可能在启动时丧失脉冲，并且在停车时负载惯性过大停不下来。基底速度、最高速度和加、减速时间等是进行定位控制的基本参数信息，需要预先存储在 PLC 内存中。

2. 认知 FX3U 系列 PLC 的定位控制功能

晶体管输出的 FX3U 系列 PLC 基本单元均内置最多三轴的定位控制功能。具有这项功能的输出点为 Y000 ~ Y002。本任务仅以输出点 Y000 为例介绍相关定位控制指令，以及它们的功能、指令格式、编程和调试注意事项。

（1）定位控制的相关软元件

FX3U 系列 PLC 用一系列特殊软元件来记录定位控制的参数信息。下面仅对输送单元机械手的定位控制中所使用的部分特殊软元件加以介绍。

① 相关的特殊辅助继电器。编程输送单元机械手的定位控制，只使用了脉冲输出中监控、脉冲输出停止指令等两个定位控制专用的标志，此外还使用了的“应用指令执行正常结束”标志 M8029，（注意：M8029 适用于指令系统的所有应用指令，其使用方法请参阅有关编程手册）。

两个定位控制专用的标志位如表 7-1 所示。

表 7-1 两个定位控制专用的标志位

标志位名称	FX3U 中地址	属 性	内 容
Y000 脉冲输出中监控（BUSY/READY）	M8340	只读	定位指令（例如 ZRN、DRVA、PLSV 等）执行时，监控脉冲输出
Y000 脉冲输出停止指令（立即停止）	M8349	可驱动	驱动此标志位为 ON，立即使脉冲输出停止。注意，这时 M8029 不能动作

② 相关的特殊数据寄存器。表 7-2 给出了使用 Y000 输出时，定位指令所使用的部分特殊数据寄存器。其中，最高速度、基底速度、加速时间和减速时间是定位控制的基本参数信息，如果需要修改其初始值，须在 PLC 加电首个扫描周期写入设定值。

表 7-2 定位指令的特殊数据寄存器（使用 Y000 输出时）

数据寄存器名称	FX3U 地址	初始值	属性	内 容
当前值寄存器/PLS（32bit）	[D8341，D8340]	0	只读	执行 DRVA、PLSV 等指令时，对应旋转方向增减当前值
最高速度/Hz（32bit）	[D8344，D8343]	100k	读写	执行定位指令的最高速度。设定范围为 10 Hz ~ 100 kHz
基底速度/Hz（16bit）	D8342	0	读写	执行定位指令时的基底速度。设定范围为最高速度的 1/10 以下
加速时间/ms	D8348	100	读写	从基底速度到最高速度的加速时间。设定范围为 50 ~ 5 000 ms
减速时间/ms	D8349	100	读写	从最高速度下降到基底速度的减速时间。设定范围为 50 ~ 5 000 ms

（2） 原点回归指令 FNC156（ZRN）

① 指令的功能。原点回归指令主要用于加电时和初始运行时，搜索和记录原点的位置信息。该指令要求提供一个近原点的信号，原点回归动作从近点信号的前端开始，以指定的原点回归速度向负方向移动；当近点信号为 ON 时，减速至爬行速度；最后，当近点信号由 ON 变为 OFF 时，在停止脉冲输出的同时，使当前值寄存器清零。原点归零动作过程示意如图 7-22 所示。

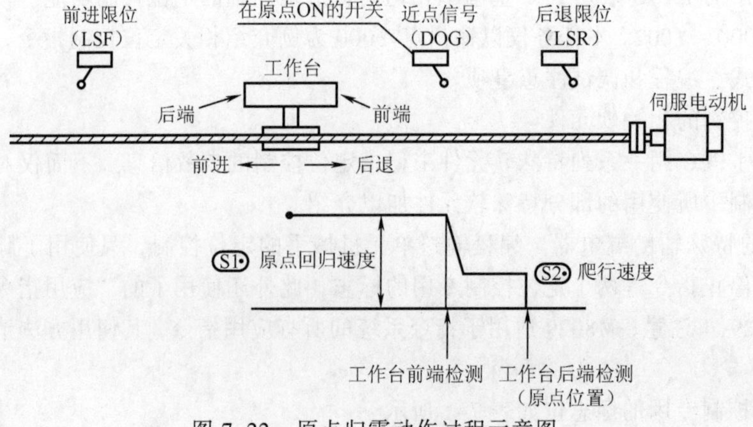

图 7-22 原点归零动作过程示意图

② 指令格式。由上述可见，原点回归指令要求提供原点回归开始的速度、爬行速度、指定近点信号输入等三个源操作数，并指定脉冲输出的 Y 编号作为目标操作数。图 7-23 所示为原点回归指令格式的一个示例。

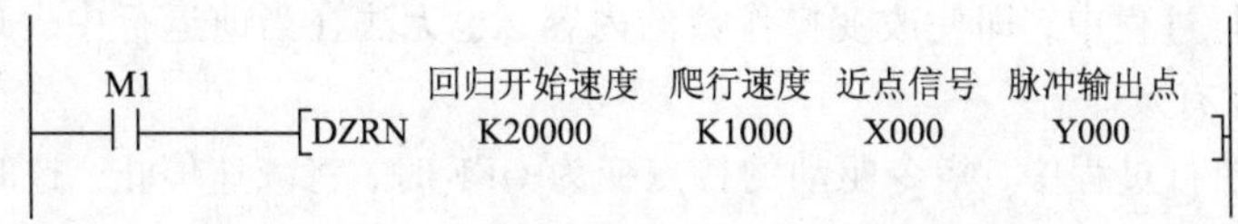

图 7-23　原点回归指令格式的一个示例

示例的指令格式中，回归开始速度为 20 kHz，爬行速度为 1 000 Hz，近点信号输入点为 X000；脉冲输出点为 Y000。这是一个 16 位指令，如果指定的回归开始速度超过 32 767 Hz，就要用 32 位指令 DDZRN，这时回归开始速度的范围为 10 Hz ~ 100 kHz。另外，须指出，近点输入信号应指定输入继电器（X）；否则，由于 PLC 运算周期的影响，会引起原点位置的偏移增大。

③ 编程和调试注意事项：

a. 回归动作必须从近点信号的前端开始向后退方向运动，因此当前值寄存器数值将向减少方向动作。

b. 在原点回归过程中，指令驱动接点 M1 变 OFF 状态时，将不减速而停止。并且在“脉冲输出中”标志处于 ON 时，将不接受指令的再次驱动。这时需至少等待该标志变成 OFF 状态后一个扫描周期，才能再次驱动。

c. 当回归过程正常完成时，指令执行完成标志（M8029）将动作。可用 M8029 的动作来判别回归过程是否正常完成。

（3）绝对位置控制指令 FNC159（DRVA）

① 指令的功能。用目标位置对于原点的坐标值（以带符号的脉冲数表示）来指定目标位置，并指定输出脉冲的频率，以实现定位控制。

② 指令格式。举例说明：假设要求以 20 kHz 的速度把伺服执行机构从当前位置移到坐标值为 40 000 脉冲的目标位置，则绝对位置控制指令格式如图 7-24 所示。

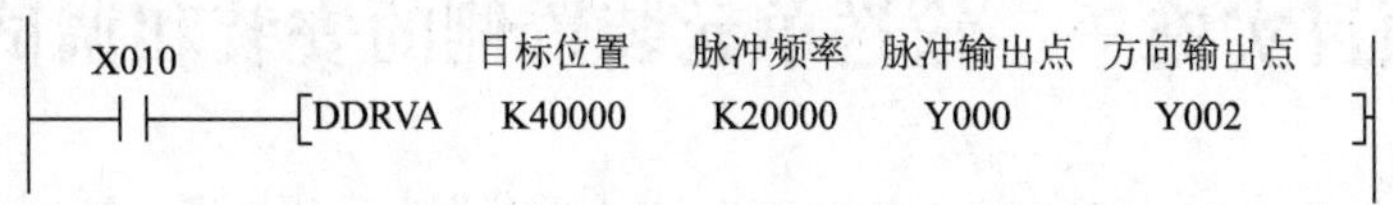

图 7-24　绝对位置控制指令的指令格式

由图 7-24 可见，该指令要求指定目标位置信息和输出脉冲频率两个源操作数，并指定脉冲输出地址、旋转方向输出地址两个目标操作数。本例中，脉冲输出点指定为 Y000；旋转方向输出点指定为 Y002。

指令格式中，当前位置坐标的信息是隐含的。PLC 执行指令时，自动根据目标位置和当前值寄存器的值计算输出脉冲数，并确定旋转方向信号的状态。当输出的脉冲数为正时，方向输出为 ON；而当输出的脉冲数为负时，方向输出 OFF。

该例的指令为 32 位，目标位置坐标值的范围为-999 999 ~ +999 999，输出脉冲频率范围为 10 Hz ~ 100 kHz。该指令也可为 16 位指令，这时两个源操作数对应的数值范围为-32 768 ~ +32 767；　10 ~ 32 767 Hz。

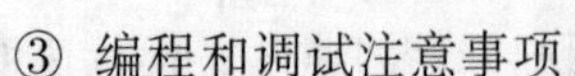

③ 编程和调试注意事项：

a. 脉冲输出时，指令执行过程中的当前值寄存器存放当前位置对于原点的坐标值（32位数），正转时其数值增加，反转时其数值减小。

b. 在指令执行过程中，即使改变操作数的内容，也无法在当前运行中表现出来，只在下一次指令执行时才有效。

c. 若在指令执行过程中，指令驱动的接点变为 OFF 时，将减速停止。这时指令执行完成标志 M8029 不动作。指令驱动接点变为 OFF 后，在“脉冲输出中”标志处于 ON 时，将不接受指令的再次驱动，需至少等待该标志变成 OFF 状态后一个扫描周期，才能再次驱动。

（4）可变速脉冲输出指令 FNC157（PLSV）

① 指令的功能。PLSV 指令是一个附带旋转方向的可变速脉冲输出指令。执行这一指令，即使在脉冲输出状态中，仍然能够自由改变输出脉冲频率。

② 指令格式示例如图 7-25 所示。

图 7-25　可变速脉冲输出指令格式

该指令只有一个源操作数，用来指定输出脉冲频率，对于 16 位指令，操作数的范围为 1～32 767 Hz，-1～-32 767 Hz；对于 32 位指令，范围为 10 Hz～100 kHz，-10 Hz～-100 kHz。

目标操作数有两个：一是指定脉冲输出地址，此处为 Y000；二是指定旋转方向信号输出地址，此处为 Y002。

③ 编程和调试注意事项：

a. 在启动/停止时不执行加减速过程。

b. 指令驱动接点变为 OFF 后，在“脉冲输出中”标志处于 ON 时，将不接受指令的再次驱动。需至少等待该标志变成 OFF 状态后一个扫描周期，才能再次驱动。

项目实施一　输送单元装置侧的安装和调试

本实训任务要求在 YL-335B 的工作台面上，完成输送单元的机械、气动部件的安装，气管和电气配线的敷设和连接。在机械、气动系统装配完成后接通气源，完成气动元件的动作调整。

1. 机械部件安装步骤和方法

（1）直线运动组件的组装步骤

① 在工作台面上定位并固定直线导轨组件。直线导轨组件包括圆柱形导轨及其安装底板。在输送单元的安装，以至 YL-335B 各工作单元在工作台面上的整体安装中，在工作台面上定位并固定直线导轨组件通常是首先需要进行的工作。这是因为各工作单元在工作台面上的布局，均以固定在安装底板上的原点开关中心为基准参考点的缘故。

图 7-26 所示为直线导轨组件在工作台面上定位的尺寸要求。在沿 T 形槽方向，组件右

端面与工作平台右端面之间的距离为 60 mm；沿垂直 T 形槽方向，只需要指定置入紧定螺母的 T 形槽即可确定定位位置。

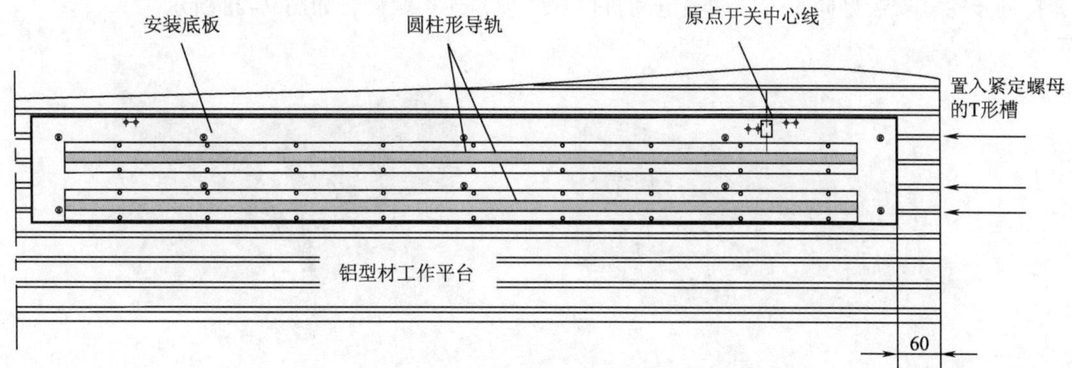

图 7-26　直线导轨组件在工作台面上定位的尺寸要求

用于固定安装底板的紧定螺栓共 10 个。安装时，首先将 10 个紧定螺栓穿入底板的固定孔并旋上螺母（不要拧紧），然后沿相应的 T 形槽将直线导轨组件插入工作台面，找准定位位置后固定组件。

注意：拧紧螺栓时必须按一定的顺序逐步进行，才能使机械手装置运动平稳、受力均匀、运动噪声小。

② 安装滑动溜板、同步带和同步轮，组成同步带传送装置：

a. 装配滑动溜板、四个滑块组件：将滑动溜板与两直线导轨上的四个滑块的位置找准并加以固定。在拧紧固定螺栓的时候，应一边推动滑动溜板左右运动，一边拧紧螺栓，直到滑动顺畅为止。

b.连接同步带：

- 将连接了四个滑块的滑动溜板整体从导轨的一端取出，翻转放在导轨上。
- 将同步带两端分别穿过主动和从动同步轮安装支架组件上的同步轮，在此过程中应注意两个同步轮安装支架组件的安装方向、两组件的相对位置。
- 在滑动溜板的背面，将同步带的两端用同步带固定座固定。然后，重新将滑块套入导轨。注意：用于滚动的钢球嵌在滑块的橡胶套内，滑块取出和套入导轨时必须避免橡胶套受到破坏或用力太大致使钢球掉落。

c. 分别将主动和从动同步轮安装支架固定在导轨安装底板上，注意保持连接安装好后的同步带平顺一致。然后，调整好同步带的张紧度，锁紧螺栓。

图 7-27 分别给出滑动溜板、主动同步轮组件和从动同步轮组件在安装完成后的效果图。

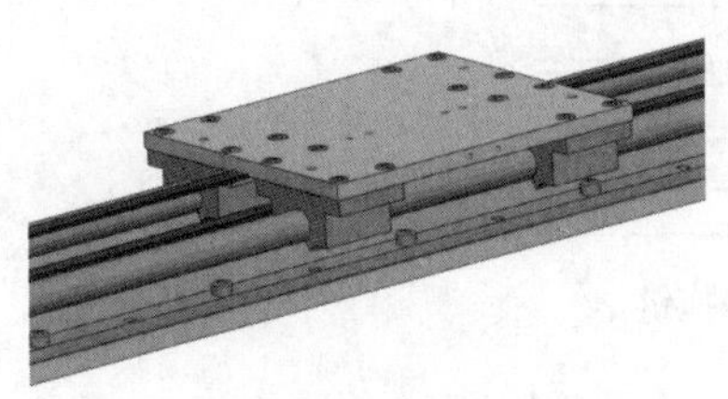

（a）连接了同步带的滑动溜板

（b）主动同步轮及安装支架装配

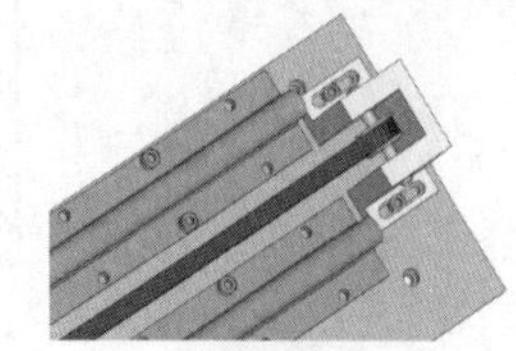

（c）从动步轮及安装支架装配

图 7-27　安装完成后的效果图

③ 安装伺服电动机，为同步带传送装置提供动力头。将电动机安装板固定在主动同步轮支架组件的相应位置，将电动机与电动机安装板活动连接，并在主动轴、电动机轴上分别套接同步轮，安装好同步带，调整电动机位置，锁紧连接螺栓，如图 7–28 所示。

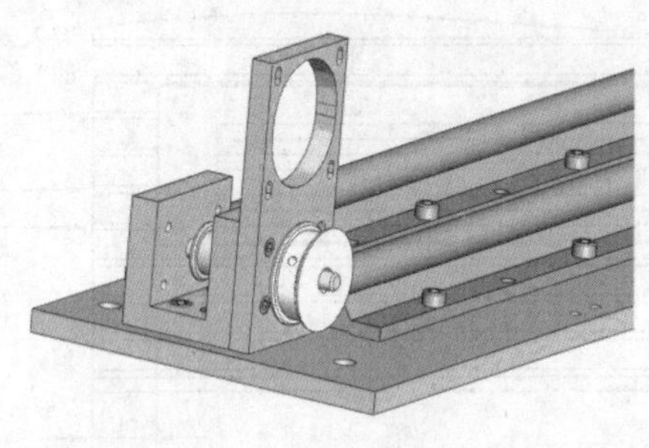

（a）伺服电动机安装支架固定在主动轮支架侧面

（b）装配伺服电动机组件

图 7–28　伺服电动机组件的安装

注意：伺服电动机是一精密装置，安装时注意不要敲打它的轴端，更不要拆卸电动机。另外，在以上各构成零件中，轴承以及轴承座均为精密机械零部件，拆卸以及组装需要较熟练的技能和专用工具，因此，不可轻易对其进行拆卸或修配工作。

完成上述安装后，装上左右限位以及原点传感器支架，最后完成直线运动组件的装配。

（2）拖链装置的安装

拖链装置由塑料拖链和拖链托盘组成。安装时，首先确定拖链托盘相对于直线运动组件的安装位置，将紧定螺母置入相应的 T 形槽中；接着固定拖链托盘，然后将塑料拖链铺放在托盘上，再固定拖链的左端，如图 7–29 所示。

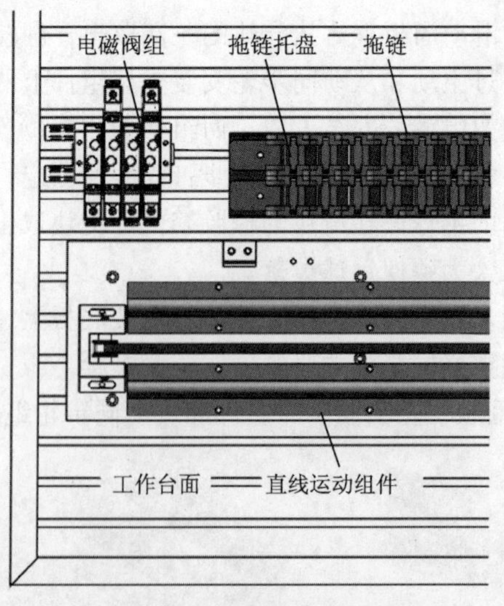

图 7–29　在工作台面安装拖链

（3）组装机械手装置

① 组装提升机构的步骤见表 7–3。

表 7-3　组装提升机构的步骤

步骤 1 装配机械手的支撑架	步骤 2 装配提升机构 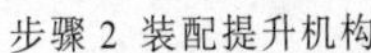
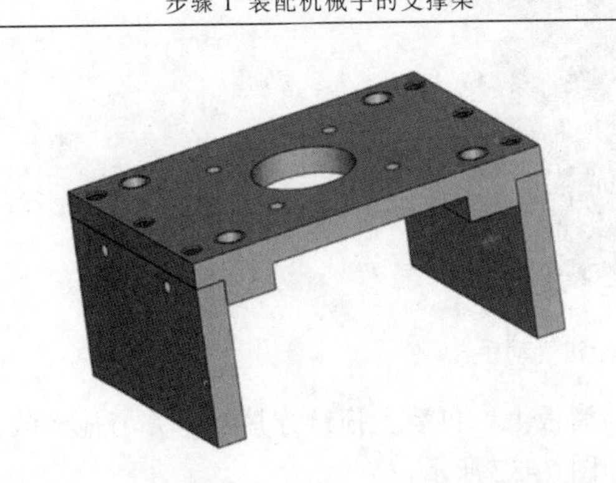	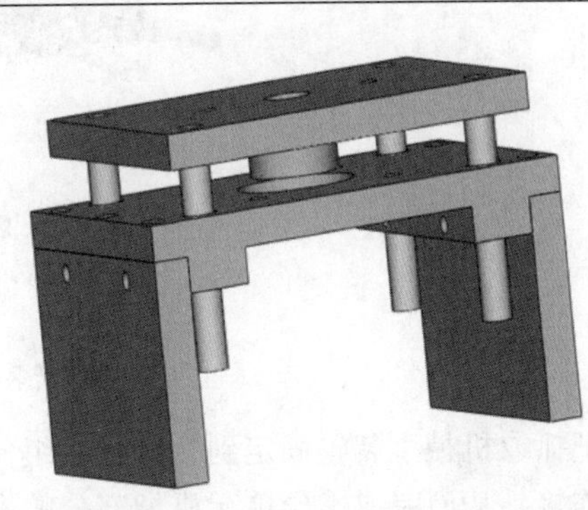
步骤 3 装配薄型气缸、组件底板，完成组件装配	
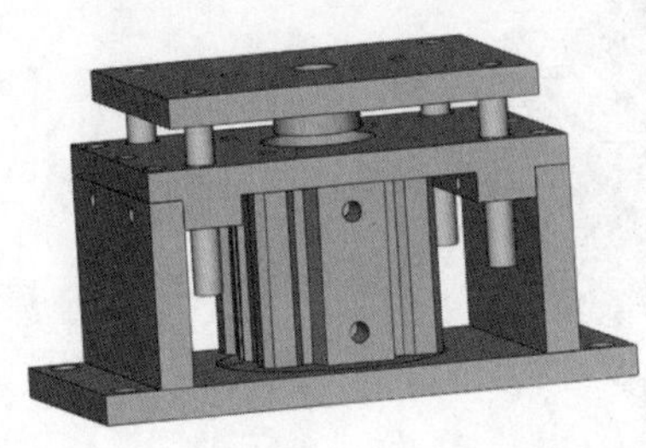	装配说明： 固定薄型气缸、组件底板的紧定螺栓均从底部向上旋入，装配时请在步骤 2 完成后翻转过来以便操作

② 把摆动气缸固定在组装好的提升机构上，然后在摆动气缸上固定导杆气缸安装板，如图 7-30 所示。安装时，注意要先找好导杆气缸安装板与摆动气缸连接的原始位置，以便有足够的回转角度。

③ 连接气动手指和导杆气缸，然后把导杆气缸固定到导杆气缸安装板上，完成抓取机械手装置的装配，如图 7-31 所示。

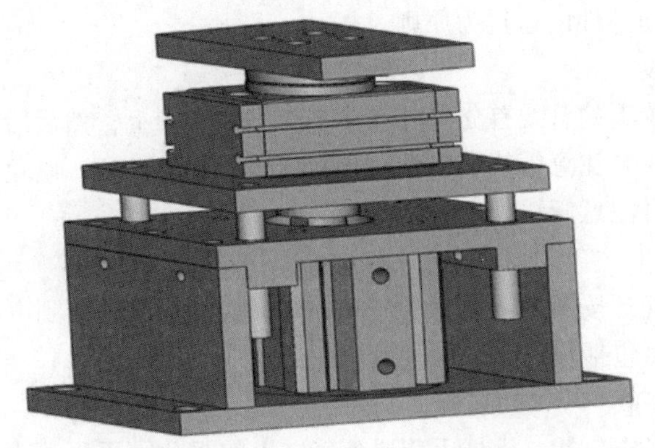

图 7-30　安装摆动气缸和导杆气缸安装板

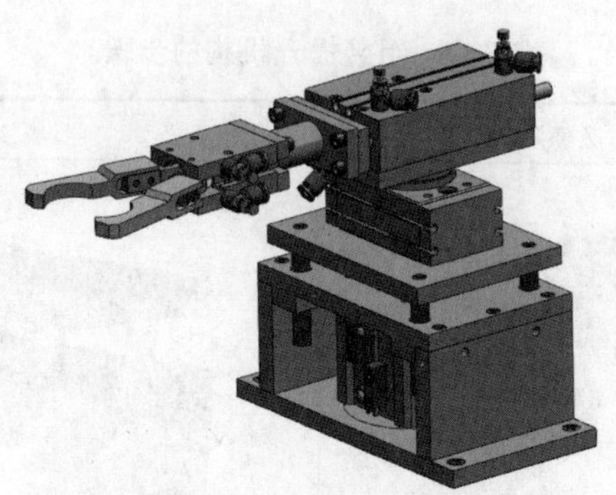

图 7-31 安装导杆气缸和气动手指

把抓取机械手装置固定到直线运动组件的滑动溜板上，再装上拖链连接器，并与拖链装置相连接，从而完成工作单元机械部分的安装，如图 7-32 所示。

图 7-32 装配完成的输送单元机械部分

2. 装置侧电气设备的安装、拖链配线敷设、气路连接和装置侧电气接线

（1）装置侧电气设备的安装

装置侧电气设备包括原点开关、左右极限开关、伺服驱动器、接线端口、电磁阀组以及线槽等。伺服驱动器、接线端口、电磁阀组等设备的安装位置的确定，应以连接管线便捷，便于操作，不妨碍运动部件的运行为原则。

（2）拖链配线敷设

连接到机械手装置上的管线首先绑扎在拖链带安装支架上，然后沿拖链带敷设，进入管线线槽中。绑扎管线时要注意管线引出端到绑扎处保持足够长度，以免机构运动时被拉紧造成脱落。沿拖链敷设时注意管线间不要相互交叉。

（3）气路连接

从拖链带引出的气管按图 7-6 所示的气动控制回路图要求插接到电磁阀组上。气路连接完毕，应按规范绑扎（包括拖链带内的气管）。

（4）装置侧电气接线

装置侧电气接线工作包括：机械手装置各气缸上的驱动线圈和磁性开关引出线、原点开关、左右限位开关的引出线，以及伺服驱动器控制线等连接到输送单元装置侧的接线端口。

该端口信号端子的分配如表 7-4 所示。

表 7-4　输送单元装置侧的接线端口信号端子的分配

输入端口中间层			输出端口中间层		
端子号	设备符号	信号线	端子号	设备符号	信号线
2	BG1	原点传感器	2	PULS2	伺服电动机脉冲
3	SQ1_K	右限位开关开触点	3	—	—
4	SQ2_K	左限位开关开触点	4	SIGN2	伺服电动机方向
5	1B1	机械手抬升下限	5	1Y1	提升台上升
6	1B2	机械手抬升上限	6	3Y1	摆缸左旋驱动
9	2B1	机械手旋转右限	7	3Y2	摆缸右旋驱动
10	2B2	机械手旋转左限	8	2Y1	手爪伸出
11	3B1	机械手缩回到位	9	4Y1	手爪夹紧
12	3B2	机械手伸出到位	10	4Y2	手爪松开
13	POT	右限位开关闭触点			
14	NOT	左限位开关闭触点			
15	ALM+	伺服报警信号			

3. 伺服驱动器参数设置（见表 7-5）

表 7-5　伺服驱动器参数设置

序号	参数		设置值	初始值	序号	参数		设置值	初始值
	参数号	参数名称				参数号	参数名称		
1	Pr5.28	LED 初态	1	1	5	Pr0.06	指令脉冲和旋转方向极性设置	0	0
2	Pr0.00	旋转方向	1	1	6	Pr0.07	指令脉冲输入方式	3	1
3	Pr0.01	控制模式	0	0	7	Pr0.08	电动机每旋转一周的指令脉冲数	6000	10000
4	Pr5.04	驱动禁止输入设定	2	1					

4. 装置侧机械部件和气路的调试

① 装置侧气路的调试。首先用各气缸电磁阀上的手动换向按钮验证各气缸的初始和动作位置是否正确。进一步调整气缸动作的平稳性时要注意，回转气缸的转动力矩较大，应确保气源压力足够，然后反复调整节流阀控制活塞杆的往复运动速度，使得气缸动作时无冲击，同时无爬行现象。

② 装置侧机械部件的装配和气动回路的连接完成以后，断开伺服装置的电源，手动来回移动机械手装置，测试直线运动机构的安装质量，并做必要的调整。

项目实施二　输送单元的 PLC 控制实训

一、工作任务

输送单元单站运行的目标是测试设备传送工件的功能。进行测试时，要求其他各工作单元已经就位，如图 7-33 所示。设备加电前，请将机械手装置手动移动到直线导轨约中间位置，并且在供料单元的出料台上放置工件。

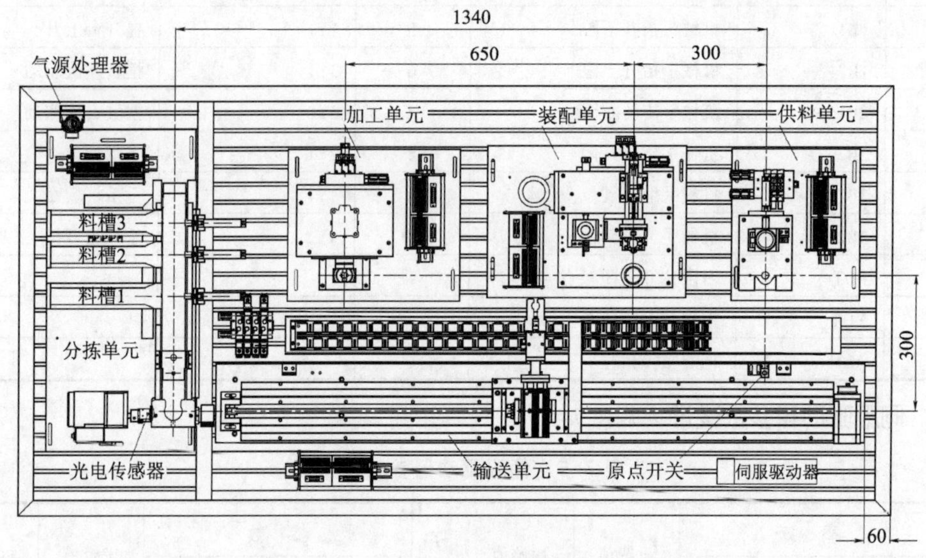

图 7-33　YL-335B 设备的安装平面图

1. 具体测试要求

① 设备加电和气源接通后，若工作单元各气缸均处于初始位置、原点位置已确认，且机械手装置位于原点位置上，则系统已在初始状态。这时指示灯 HL1 长亮，表示设备准备好；否则，该指示灯 HL1 以 1 Hz 频率闪烁。（注：气缸初始位置是指提升气缸在下限位，摆动气缸在右限位，伸缩气缸在缩回状态，气动手指在松开状态。）

② 若系统不在初始状态，应按下复位按钮 SB1，执行复位操作，使各个气缸满足初始位置的要求，且机械手装置回到原点位置。

当机械手装置回到原点位置，且各气缸满足初始位置的要求，则复位完成，指示灯 HL1 长亮。若按钮/指示灯模块的方式选择开关 SA 置于“单站方式”位置，按下启动按钮 SB2，设备启动，“设备运行”指示灯 HL2 也长亮，开始功能测试过程。

③ 正常功能测试：

a. 抓取机械手装置从供料单元出料台抓取工件。

b. 抓取动作完成后，机械手装置向装配单元移动，移动速度不小于 300 mm/s。到达装配单元物料台的正前方后，把工件放到装配单元物料台上。

c. 放下工件动作完成 2 s 后，机械手装置执行抓取装配单元工件的操作。

d. 抓取动作完成后，机械手装置向加工单元移动，移动速度不小于 300 mm/s。到达加工单元物料台的正前方后，把工件放到加工单元物料台上。

e. 放下工件动作完成 2 s 后，机械手装置执行抓取加工单元工件的操作。

f. 抓取动作完成后，摆台逆时针旋转90°，然后机械手装置向分拣单元移动，移动速度不小于 300 mm/s。到达后在分拣单元进料口把工件放下。

g. 放下工件动作完成后，机械手手臂缩回，摆台顺时针旋转 90°，然后以 350 mm/s 的速度返回原点。

h. 当机械手装置返回原点后，一个测试周期结束，系统停止运行。当供料单元的出料台上放置了工件时，可再按一次启动按钮 SB2，开始新一轮的测试。

④ 系统运行的紧急停车测试。若在工作过程中按下急停按钮 QS，则系统立即停止运行。急停按钮复位后系统从急停前的断点开始继续运行。在急停状态，绿色指示灯 HL2 以 1 Hz 的频率闪烁，直到急停按钮复位且恢复正常运行时，HL2 恢复长亮。

2. 要求完成的工作任务

① 设计该工作单元的 PLC 控制电路，包括规划 PLC 的 I/O 分配及接线端子分配，绘制控制电路图，然后进行 PLC 侧的电气接线。

② 按控制要求编制和调试 PLC 程序。

二、PLC 的选型和电气控制电路的设计及接线

1. PLC 的选型

输送单元 PLC 的输入信号包括来自按钮/指示灯模块的按钮、开关等主令信号，各构件的传感器信号等；输出信号包括输出到抓取机械手装置各电磁阀的控制信号和输出到伺服电动机驱动器的脉冲信号和驱动方向信号，以及为显示设备的工作状态而输出到按钮/指示灯模块的信号。由于需要输出驱动伺服电动机的高速脉冲，PLC 应采用晶体管输出型。

基于上述考虑，并根据输送单元装置侧的接线端口信号分配（见表 7-4），选用三菱 FX3U-48MT PLC，共 24 点输入，24 点晶体管输出。表 7-6 为输送单元 PLC 的 I/O 信号表，电气控制电路图如图 7-34 所示。

表 7-6 输送单元 PLC 的 I/O 信号表

输入信号					输出信号				
序号	PLC 输入点	信号名称	符号	信号来源	序号	PLC 输出点	信号名称	符号	信号来源
1	X000	原点开关检测	BG1	装置侧	1	Y000	脉冲	PULS	装置侧
2	X001	右限位保护	SQ1_K		2	Y001	—	—	
3	X002	左限位保护	SQ2_K		3	Y002	方向	DIR	
4	X003	提升机构下限	1B1	装置侧	4	Y003	—	—	装置侧
5	X004	提升机构上限	1B2		5	Y004	提升台上升	1Y	
6	X005	手臂旋转左限	2B1		6	Y005	手臂左转驱动	2Y1	

续表

输入信号					输出信号				
序号	PLC输入点	信号名称	符号	信号来源	序号	PLC输出点	信号名称	符号	信号来源
7	X006	手臂旋转右限	2B2	装置侧	7	Y006	手臂右转驱动	2Y2	装置侧
8	X007	手臂伸出到位	3B1		8	Y007	手爪伸出驱动	3Y	
9	X010	手臂缩回到位	3B2		9	Y010	手爪夹紧驱动	4Y1	
10	X011	手指夹紧检测	4B		10	Y011	手爪放松驱动	4Y2	
11	X012	伺服报警信号	ALM						
…	X013 ~ X023 未接线				…	Y012 ~ X024 未接线			
21	X024	启动按钮	SB2	按钮/指示灯模块					
22	X025	复位按钮	SB1		22	Y025	报警指示	HL1	按钮/指示灯模块
23	X026	急停按钮	QS		23	Y026	运行指示	HL2	
24	X027	方式选择	SA		24	Y027	停止指示	HL3	

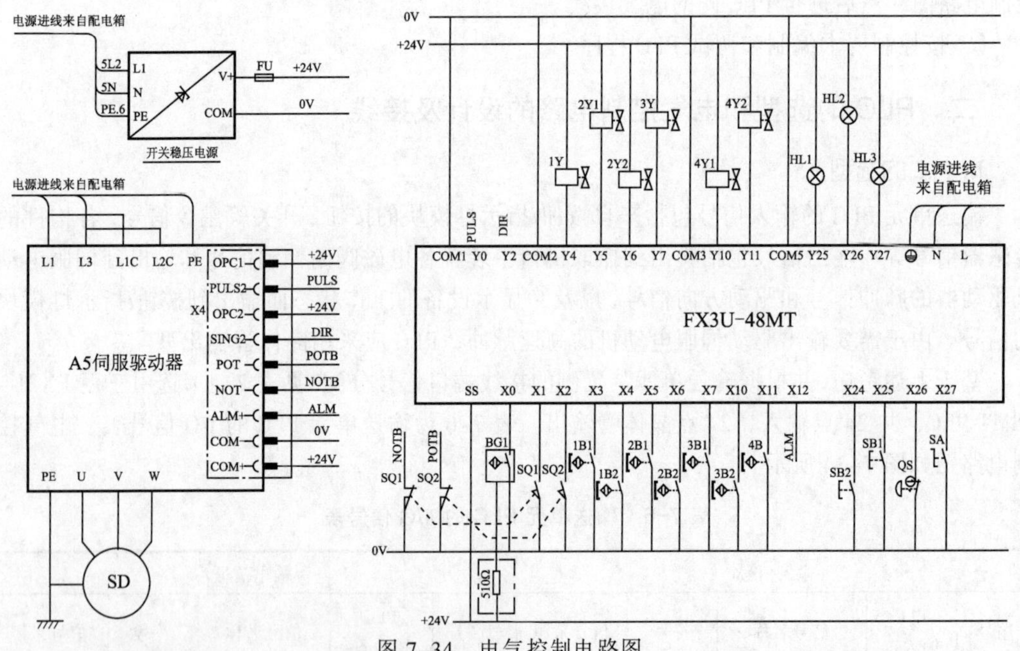

图 7-34　电气控制电路图

图 7-34 中，输入点 X001 和 X002 分别与右、左极限开关 SQ1 和 SQ2 常开触点连接，给PLC 提供越程故障信号。以右越程故障为例，当此故障发生时，右极限开关 SQ1 动作，其常闭触点断开，向伺服驱动发出报警信号，使伺服发生 Err38.0 报警；同时 SQ1 常开触点接通，越程故障信号输入到 PLC，这样一旦发生越程故障时，伺服立即停止，同时 PLC 接收到故障信号后立即做出故障处理，使系统运行的可靠性得以提高。

2. PLC 侧电气接线要点

① 输送单元的 PLC 采用 NPN 型晶体管输出，接线时须将输出公共端接电源负极。

② 接线完毕，可用编程软件的状态监控表校验逻辑控制部分的 I/O 接线，但 PLC 与伺服驱动器之间的 I/O 接线，宜用万用表校验。

三、编写和调试 PLC 控制程序

1. 状态检测和启停控制部分的编程要点

输送单元运行的程序结构与其他工作单元类似，但具体程序的编制则复杂得多。下面首先说明状态检测和启停控制部分的编程要点。

（1）加电初始化的处理

加电初始化处理包括如下三项工作：

① 把装配、加工和分拣等单元物料台中心点对原点位置的坐标数据装入内存，为位置控制指令提供目标数据。注意，由图 7-33 给出的装配、加工和分拣等单元的安装定位数据是设计值，实际的安装中不可避免存在误差，因此编程初应首先以设计值指定，在调试过程中加以修正。表 7-7 给出已转换为脉冲数的各工作单元的安装定位数据的设计值和某次安装后的实际值。

表 7-7 各工作单元的安装定位数据的设计值和某次安装的实际值

项　目	供料单元	装配单元	加工单元	分拣单元
设计值/PLS	0	33 000	98 000	104 000
安装实际值/PLS	0	32 905	97 925	104 065

② 对程序运行时的某些位元件进行必要的置位或复位处理。例如，复位“归零完成”标志；置位步进顺序控制程序的初始步 S0 等。

③ 指定定位控制使用的基本信息。

（2）异常情况的检测和处理

输送单元运行时的异常情况主要是越程故障和紧急停车，一旦发生这两种情况，PLC 应立即停止输出脉冲，然后再做进一步的处理。系统异常情况检测及处理的编程要点见表 7-8。

表 7-8 系统异常情况检测及处理的编程要点

编 程 要 点	程序段梯形图
① 越程故障发生或运行中按下急停按钮，立即使 M8349 ON，停止脉冲输出。 ② 急停按钮按下后延迟一个扫描周期，置位急停标志，以停止步进顺序控制程序的执行。直到急停按钮被复位。 注意：越程故障时，伺服将报警并立即停止。只有断开伺服电源，并将机械手移出越程位置，重新加电后，伺服报警才能复位。如果出现越程故障，说明系统有缺陷，必须停机检查	X001 右限位 X002 右限位 [SET M40 越程故障] M40 越程故障 X026 急停按钮 M10 系统运行 (M8349 脉冲停止) X026 急停按钮 M10 系统运行 M46 [SET M45 急停标志] (M46) X026 急停按钮 [RST M45 急停标志]

（3）初始状态检查和复位

输送单元的初始状态包括：

项目七 输送单元的安装与调试

① 机械手装置各气缸均在初始位置；

② 直线运动的参考点（即设备原点）已经被确立，且机械手装置位于指定坐标位置（本任务指定在原点位置）。

若这两个条件均满足，则系统已经处于初始状态，或者说系统已准备就绪。

设备在每次加电时，设备原点尚未确立，此外由于某些原因，由双电控电磁阀驱动的气动手指和摆动气缸也可能不在初始位置（例如，若前次运行期间发生停电，再重新加电时）。因此，系统启动前必须进行初始状态检查。如果系统尚未处于初始状态，就需要按下复位按钮进行复位操作。复位操作的编程要点如表 7-9 所示。

表 7-9　复位操作的编程要点

编 程 要 点	程序段梯形图
① 主程序中初始化程序段编程要点： a. 检查机械手装置各气缸是否在初始位置，如均在初始位置，则“机械手初态”标志为 ON。 b. 如果“机械手初态”标志为 ON，设备原点已确立，机械手装置位于原点位置，则初始状态条件被满足。 c. 若系统启动前，系统尚未处于初始状态，则按复位按钮，调用初始化子程序，进行复位操作	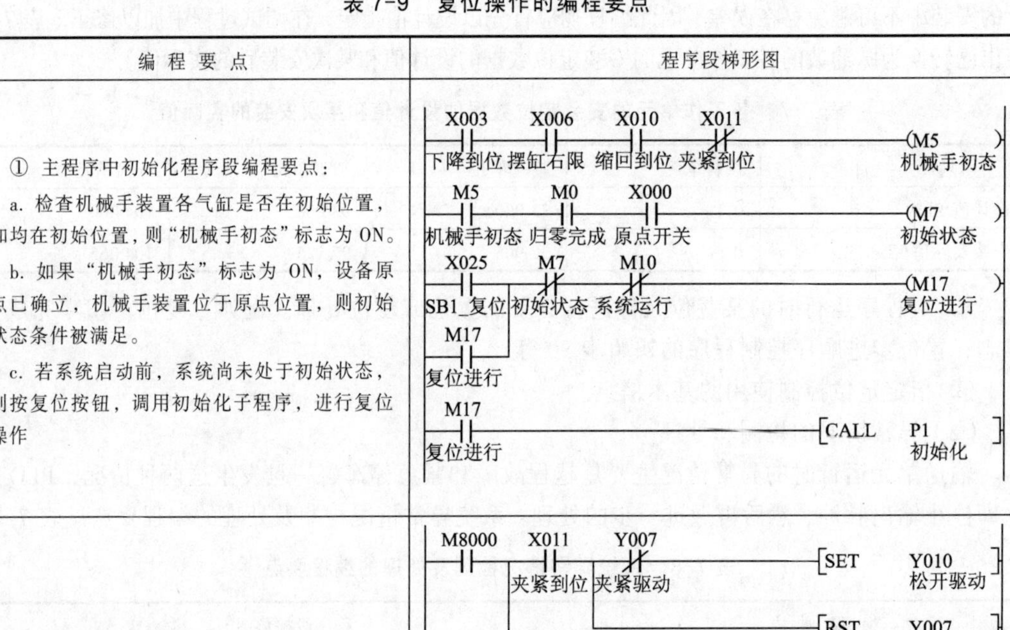
② 初始化子程序 P1 编程要点： a. 机械手装置的复位操作，只需考虑由双电控电磁阀驱动的气动手指和摆动气缸；由单电控电磁阀驱动的提升气缸和伸缩气缸不需要考虑。 b. 如果气动手指在夹紧状态，则置位松开驱动输出，使电磁阀用于松开的线圈得电。气动手指复位到松开状态后，延时 1 s 复位松开驱动输出，使复位后驱动电磁阀的两个线圈均失电。 c. 摆动气缸的复位编程方法与气动手指相同。 d. 在正常安装下，若气动手指和摆动气缸均在复位状态，则机械手装置处于初始位置。如果设备原点尚未确立，则调用原点回归子程序 P2 以确定设备原点	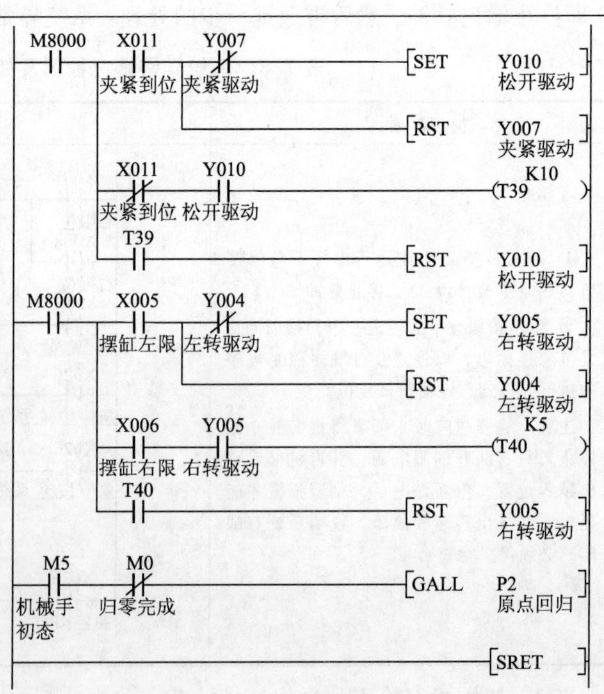

续表

编 程 要 点	程序段梯形图
③ 原点回归子程序 P2 编程要点： a. 由于原点位置定义在原点开关的中心线位置，编制原点回归子程序 P2 时，应分为两个阶段：分别用归零 1 和归零 2 两个标志表示。 b. 在归零 1 阶段，用原点回归指令（DZRN），使机械手装置从原点开关前端位置（例如，直线运动机构中间）开始向负方向移动，搜索原点开关位置的近点信号，最后在近点信号的下降沿处停止，当前值寄存器清零。这时机械手装置与原点开关中心线之间有一个准确的负方向的偏移量（2 200 pls）。 c. 在归零 2 阶段，执行绝对位置控制指令（DDRVA），使机械手装置沿正方向移动到中心线位置处，并使当前值寄存器再次清零，这样设备原点即被确定，“归零完成”标志被置位	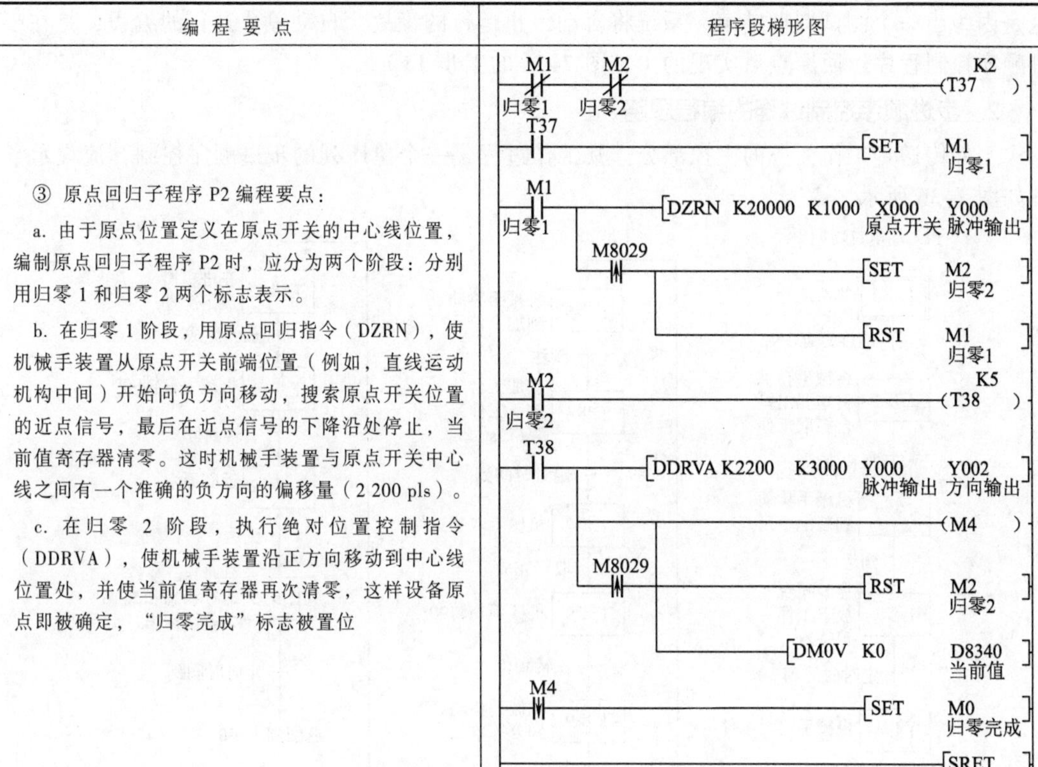

（4）紧急停车处理的程序结构

对系统运行过程的编程，须考虑紧急停车的处理。急停发生时，除了立即停止脉冲输出外（见前述的异常情况处理程序段），尚须停止步进顺序控制过程的执行。本程序仍采用跳转指令实现：当急停按钮按下后急停标志 M45 ON，程序将直接跳转到主程序结束指令（FEND），被跳过的步进顺序控制部分不再执行，但跳转前的状态依然保留。急停按钮复位后急停标志断开，系统将继续断点前程序顺序执行。系统运行过程的程序结构示意图如图 7-35 所示。

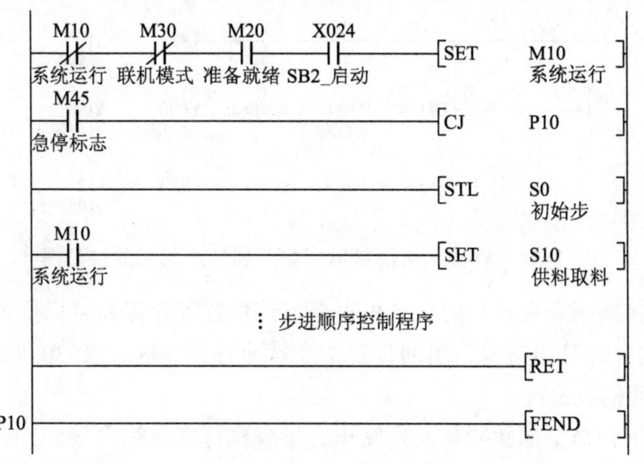

图 7-35　系统运行过程的程序结构示意图

由图 7-35 尚可看到，系统启动后（M10 ON），并没有外部停止指令使系统停止的操作。这是因为当一个测试周期结束，系统将自动停止运行的缘故。自动停止运行的编程，是在步进顺序控制程序返回原点后实现的（见图 7-36 的工步 13）。

2. 步进顺序控制过程的编程思路

工件传送是工作任务的主控部分。其工作过程是一个单序列的步进顺序控制，流程示意图如图 7-36 所示。

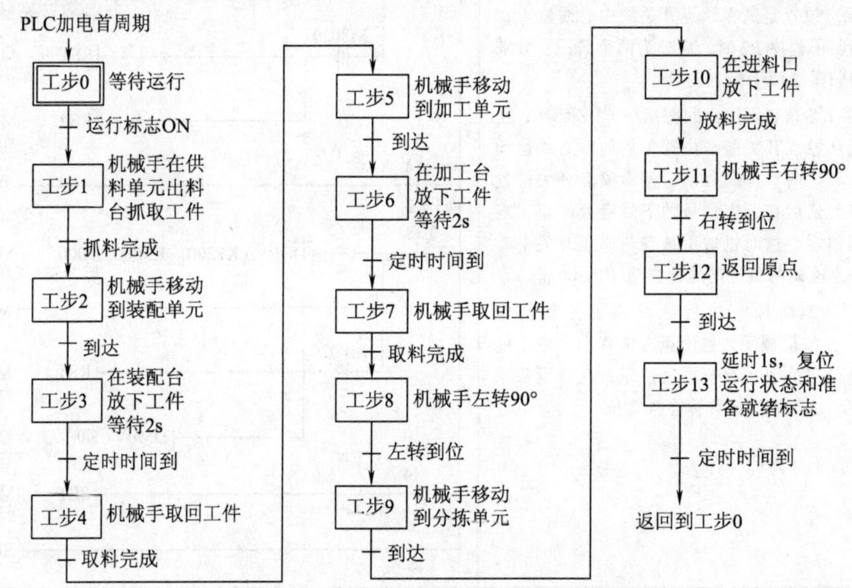

图 7-36　单序列的步进顺序控制流程示意图

由图 7-36 可见，步进顺序控制程序达 14 个工步，但究其功能，可归纳为驱动机械手运动的定位控制(使用绝对位置控制指令)、机械手在目标单元上抓取和放下工件以及机械手手臂的左右摆动等。这里仅说明定位控制和机械手在目标单元上抓取和放下工件的编程要点。

（1）定位控制的编程

下面以工步 2（机械手移动到装配单元）为例说明，梯形图如图 7-37 所示。

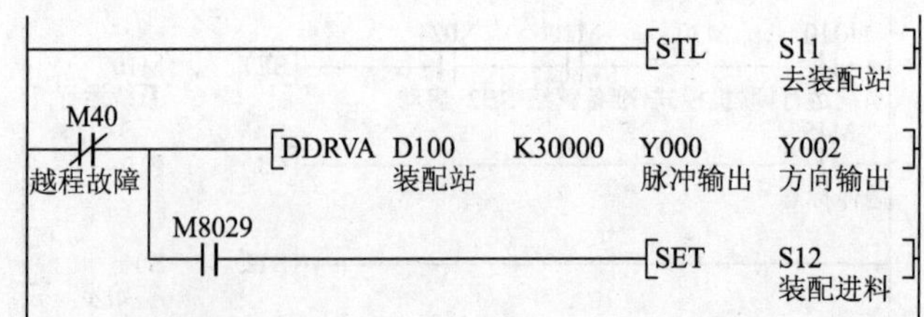

图 7-37　机械手从供料单元移动到装配单元的梯形图

① 绝对位置控制指令在执行时，首先根据当前位置寄存器和目标位置对原点的坐标值，自动判别运动方向并计算出需要发出的位置指令脉冲总数，然后以 30 000 脉冲/s 的速率从 Y000 输出脉冲驱动伺服系统。

② 正常情况下，当全部脉冲数发送完毕，指令执行完成标志 M8029 动作，使步进程序转换到装配单元进料工步。

③ 伺服系统具有良好的跟随能力，能迅速地跟随着当前已接收的位置指令脉冲数运动。倘若指令在执行过程中发生中断，比如当指令发出 10 000 个脉冲时，急停按钮被按下，脉冲输出立即停止，此时指令尚未执行完成， M8029 不动作。而伺服电动机将在完成 10 000 脉冲的运动行程后停止下来。急停复位后，绝对位置控制指令从断点前的位置开始重新执行，继续发送剩余的位置指令脉冲数后，指令执行完成。

（2）机械手在目标单元上抓取和放下工件的编程

这一过程是按顺序动作的过程。抓取工件是从机械手提升、伸缩气缸和气动手指在初始位置开始的，经过手臂伸出→手爪夹紧→提升台上升，实现将工件抓起，然后手臂缩回，完成抓取工件的动作；放下工件则是在提升台上限位置，手爪夹紧状态开始，经过手臂伸出→提升台下降→手爪松开等动作，将工件放下，然后手臂缩回，完成放下工件的动作。

机械手传送工件的过程中，有多个工步需要进行抓取或放下工件的操作，因此可在相应工步采用子程序调用的方法来实现，使程序编写得以简化。下面仅以工步 3（在装配台放下工件，等待 2 s）为例，说明放下工件子程序的编制、在工步中调用该子程序的编程要点。抓取工件子程序的编制与之相近，请读者自行完成。

编写放下工件子程序的方法有多种，例如使用移位指令或译码指令等实现顺序控制，表 7-10 所示的则是借助各限位信号联锁实现顺序控制的编程要点及子程序清单。这种方法的优点是子程序所用步数较少，缺点是要借助各限位信号联锁，逻辑关系比较复杂。

值得注意的是，子程序最后在输出“放下完成”标志后即返回。由于返回后的子程序不再被扫描，“放下完成”标志 M37 的 ON 状态将保持。为了防止对程序的其他部分产生干扰，M37 的 ON 状态应在适当时候由外部程序复位。图 7-38 给出的工步 3 程序段，在放下动作完成后等待 2 s，转移到下一工步（S13 步），同时，复位“放下完成”标志本身。

表 7-10　放下工件子程序编程要点

编 程 要 点	程序段梯形图
放下工件操作是在提升台上限位置，手指夹紧，手臂缩回状态的起始位置开始进行的。 步骤 1：在起始位置，延时 0.5 s 后执行手臂伸出操作。 步骤 2：伸出到位后复位提升驱动信号，使提升机构下降。 步骤 3：下降到位后，松开气动手指，使工件放下在装配台上；延时 1 s，复位松开驱动信号，使气动手指驱动电磁阀的松开线圈断电。同时，执行手臂缩回操作。 步骤 4：缩回到位后，机械手的提升机构、伸缩气缸、气动手指均复位到初始位置。延时 0.5 s，输出放下完成标志	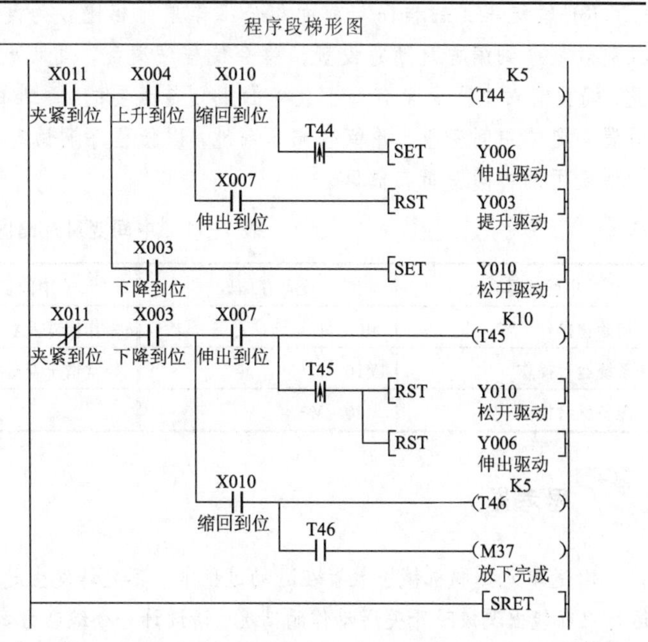

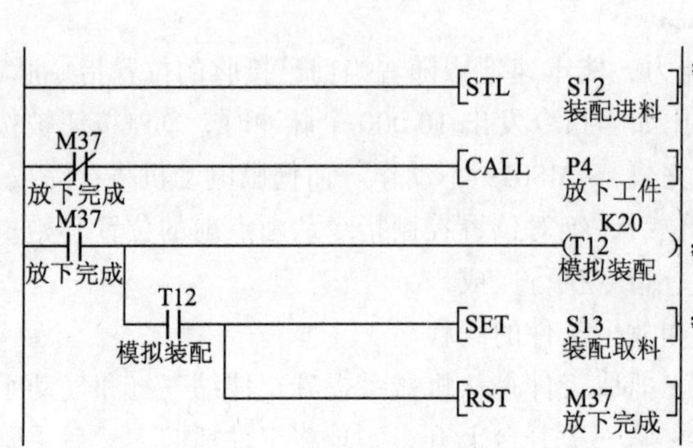

图 7-38　装配进料工步的梯形图

3. 程序的调试

① 运行程序前必须检查左、右极限开关和原点开关的动作可靠性，防止在调试过程中机械手越出行程而发生撞击设备的事故。

② 运行程序前，机械手装置不要置于原点开关动作的位置；否则，执行原点回归指令时，可能会发生右越程故障。因此，设备加电前，应按工作任务的规定手动将机械手装置移动到直线导轨约中间位置。

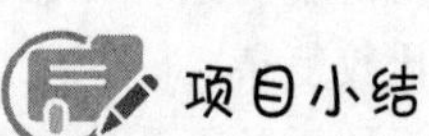

项目小结

① YL-335B 输送单元的主要功能就是控制抓取机械手装置完成工作的传送。实现准确传送的关键，是精确确定装配、加工、分拣等工作单元物料台的位置坐标。

② 伺服系统具有对给定的位置信号良好的跟踪能力，因此在急停以后重新运行，仍能准确达到目标位置。

③ 输送单元的程序与前面几个工作单元相比较为复杂，使用了较多的中间变量。若不预先规划而到编程时随意设置，将会使程序凌乱，可读性差，甚至出现内存冲突的后果。因此，编程前对中间变量有一个大体的规划是必要的，通常的做法是按变量功能划分存储区域，设置必要的中间变量，并留有充分余地，以便程序调试时添加或修改。表 7-11 给出了本程序中所使用的中间变量存储区。

表 7-11　中间变量存储区

中间变量含义	变量存储区	中间变量含义	变量存储区
初始化操作	M0 ~ M7	工作模式及状态	M30 ~ M37
系统运行操作	M10 ~ M17	异常情况及处理	M40 ~ M47
准备就绪检查	M20 ~ M27		

思考题

输送单元抓取机械手装置在运动过程中，不允许发生越程故障，否则可能损坏设备。但设备运行中可能出现极限开关误动作的情况。请设计一个编程方案，当发生极限开关误动作时，程序能自动判断越程故障的真伪；若为误动作越程，程序能在伺服系统重新加电后恢复正常运行。

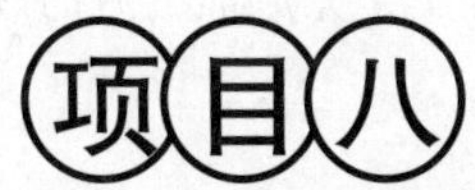

YL-335B 自动化生产线的总体安装与调试

项目目标

① 掌握 YL-335B 自动化生产线总体安装与调试的基本方法和步骤。

② 掌握 FX 系列 PLC $N:N$ 通信协议；能进行 $N:N$ 通信网络的安装、编程与调试；能排除一般的网络故障。

③ 能根据工作任务的要求进行人机界面设置、网络组建及各单元控制程序设计。

④ 能解决自动化生产线安装与运行过程中出现的常见问题。

项目准备一　YL-335B 自动化生产线整体实训的工作任务

在前面的项目中，重点介绍了 YL-335B 的各个组成单元在作为独立设备工作时用 PLC 对其实现控制的基本思路，这相当于模拟了一个简单的单体设备的控制过程。

1. 在工作台上完成各工作单元的安装定位

本任务所要求的 YL-335B 自动化生产线设备布局如图 8-1 所示，注意加工单元的装配与项目三中所述不同，其底板是翻转过来后再装配的。

2. 系统构成及程序编制的具体要求

① YL-335B 自动化生产线各工作单元 PLC 之间通过串行通信的方式实现互连，构成分布式的控制系统，并指定输送单元为系统主站。

② 系统运行时，主令工作信号由连接到系统主站（输送单元）PLC 的 TPC 人机界面提供，主站与从站之间通过网络交换信息。并在人机界面上显示系统的主要工作状态。

在调试 PLC 程序时，为保持 TPC 人机界面与 PLC 的连接，输送单元 PLC 增添一块通信适配器，TPC 人机界面应通过串口与通信适配器连接，实现人机界面与 PLC 之间的通信。

③ 本任务仅考虑联机运行方式。系统进入联机方式的条件是：各单元的工作方式选择开关 SA 均置于接通状态。

a. 在联机方式下，如果系统各工作单元已经准备就绪，则触摸人机界面上启动按钮将使系统启动。各工作单元准备就绪的条件与前述各项目的单站方式相同。

b. 自动化生产线联机运行的工作过程：将供料单元料仓内的白色或金属工件送往装配单

元的装配台上，然后把装配单元料仓内的白色、黑色或金属的小圆柱芯件嵌入装配台上的工件中；装配完成后，把装配好的工件送往加工单元的物料台进行压紧加工，完成加工后的成品送往分拣单元分拣到各出料槽中。

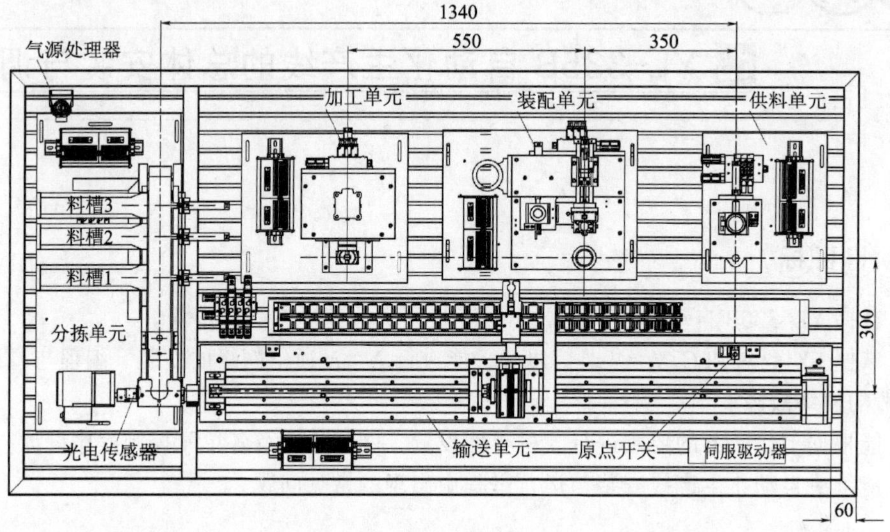

图 8-1　设备安装图（单位：mm）

c. 分拣原则如下：

- 成品工件中可能出现的金属芯金属工件和白色芯白色工件为无效工件，应推入料槽 3 中回收。其余四种工件为有效工件，其中，白色芯金属工件和黑色芯白色工件，应按计划数推入料槽 1 中；黑色芯金属工件和金属芯白色工件应按计划数推入料槽 2 中。
- 各有效工件的计划数均为两个，当某一有效工件推入指定料槽的累计数达到计划数后，下一个到来的该种工件将视作无效工件，而应推入料槽 3 中。

d. 系统运行的停止以及暂停运行：

- 当分拣单元完成一个工件的分拣工作，并且输送单元机械手装置回到原点，系统的一个工作周期才认为结束。如果在工作周期期间，系统运行指令保持为 ON 状态，系统在延时 1 s 后开始下一周期工作。
- 当所有有效工件推入指定料槽的累计数均达到计划数，则系统的分拣任务完成，系统运行指令应被复位，供料单元不再执行推料操作。当抓取机械手装置返回初始位置后系统自动停止工作，界面上“运行状态”指示灯熄灭。
- 系统工作过程中按下输送单元的急停按钮，则输送单元暂停运行。在急停按钮复位后，应从暂停前的断点开始继续运行。

e. 联机运行参数的要求及系统工作状态显示：

- 输送单元的机械手装置传送工件的速度应不小于 300 mm/s，返回速度应不小于 350 mm/s。
- 分拣单元变频器的运行频率由人机界面指定（15 ~ 35 Hz），初始值为 25 Hz（注：在传送带已启动后，修改人机界面上的变频器输出频率设定，则该修改将在传送带下一次启动才生效。）。变频器输出实际频率应在人机界面上显示（精确到 0.1 Hz）。

- 系统的工作状态应在人机界面上显示，同时安装在装配单元上的警示灯应能显示整个系统的主要工作状态，例如复位、启动、停止、报警等。

f. 联机运行过程中物料供给异常的处理：

- 若发生来自供料单元或装配单元的“物料不足”的预警信号，则系统继续工作。
- 若发生“没有物料”的报警信号，则系统在完成该工作周期尚未完成的工作后暂停工作。只有向发出报警的工作单元加上足够物料，系统才能复位暂停状态继续运行。

3. 人机界面组态的具体要求

用户窗口包括首页界面和联机运行界面两个窗口，其中首页界面是启动界面。两个界面的组态要求如下：

① 首页界面组态画面如图 8-2 所示。具体要求如下：

a. 触摸屏加电后，屏幕上方的标题文字向左循环移动，等待用户操作。

b. 网络状态正常时，网络正常灯被点亮；主站已准备就绪时，主站就绪灯被点亮。

c. 仅当网络状态正常且主站已经就绪，触摸运行模式按钮，才能切换到联机运行界面；若任一条件不满足而触摸此按钮，系统不予响应。

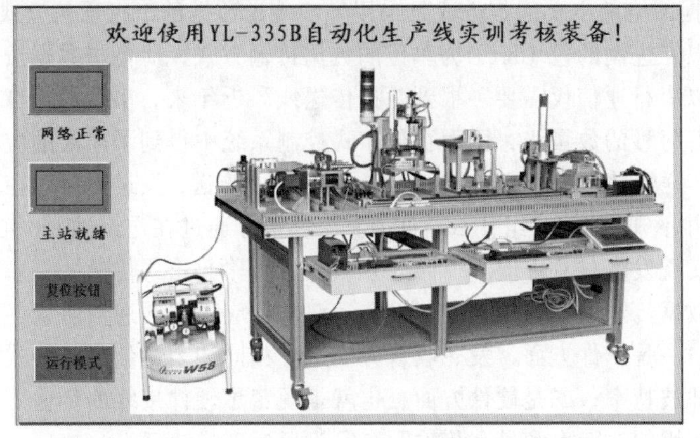

图 8-2　首页界面组态画面

② 运行界面组态画面如图 8-3 所示。具体要求如下：

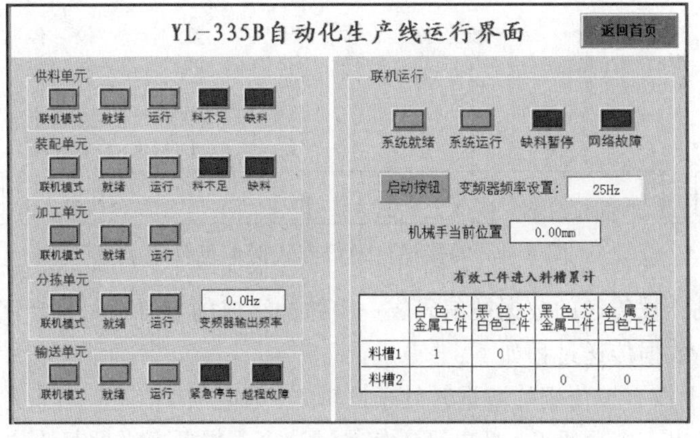

图 8-3　运行界面组态画面

a. 提供系统启动/停止的主令信号。

b. 在界面上设定分拣单元变频器的输入运行频率（15～35 Hz，整数），并实时显示变频器的实际输出频率（精确到 0.1 Hz）。

c. 在人机界面上用标签显示当前位置的具体数值（显示精度为 0.01 mm）。

d. 用指示灯闪烁的方式显示网络故障状态、紧急停车状态和越程状态。正常时这些指示灯应在熄灭状态。

e. 指示各工作站的工作模式，准备就绪、运行/停止、故障状态。

f. 用表格形式指示每一种有效工件被推入指定料槽的累计数。

项目准备二　认知 FX 系列 PLC 的串行通信方式

一、了解串行通信的信息格式和接口标准

1. 串行通信的概念

当代 PLC 数据网络的主要通信方式是采用异步传送数据的串行通信方式。

串行通信是以二进制的位（bit）为单位的数据传输方式，所传送数据按顺序一位一位地发送或接收，所以串行通信仅需要一根到两根传送线。近年来，串行通信在速度方面发展很快，达到近兆比特每秒的数量级，因而在分布式控制系统中得到了广泛的应用。

数据的异步传送是将数据位划分成组（bit 组）独立传送，发送方可以在任何时刻发送该 bit 组，而接收方并不知道该 bit 组什么时间发送。发送方通过在送出的 bit 组前加起始位，bit 组后加停止位来实现发、收双方同步，因此异步传送又称起止式传送。

成功地进行数据传送的关键是约定好发、送双方都应遵守的通信协议。通信协议可以从两个方面来理解：一是软件方面，发、收双方应遵守相同的表达信息的格式，并设定好相同的数据传输速率即波特率；二是硬件方面，也就是规定了硬件接线的传输介质、线数、信号电平的表示、可使用的波特率和最大传输距离等接口标准。

2. 异步串行通信方式的信息格式

异步串行通信方式的信息格式如图 8-4 所示。

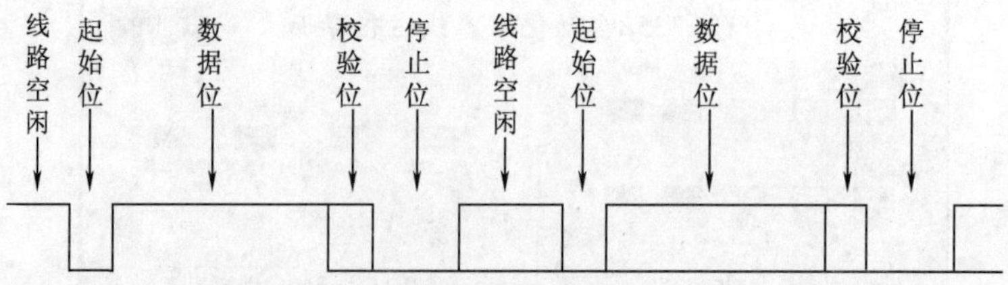

图 8-4　异步串行通信方式的信息格式

由图 8-4 可见，被传送的数据被编码成一串脉冲组成的字符，每一个字符数据则由四个部分按顺序组成。数据传送过程如下：

① 当通信线上没有被传送的数据时处于逻辑 1（高电平）状态。若发送设备要发送一个字符数据，首先发出一个逻辑 0（低电平）信号，这个逻辑低电平即起始位。

② 接收设备收到起始位后，紧接着就会收到数据位。这些数据位从最低有效位开始发

送，依顺序在接收设备中被转换为并行数据。数据位可以是 5 ~ 8 位，不同类型的 PLC 采用不同的数据位，例如 FX 系列为 7 位。

③ 数据位发送完后，可以发送奇偶校验位，奇偶校验用于有限差错检测。通信双方约定一致的奇偶校验方式，如果选择偶校验，那么组成数据位和奇偶位的逻辑 1 的个数和必须是偶数；如果选择奇校验，那么逻辑 1 的个数和必须是奇数。接收方发现奇偶校验错误后，就可要求发送方重发，从而增强了传输的可靠性。

④ 在奇偶校验位或数据位（当无奇偶校验时）之后发送的是停止位。停止位是一个字符数据的结束标志，可以是 1 位、1.5 位或 2 位的低电平。接收设备收到停止位后，通信线便又恢复到高电平，直到下一个数据字符的起始位到来。

异步传送就是按照上述约定好的固定格式进行数据传送。PLC 通信网络的软件组态，首先就是设置信息格式、数据传输的波特率。此外，对网络上的每一个工作单元还要赋予一个唯一的通信地址。

3. 串行通信接口标准

（1）RS-232-C 串行接口标准

RS-232-C 是 1969 年美国电子工业协会(EIA)公布的串行通信标准。它既是一种协议标准，又是一种电气标准，它规定了终端和通信设备之间信息交换的方式和功能。

① 采用按位串行通信的方式，波特率规定为 19 200、9 600、4 800、2 400 等。

② 采用单端发送、单端接收的连接方式，即以一根信号线相对于接地信号线的电压来表示逻辑状态 1 或 0。

③ 能在两个方向上同时发送（TXD）和接收（RXD）数据，即全双工的传输模式。

④ 传送介质为双绞线，连接线长度一般容许在 44 m 以内。如果是有屏蔽的双绞线，则容许长度可加长，在有干扰的环境下容许长度则要减少。

RS-232-C 是 PC 与通信工业中应用最广泛的一种串行接口，目前许多 PLC、触摸屏等设备与个人计算机间的通信仍然是通过 RS-232-C 标准接口来实现的。但此接口标准接口信号电平较高，易损坏接口电路芯片；传输速率较低，波特率不超过 20 kbit/s；单端连接的共地传输方式容易产生共模干扰，抗噪声干扰能力差等缺点。

（2）RS-422-A 串行接口标准

RS-422-A 采用平衡驱动、差分接收，取消了信号地线，示意图如图 8-5 所示。

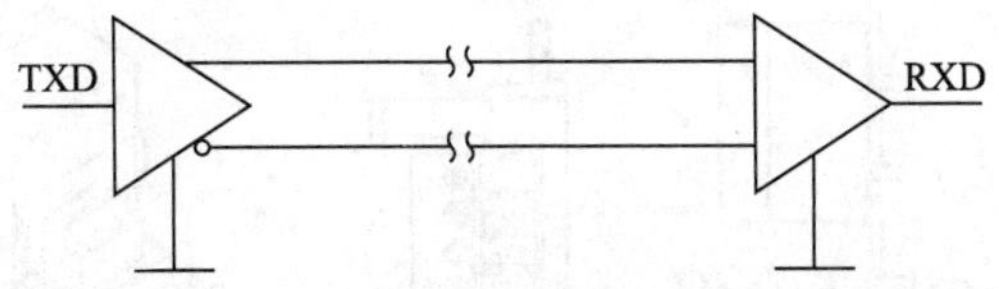

图 8-5　平衡驱动、差分接收的示意图

平衡驱动相当于两个单端驱动器，其输入信号相同，两个输出信号互为反相信号。图 8-5 中的小圆圈表示反相。接收器用抗共模干扰能力较强的差分输入，能从干扰信号中识别出驱动器输出的有用信号，从而克服外部干扰的影响，而通信速率和驱动能力也大大提高。RS-422-A 在最大传输速率(10 Mbit/s)时，允许的最大通信距离为 12 m；传输速率为 100 kbit/s 时，最大通信距离达 1 200 m。一台驱动器可以连接 10 台接收器。

RS-422-A 采用全双工的传输模式，需要四根信号线，因而限制了它的应用。在 PLC 的应用中，主要用于与 PC 连接的编程口，例如 FX 系列 PLC 目前均用 RS-422 接口作编程口，编程电缆带有 RS-232/RS-422 转换器，使用时 RS-232 端连接到 PC 串口，RS-422 端连接到 PLC 编程口。

（3）RS-485 串行接口标准

RS-485 实际上是 RS-422-A 的变形，它的许多电气规定与 RS-422-A 相仿，例如都采用平衡传输方式，都需要在传输线上接终端电阻。不同点在于，RS-485 为半双工通信方式；并且只需一对平衡差分信号线。由于信号线少，很容易实现多点双向通信，这是 RS-485 的一个重要的特点。

RS-485 的电气特性如下：

① 用两线间电压差的正或负（2～6 V 或-2～-6 V）表示逻辑“1”或 “0”。

② 数据最高传输速率为 10 Mbit/s；最大传输距离标准值为 1 219.2 m，实际上可达 3 000 m。

③ RS-485 接口在总线上允许连接多达 128 个收发器，即具有多站能力。

④ 传输介质为双绞线，一般均采用屏蔽双绞线。

RS-485 接口由于信号线少、良好的抗噪声干扰性、长传输距离和多站能力等优点而成为首选的串行接口。RS-485 标准在工业控制自动化、交通控制自动化、楼宇自控系统等多个领域得到广泛应用，而且不少现场总线物理层也采取 RS-485 的电气标准。

YL-335B 采用 RS-485 串行通信总线实现各工作单元的互联，构成了分布式的控制系统。PLC 网络的具体通信模式，取决于所选厂家的 PLC 类型。YL-335B 的标准配置为：若 PLC 选用 FX 系列，通信方式则采用 $N:N$ 网络通信。

二、FX3U 系列 PLC 的 RS-485 通信模块

1. FX3U-485-BD 通信扩展板

使用 FX 系列的 YL-335B 一般通过安装在各单元 PLC 上的 FX3U-485-BD 通信扩展板连接成 $N:N$ 通信系统。FX3U-485-BD 是一种价格低廉，最大延伸距离为 50 m，适用于要求不高的网络；但又可简单地对通信端口进行扩展的功能扩展板。FX3U-485-BD 的外观、LED 显示/端子排列以及安装方法如图 8-6 所示。

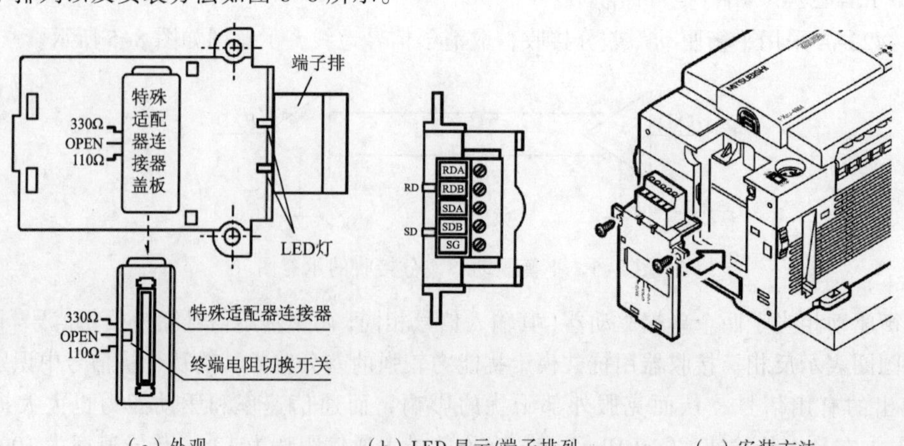

（a）外观　（b）LED 显示/端子排列　（c）安装方法

图 8-6　FX3U-485-BD 的外观、LED 显示/端子排列以及安装方法

2. 通信用特殊适配器 FX3U-485ADP

FX3U 系列 PLC 还可使用通信用特殊适配器 FX3U-485ADP 来扩展通信接口（最多可扩展至两个）。FX3U-485ADP 带有电气隔离，最大延伸距离达 500 m，通常用于较远距离传送数据的网络。YL-335B 上配置 FX3U-485ADP，主要用于分拣单元中 PLC 通过 RS－485 通信驱动变频器的实训，或与 TPC 触摸屏的 COM2 口连接，实现 TPC 与 PLC 的 RS－485 通信。

图 8-7 给出了 FX3U-485ADP 适配器外形和各部分的名称。特殊适配器的安装方法与项目六所述的模拟量特殊适配器 FX3U-3A-ADP 安装方法相同，此处不再赘述。

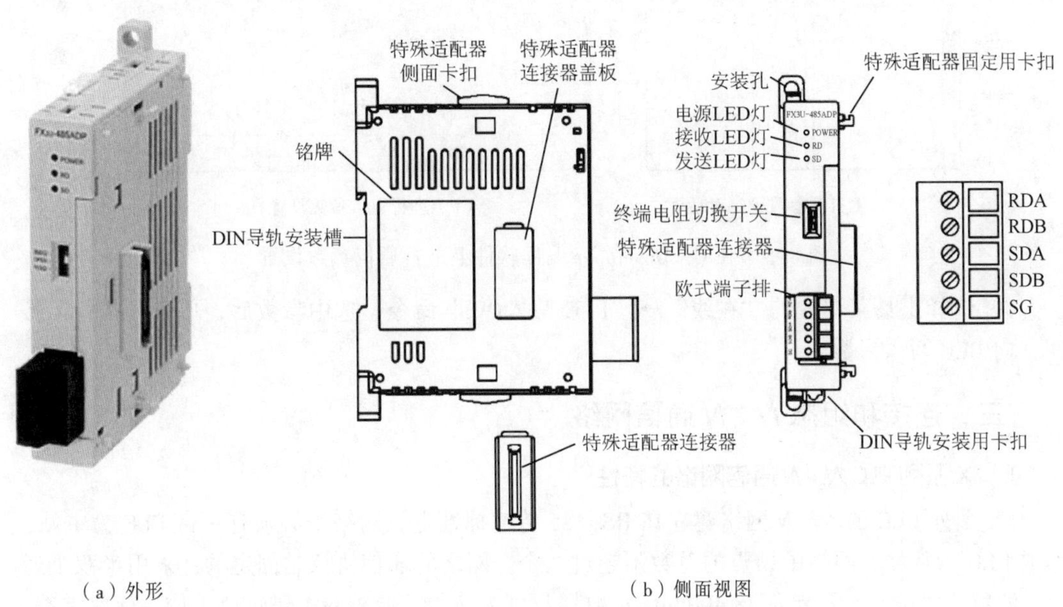

（a）外形　　（b）侧面视图

图 8-7　FX3U-485ADP 适配器外形和各部分的名称

3. 串行通信参数的设定

FX3U 系列 PLC 支持 *N*：*N* 网络、并行连接、计算机连接、变频器通信、无协议通信（用 RS 指令进行数据传输）、可选编程端口通信等多种类型的通信。

使用 *N*：*N* 网络、并行连接、可选编程端口通信时，无须进行串行通信参数的设定，但使用计算机连接、变频器通信、无协议通信（RS/RS2 命令）等通信功能时，则须进行各通信参数的设定。

本项目的人机界面组态要求中，TPC 触摸屏与 PLC 之间是通过其 COM2 口与配置在 PLC 上的 FX3U-485ADP 特殊适配器实现连接的，PLC 的通信方式是“专用协议通信”方式，必须进行参数设定。

由于在 PLC 上同时使用了 FX3U-485-BD 和 FX3U-485ADP，PLC 将有两个通信通道。FX3U 系列 PLC 规定，485-BD 通信板使用的通道为通道 1（CH1），485ADP 适配器使用的通道为通道 2（CH2）。因此，PLC 的通信设定只是对通道 2 参数的设定。

通信的设定可在 GX Developer 编程软件上采用参数方式进行。操作步骤如下：

① 启动 GX Developer，双击工程列表下的“参数”→“PLC 参数”命令，打开参数设定，如图 8-8（a）所示。

② 单击对话框中的“PLC 系统(2)”标签，在通道选择框中选择“CH2”，选中“通信设置操作”复选框，进行各通信的设定，如图 8-8（b）所示。

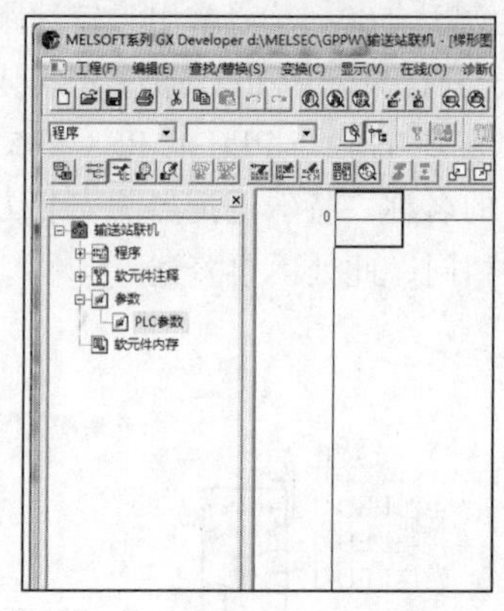

（a）打开参数设定对话框

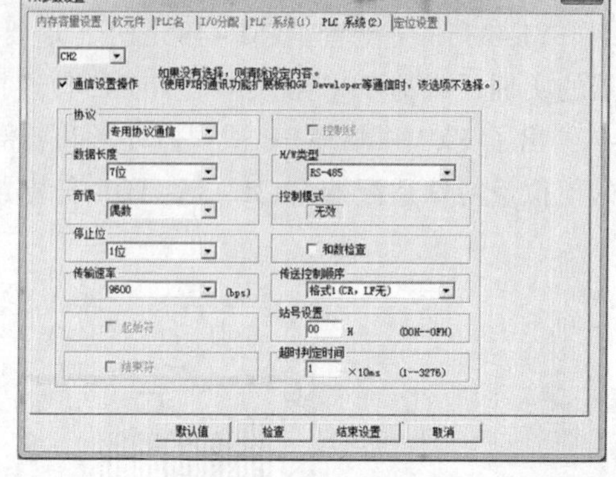

（b）进行通信参数设置

图 8-8 在 GX Developer 编程软件上进行通信参数设置

③ 选择工具菜单栏的“在线”→“PLC 写入(W)”命令，选中参数后，单击“执行”按钮，向 PLC 写入参数。

三、连接和组态 *N*：*N* 通信网络

1. FX 系列 PLC *N*：*N* 通信网络的特性

FX 系列 PLC 的 *N*：*N* 网络建立在 RS-485 传输标准上，网络中必须有一台 PLC 为主站，其他 PLC 为从站，网络中站点的总数不超过八个。网络的通信协议是固定的：采用半双工通信，波特率（bit/s）固定为 38 400 bit/s；数据长度为 7 位、偶校验、停止位 1 位，标题字符、终结字符、和校验等也均是固定的。

N：*N* 网络采用广播方式进行通信：网络中每一站点的 PLC 内存都有一个用特殊辅助继电器和特殊数据寄存器组成的连接存储区，各个站点连接存储区地址编号都是相同的。各站点向自己站点连接存储区中规定的数据发送区写入数据，使得网络上任何一台 PLC 中的发送区的状态会反映到网络中的其他 PLC，因此数据可供通过 PLC 连接起来的所有 PLC 共享，且所有单元的数据都能同时完成更新。

2. 安装和连接 *N*：*N* 网络

YL-335B 上各工作单元均使用 FX3U-485-BD 通信扩展板进行 *N*：*N* 网络接线。网络安装连接步骤如下：

① 安装前，应首先断开电源。在各工作单元 PLC 特殊功能扩展卡接口处插上 485-BD 通信板。

② 用屏蔽双绞线连接各站点的 485-BD 通信板，如图 8-9 所示。连接时应注意：

a. 通信板带有终端电阻切换开关。网络中的非终端站点，切换开关应拨至 OPEN 位置；而网络中的终端站点，切换开关应拨至 330 Ω 或 110 Ω 位置。

b. 端子 SG 应连接到 PLC 主体的接地端子，而主体用 100 Ω 或更小的电阻接地。

c. 屏蔽双绞线的线径应在英制 AWG26 ~ 16 范围，否则由于端子可能接触不良，不能确

保正常的通信。双绞线端子的制作应使用压接工具压接，如果连接不稳定，通信就会出错。

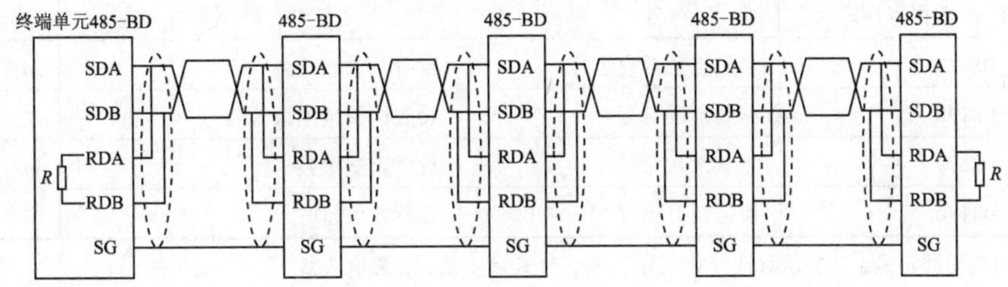

图 8-9　YL-335B 各站点的通信接线

③ 如果网络上各站点 PLC 已完成网络参数的设置，则在完成网络连接后，再接通各 PLC 工作电源，可以看到，各站通信板上的 SD LED 和 RD LED 指示灯都出现点亮/熄灭交替的闪烁状态，说明 *N*：*N* 网络已经组建成功。

如果 RD LED 指示灯处于点亮/熄灭的闪烁状态，而 SD LED 没有（根本不亮），这时需要检查站点编号的设置、传输速率（波特率）和从站的总数目。

3. 组态 *N*：*N* 通信网络

FX 系统的 *N*：*N* 通信网络的组态主要是对各站点 PLC 用编程方式设置网络参数实现的。编程十分简单，只需要在程序开始的第 0 步，用 M8038 使能，向主站的特殊数据寄存器 D8176～D8180 写入相应的参数；向从站的寄存器 D8176 写入站点号即可。但必须确保把此程序作为 *N*：*N* 网络参数设定程序从第 0 步开始写入，在不属于上述程序的任何指令或设备执行时结束。这段程序不需要执行，只需要把其编入此位置时，自动变为有效。

PLC 规定了与 *N*：*N* 通信网络相关的标志位（特殊辅助继电器）、存储网络参数和网络状态的特殊数据寄存器。在 YL-335 上组态 *N*：*N* 网络时，所使用的部分标志位和特殊数据寄存器分别如表 8-1、表 8-2 所示。

表 8-1　*N*：*N* 网络使用的特殊辅助继电器

特　性	辅助继电器	名　　称	描　　述	响 应 类 型
R	M8038	*N*：*N* 网络参数设置	用来设置 *N*：*N* 网络参数	M，L
R	M8183	主站的通信错误	当主站产生通信错误时 ON	L
R	M8184～M8190	从站的通信错误	当从站产生通信错误时 ON	M，L
R	M8191	数据通信	当与其他站点通信时 ON	M，L

注：表中使用的符号，R 表示只读；W 表示只写；M 表示主站；L 表示从站；
M8184～M8190 是从站的通信错误标志，第 1 从站用 M8184，……，第 7 从站用 M8190。
在 CPU 错误、程序错误或停止状态下，对每一站点处产生的通信错误数目不能计数。

表 8-2　*N*：*N* 网络使用的特殊数据寄存器（部分）

特性	数据寄存器	名　　称	描　　述	响应类型
R	D8173	站点号	存储它自己的站点号	M，L
R	D8174	从站点总数	存储从站点的总数	M，L
R	D8175	刷新范围	存储刷新范围	M，L
W	D8176	站点号设置	设置它自己的站点号	M，L

续表

特性	数据寄存器	名　称	描　述	响应类型
W	D8177	从站点总数设置	设置从站点总数	M
W	D8178	刷新范围设置	设置刷新范围模式号	M
W/R	D8179	重试次数设置	设置重试次数	M
W/R	D8180	通信超时设置	设置通信超时	M

注：表中使用的符号，R 表示只读；W 表示只写；M 表示主站；L 表示从站。

4. *N*：*N*网络参数设置程序

① 主站网络参数的设置程序示例如图 8-10 所示。

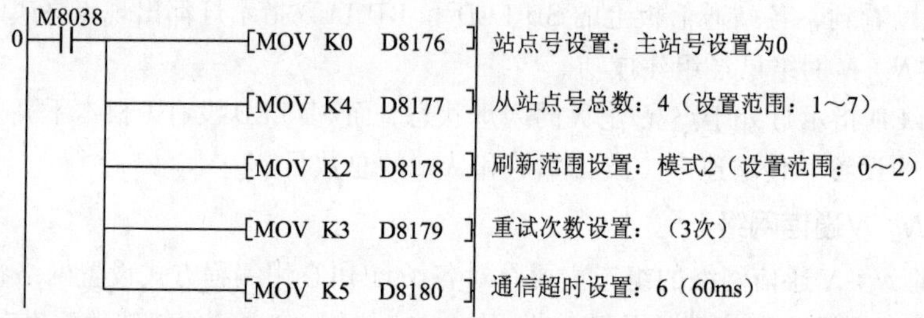

图 8-10　主站网络参数的设置程序示例

图 8-10 中的特殊数据寄存器意义如下：

a. 特殊数据寄存器 D8176 用于站点号设置，对主站必须设定为 0#站。

b. D8177 用于设定从站点总数，不包括主站点。

c. D8178 用于设置刷新范围，后文将进一步说明。

d. D8179 设置重试次数，设置范围为 0 ~ 10（默认为 3），对于从站，此设置不需要。如果一个主站试图以超过此重试次数与从站通信，此站点将发生通信错误。

e. D8180 设置通信超时值，设置范围为 5 ~ 255（默认为 5），此值乘以 10 ms 就是通信超时的持续驻留时间。

② 从站网络参数设置更为简单，只需要设置站点号即可，程序示例如图 8-11 所示。

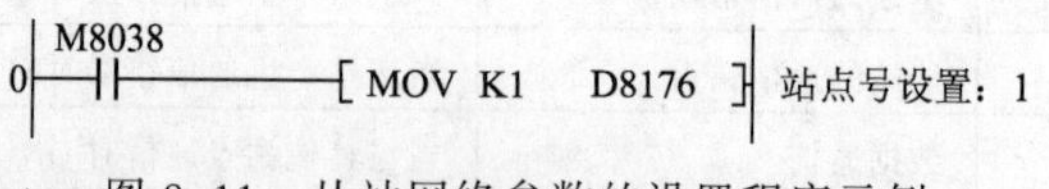

图 8-11　从站网络参数的设置程序示例

5. *N*：*N*网络信息交换数据量的设置

特殊数据寄存器 D8178 用于设置刷新范围，指的是各站点的连接存储区，这一参数表征了网络中信息交换的数据量。根据系统信息交换量的需求，可选择表 8-3（a）（模式 0）、表 8-3（b）（模式 1）和表 8-3（c）（模式 2）三种刷新模式。在每种模式下使用的元件被 *N*：*N* 网络所有站点所占用。

数据在网络上传输需要耗费时间，*N*：*N* 网络是采用广播方式进行通信的，每完成一次刷新所需用的时间就是通信时间（ms），网络中站点数愈多，数据刷新范围愈大，通信时间就愈长。为了确保网络通信的及时性，在编写与网络有关的程序时，需要根据网络上通信量的大小，选择合适的刷新模式。

表 8-3　刷新模式

（a）模式 0 的站点号与位、字软元件对应表

站点号	元　件		站点号	元　件	
	位软元件(M)	字软元件(D)		位软元件(M)	字软元件(D)
	0 点	4 点		0 点	4 点
第 0 号	—	D0 ~ D3	第 4 号	—	D40 ~ D43
第 1 号	—	D10 ~ D13	第 5 号	—	D50 ~ D53
第 2 号	—	D20 ~ D23	第 6 号	—	D60 ~ D63
第 3 号	—	D30 ~ D33	第 7 号	—	D70 ~ D73

（b） 模式 1 的站点号与位、字软元件对应表

站点号	元　件		站点号	元　件	
	位软元件(M)	字软元件(D)		位软元件(M)	字软元件(D)
	32 点	4 点		32 点	4 点
第 0 号	M1000 ~ M1031	D0 ~ D7	第 4 号	M1256 ~ M1287	D40 ~ D43
第 1 号	M1064 ~ M1095	D10 ~ D17	第 5 号	M1320 ~ M1351	D50 ~ D53
第 2 号	M1128 ~ M1159	D20 ~ D27	第 6 号	M1384 ~ M1415	D60 ~ D63
第 3 号	M1192 ~ M1223	D30 ~ D37	第 7 号	M1448 ~ M1479	D70 ~ D73

（c）模式 2 的站点号与位、字软元件对应表

站点号	元　件		站点号	元　件	
	位软元件(M)	字软元件(D)		位软元件(M)	字软元件(D)
	64 点	8 点		64 点	8 点
第 0 号	M1000 ~ M1063	D0 ~ D7	第 4 号	M1256 ~ M1319	D40 ~ D47
第 1 号	M1064 ~ M1127	D10 ~ D17	第 5 号	M1320 ~ M1383	D50 ~ D57
第 2 号	M1128 ~ M1191	D20 ~ D27	第 6 号	M1384 ~ M1447	D60 ~ D67
第 3 号	M1192 ~ M1255	D30 ~ D37	第 7 号	M1448 ~ M1511	D70 ~ D77

在图 8-10 所示的网络参数设置程序例子中，刷新范围设置为模式 2。这时每一站点占用 64×8 个位软元件，8×8 个字软元件作为连接存储区。在运行中，对于第 0 号站（主站），希望发送到网络的开关量数据应写入位软元件 M1000 ~ M1064 中，而希望发送到网络的数字量数据应写入字软元件 D0 ~ D7 中，……，对其他各站点依此类推。

如果按上述对主站和各从站编程，完成网络连接后，再接通各 PLC 工作电源，即使在 STOP 状态下，通信也将进行。

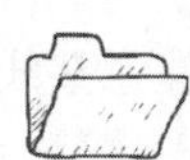

项目实施一　设备的安装和调整

1. 各工作单元装置侧在工作台面的安装

在工作单元单站安装的基础上，整体安装需要解决的主要是各工作单元在工作台面上准

确定位的问题。

① 供料、装配、加工和分拣等单元的物料台中心位置沿 T 形槽方向的定位，均以输送单元上原点开关中心线为基准，而输送单元的装置侧是直接安装在工作台面上的。因此，整体安装的第一步是完成输送单元在工作台面上的定位和安装，具体的工作步骤和注意事项在项目七中已做了详细的介绍。

② 在进行其余工作单元的定位前，务必在相应的 T 形槽预置入数量足够的紧定螺母，这些 T 形槽由各工作单元在垂直 T 形槽方向的定位要求确定。

其中，供料、装配和加工单元在垂直 T 形槽方向的定位，以输送单元机械手在伸出状态时，能顺利在它们的物料台上抓取和放下工件为准（与直线导轨中心线距离为 300 mm）。分拣单元在垂直 T 形槽方向的定位，则应使传送带上进料口中心点在输送单元直线导轨中心线上。由此即可确定应置入螺母的 T 形槽（见图 8-1）。

③ 要定位某工作单元，在大体找好位置后，将其放置在工作台面上，调整固定该单元的紧定螺母的位置，然后用紧定螺栓穿过安装孔旋入螺母中（注意不要旋紧）；接着即可进行沿 T 形槽方向的准确定位。

④ 为了便于在定位测量过程中使用直尺或游标卡尺，可用各单元装置侧底板侧面作为单元的基准线取代物料台中心点进行间接测量。图 8-12 给出了各工作单元侧面与物料台中心点的尺寸以及各工作单元间的尺寸关系，由此很容易计算出两工作单元之间沿 T 形槽方向的距离，从而方便地进行定位操作。本项目工作任务要求安装误差不大于 1 mm，使用这种方法可完全满足要求。

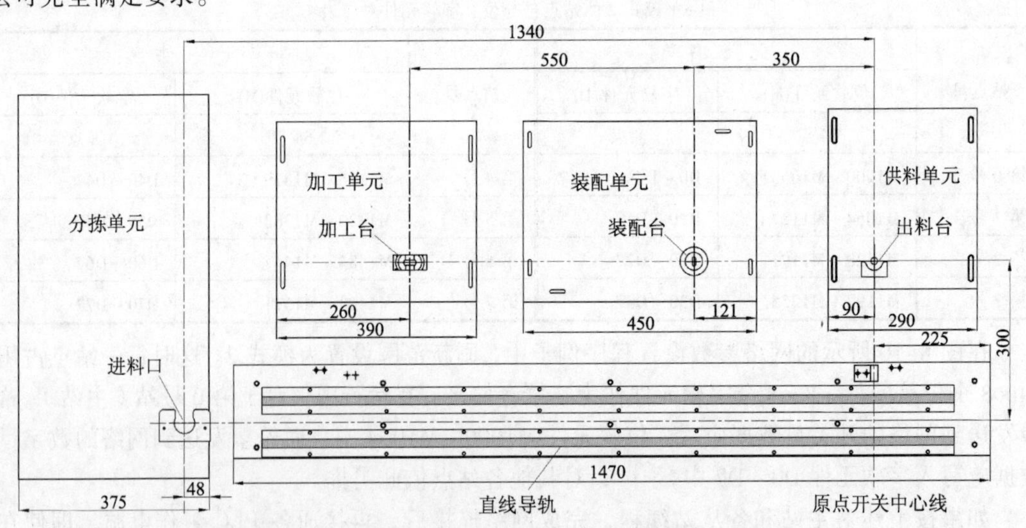

图 8-12 间接定位测量的尺寸关系（单位：mm）

2. 网络连接及 TPC 触摸屏与输送单元 PLC 的通信接线

① 按照图 8-9 所示的接线图及注意事项完成网络连线。另外，请注意接线的先后顺序与各站 PLC 的站号无关，应以便于连接为准。

② 按工作任务要求，TPC 触摸屏应通过其 COM2 口与 FX3U-485ADP 适配器连接，接线图如图 8-13 所示，其中，RS-485 A+端从 TPC 九针串口的 7 引脚引出，RS-485 B-端从 8 引脚引出。

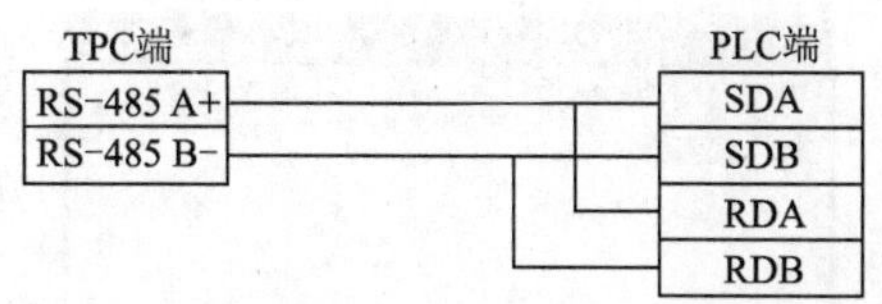

图 8-13　TPC 触摸屏与 485ADP 适配器的接线图

3. 注意事项

① 安装工作完成后，必须进行必要的检查、局部试验等工作，例如用手动移动方法检查直线运动机构的安装质量，用变频器面板操作方式测试分拣单元传动机构的安装质量等，以确保及时发现问题。在投入运行前，应清理工作台上残留线头、管线、工具等，养成良好的职业素养。

② 各从站的工作单元在工作台面上定位以后，紧定螺栓仍不要完全紧固，可在完成电气接线以及伺服驱动器有关参数设置后，编制一个简单的输送单元测试程序，运行此测试程序，检查各工作单元的定位是否满足任务的要求，进行适当的微调，最后才将紧定螺栓完全紧固。

项目实施二　系统联机运行的人机界面组态和 PLC 编程

一、人机界面的画面组态

首先进行人机界面的画面组态，再规划 PLC 编程数据，进一步编制程序，是工程任务实际实施的方法之一。其优点在于，已经通过模拟测试的人机界面，其实时数据库的数据对象为规划 PLC 网络变量和中间变量提供了一定的依据，使得这一规划更具直观性和可操作性。

对于本任务，组态时首先新建两个窗口，默认名称分别为“窗口 0”和“窗口 1”，将各窗口名称分别改为“首页画面”和“运行画面”。然后在“用户窗口”中，选中“首页画面”，右击，在弹出的快捷菜单中选择“设置为启动窗口”命令，将该窗口设置为运行时自动加载的窗口。接着分别组态两个窗口的画面（注：画面组态中所涉及的部分构件属性，在项目六中已有相关介绍，此处不再重复）。

1. 首页画面组态

（1）位图构件的组态

本工作任务的位图组态，只要求装载位图，步骤如下：单击“工具箱”内的“位图”按钮，光标呈“十字”形，在窗口左上角位置拖动鼠标，拉出一个矩形。调整其大小并移动到恰当的位置。

在位图上右击，在弹出的快捷菜单中选择“装载位图”命令，找到要装载的位图，单击选择该位图，如图 8-14 所示，然后单击“打开”按钮，则图片装载到了窗口中。

（2）循环移动的文字框组态

① 单击“工具箱”内的“标签”按钮 A，拖动到窗口上方中心位置，根据需要拖出一个大小适合的矩形。输入文字“欢迎使用 YL-335B 自动化生产线实训考核装备!”。

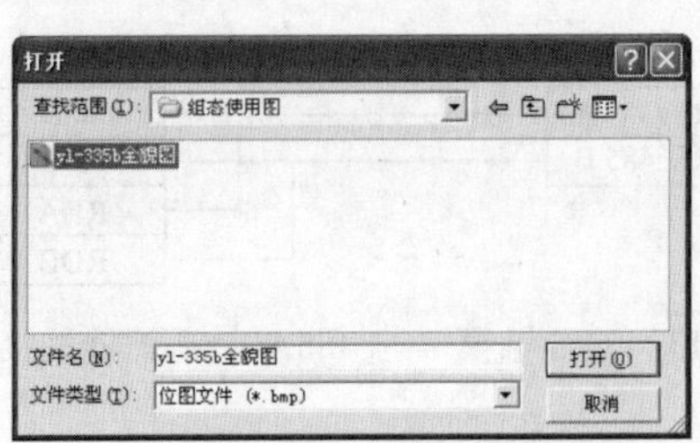

图 8-14　查找要装载的位图

② 静态属性设置如下：文字框的背景颜色为“没有填充”；文字框的边线颜色为“没有边线”；字符颜色为“深蓝色”；文字字体为“楷体”，粗体字型，大小为“二号”。

③ 为了使文字循环移动，在“位置动画连接”中选中“水平移动”复选框，这时在对话框上端就增添“水平移动”窗口标签。水平移动属性页的设置如图 8-15（a）所示，设置要点如下：

a. 触摸屏图形对象所在的水平位置定义为：以左上角为坐标原点，单位为像素点，向左为负方向，向右为正方向。TPC7062K 的分辨率是 800 × 480，文字串“欢迎使用 YL-335B 自动化生产线实训考核装备！”向左全部移出的偏移量约为-700 像素，故水平移动属性页中最大移动偏移量为-700。文字循环移动的策略是，如果文字串向左全部移出，则返回+700 的坐标重新向左移动。

b. 实现“水平移动”的方法如下：

首先建立一个与水平移动量相关的数值变量。为此，在实时数据库中定义一个数值量的内部变量“移动”，它与文字对象的位置之间关系是一个斜率为-5 的线性关系，即当文字对象的最大移动量为-700 时，表达式的值为 140（-700/-5）。

接着是使数值变量“移动”按一定规律变化，这可以通过编写一个循环脚本实现。

循环脚本是用户窗口的一种属性，在窗口打开期间以指定的间隔循环执行脚本程序；脚本程序则是一种语法上类似 Basic 的编程语言。编制循环脚本的步骤是：在“欢迎画面”的“用户窗口属性设置”对话框，单击“循环脚本”标签。在出现的脚本程序框中将循环时间改为 100 ms，然后输入使文字循环移动的脚本，如图 8-15（b）所示。

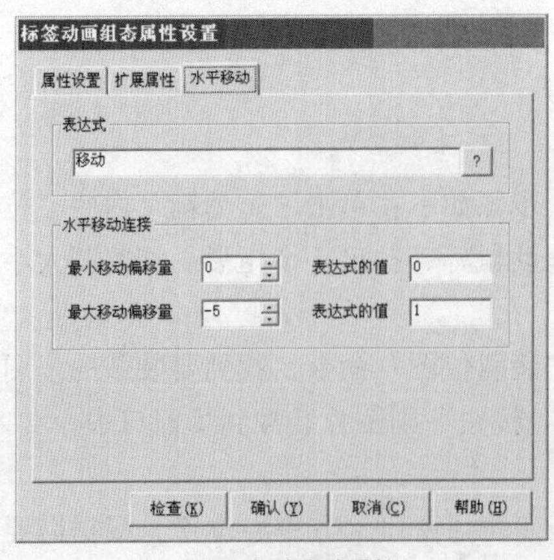

（a）设置水平移动属性

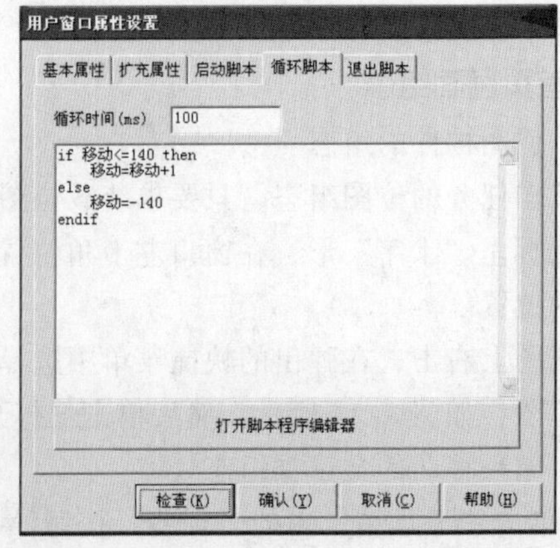

（b）编写循环脚本

图 8-15　循环移动的文字框组态

（3）控制按钮的操作属性组态

两个控制按钮的操作属性组态分别如图 8-16（a）、（b）所示。由于进入运行界面，需要同时满足网络正常且主站已经就绪的条件，“运行模式”的操作属性需要编写脚本程序才能实现。

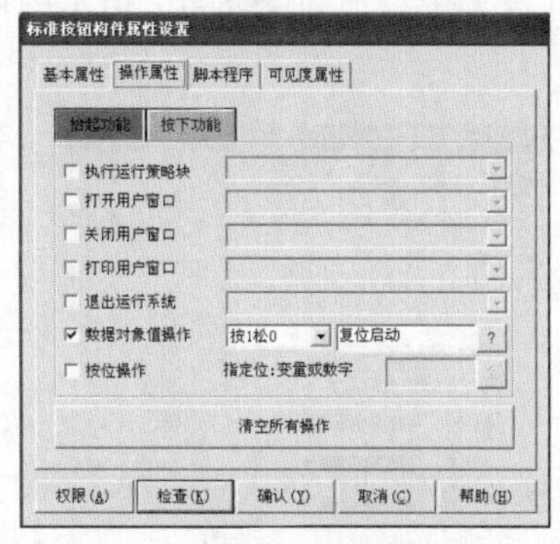

（a）“复位按钮”操作属性组态

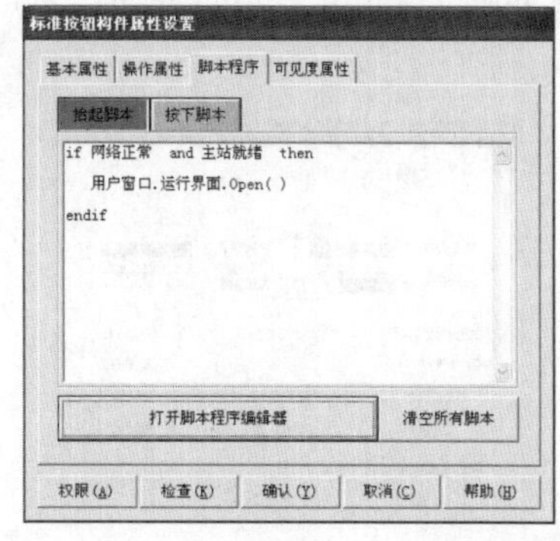

（b）“运行模式”按钮脚本程序

图 8-16　控制按钮操作属性组态

2. 运行画面组态

（1）区域划分

制作运行画面的标题文字，然后用直线构件把标题文字下方的区域划分为左右两部分。区域左面制作各工作单元状态画面，右面制作系统控制画面。

（2）制作各工作单元状态画面并组态

以供料单元组态为例，其画面如图 8-17 所示，图中的构件都是指示灯，用作状态显示。表示工作模式、就绪状态和运行状态的指示灯是绿色指示灯，状态为 OFF 时熄灭（墨绿色），状态为 ON 时点亮（淡绿色）。

图 8-17　供料单元状态指示组态

“料不足”和“缺料”两状态指示灯有报警时闪烁功能的要求。下面通过制作缺料报警指示灯说明此属性的设置步骤：

① 在属性设置页的特殊动画连接框中选中“闪烁效果”复选框，将增加“闪烁效果”项，如图 8-18（a）所示。

② 选择“闪烁效果”标签，表达式选择为“没有工件”；在闪烁实现方式框中选中“用图元属性的变化实现闪烁”单选按钮；填充颜色选择鲜红色，如图 8-18（b）所示。

（3）制作系统控制部分画面

① 系统启动/停止的主令信号组态：

a. 运行界面上的“系统启动”按钮应在完成分拣单元变频器的频率设定后才能按下，输出系统启动命令，但系统能否启动，还要由 PLC 程序判定。因此其脚本程序分别为：

- 按下脚本：if 频率设定>= 15 then 系统启动
- 抬起脚本：系统启动=0

b. 系统停止命令和系统缺料暂停指令的组态：

- 系统停止命令应在所有有效工件按计划完成分拣时自动发出。当命令被响应，系统停止后，分拣单元 PLC 程序将清零各有效工件的累计数，这四个数据传送到人机界面后，

使系统停止命令复位，系统能重新再启动工作。

- 系统缺料暂停指令则在供料单元缺料或装配单元缺料时发出。当发出报警的工作单元加上足够物料时，系统将复位暂停状态继续运行。

组态这两个命令，可在“运行界面”窗口属性设置中添加如图 8-19 所示的循环脚本程序实现。

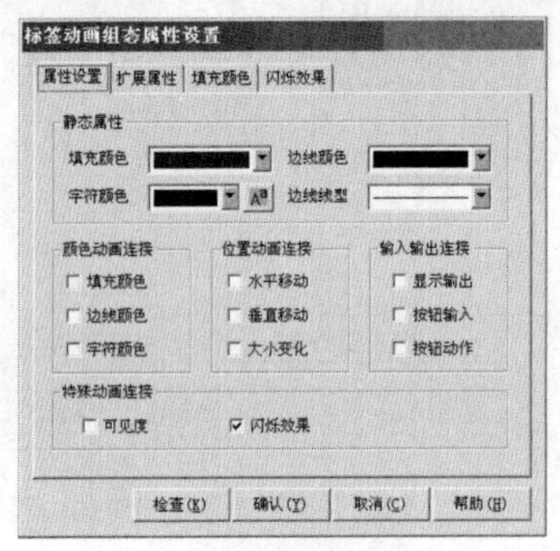

（a）基本属性页

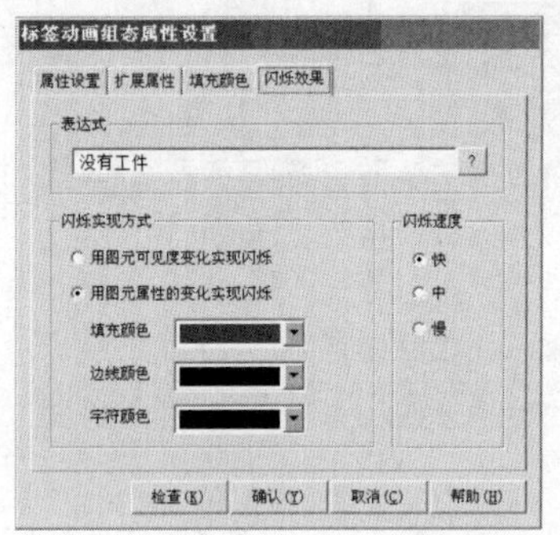

（b）闪烁效果属性页

图 8-18　具有报警时闪烁功能的指示灯制作

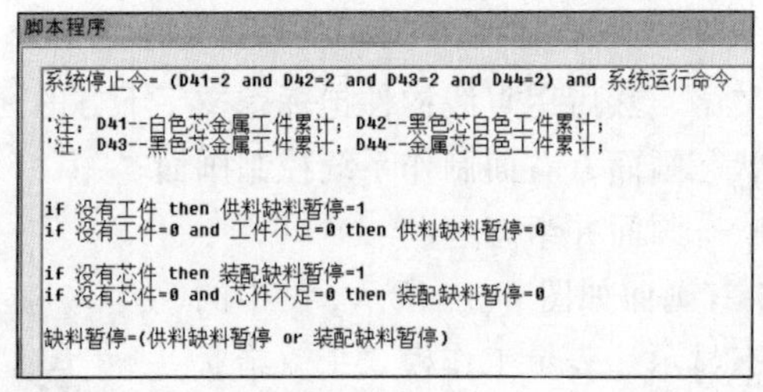

脚本程序

```
系统停止令= (D41=2 and D42=2 and D43=2 and D44=2) and 系统运行命令

'注: D41--白色芯金属工件累计; D42--黑色芯白色工件累计;
'注: D43--黑色芯金属工件累计; D44--金属芯白色工件累计;


if 没有工件 then 供料缺料暂停=1
if 没有工件=0 and 工件不足=0 then 供料缺料暂停=0

if 没有芯件 then 装配缺料暂停=1
if 没有芯件=0 and 芯件不足=0 then 装配缺料暂停=0

缺料暂停=(供料缺料暂停 or 装配缺料暂停)
```

图 8-19　系统停止和缺料暂停的脚本程序

② 表格的制作方法。步骤如下：

a. 单击“工具箱”中的“自由表格”按钮，在适当位置，绘制出一个 4 行 4 列的表格。

b. 双击激活表格构件，进入表格编辑模式。进行删除一列、增加一行、改变表格表元的高度和宽度，然后在第一列和第一行表元中输入文字内容等编辑工作，如图 8-20（a）所示。

c. 选择“表格”菜单的“连接”命令，使表格切换到连接模式。这时表格的行号和列号后面会加星号（“*”），接着就可以在表格表元中填写数据对象的名称，以建立表格表元和实时数据库中数据对象的连接，如图 8-20（b）所示。图中的 D41、D42、D43 和 D44 都是在实时数据库中建立的数值型数据对象，它们分别表示分拣单元已分拣的白色芯金属工件、黑色芯白色工件、黑色芯金属工件和金属芯白色工件的累计数。运行时，MCGS 嵌入版软件将把这些数据对象的值显示在对应连接的表格表元中。

3. 工程画面的模拟测试

新建工程在 MCGS 嵌入版组态环境中完成（或部分完成）组态配置后，应当转入 MCGS 嵌入版模拟运行环境，通过试运行，进行综合性测试检查。

单击工具条中的“进入运行环境”按钮，或选择“文件”菜单中的“进入运行环境”命令，即可进入下载配置窗口，下载当前正在组态的工程，在模拟环境中对于要实现的功能进行测试。

	A	B	C	D	E
1		白色芯金属工件	黑色芯白色工件	黑色芯金属工件	金属芯白色工件
2	料槽1				
3	料槽2				

（a） 在表格编辑模式下编辑表格

连接	A*	B*	C*	D*	E*
1*					
2*		D41	D42		
3*				D43	D44

（b）在表格连接模式下连接数据对象

图 8-20 自由表格属性设置

在组态过程中，可随时进入运行环境，完成一部分，测试一部分，发现错误及时修改。例如，在首页画面组态后即可进行模拟测试，为了实现单击“运行模式”按钮切换到运行画面的功能，可临时添加网络正常和主站就绪指示灯的“按钮动作”属性。组态该属性，分别使“网络正常”和“主站就绪”变量取反。这样，单击两指示灯使其点亮，再单击“运行模式”按钮就能切换到运行画面。

最后需要指出的是，在模拟测试完成，进行系统统调时，应撤销所有临时措施，以免干扰系统的运行。

二、编写主站 PLC 控制程序

1. 编程前的数据规划

① YL-335B 是一个分布式控制的自动化生产线，在设计它的整体控制程序时，应从它的系统性着手，通过组建网络，规划通信数据，使系统组织起来。

通过分析任务要求可以看到，虽然网络中各站点需要交换的信息量并不大，但分拣单元需要向人机界面传送变频器的运行频率、各种有效工件分拣累计数等五个数值数据信息，需要用模式 2 的刷新方式。各站通信数据规划如表 8-4 所示。这些数据分别由各站 PLC 程序写入，全部数据为 $N:N$ 网络所有站点共享。

表 8-4 $N:N$ 网络的数据规划

位数据地址	数据意义	位数据地址	数据意义	字数据地址	数据意义
输送单元（0#站）数据定义					
M1000	系统运行命令	M1004	加工进料完成	D0	变频设定频率
M1001	急停指令	M1005	分拣进料完成	D1	×
M1002	请求供料	M1006	×	D2	×
M1003	装配进料完成	M1007	×	D3	×
供料单元(1#站)数据定义					
M1064	供料联机模式	M1068	工件不足	D10	×
M1065	供料单元就绪	M1069	没有工件	D11	×
M1066	供料运行状态	M1070	金属工件	D12	×
M1067	供料操作完成	M1071	×	D13	×
装配单元(2#站)数据定义					
M1128	装配联机模式	M1132	芯件不足	D20	×
M1129	装配单元就绪	M1133	没有芯件	D21	×
M1130	装配运行状态	M1134	×	D22	×
M1131	装配操作完成	M1135	×	D23	×

续表

位数据地址	数据意义	位数据地址	数据意义	字数据地址	数据意义
加工单元(3#站)数据定义					
M1192	加工联机模式	M1196	×	D30	×
M1193	加工单元就绪	M1197	×	D31	×
M1194	加工运行状态	M1198	×	D32	×
M1195	加工操作完成	M1199	×	D33	×
分拣单元(4#站)数据定义					
M1256	分拣联机模式	M1261	×	D40	变频运行频率
M1257	分拣单元就绪	M1262	×	D41	白芯金属工件数
M1258	分拣运行状态	M1263	×	D42	黑芯白色工件数
M1259	允许分拣进料	M1264	×	D43	黑芯金属工件数
M1260	一次分拣完成	M1265	×	D44	金属芯白工件数

② 人机界面提供了系统工作的主令信号，同时显示系统的主要工作状态。编程前，应规划好人机界面与 PLC 连接的相关变量。人机界面实时数据库的数据对象与 PLC 内部变量的连接见表 8-5。

表 8-5　人机界面与 PLC 连接的数据对象

序号	连 接 变 量	通道名称	序号	连 接 变 量	通道名称
1	复位命令（W）	M61	18	装配单元准备就绪（R）	M1129
2	系统停止命令（W）	M62	19	装配运行状态（R）	M1130
3	系统启动命令（WR）	M63	20	芯件不足（R）	M1132
4	越程故障标志（R）	M40	21	没有芯件（R）	M1133
5	网络故障状态（R）	M44	22	加工联机模式（R）	M1192
6	急停状态　（R）	M45	23	加工单元准备就绪（R）	M1193
7	系统缺料暂停（W）	M46	24	加工运行状态（R）	M1194
8	输送联机模式（R）	M30	25	分拣联机模式（R）	M1256
9	输送准备就绪（R）	M20	26	分拣单元准备就绪（R）	M1257
10	系统准备就绪（R）	M21	27	分拣运行状态（R）	M1258
11	输送运行状态（R）	M10 ·	28	机械手位置（R）	D120
12	供料联机模式（R）	M1064	29	变频设定频率（W）	D0
13	供料单元准备就绪（R）	M1065	30	变频输出频率（R）	D40
14	供料运行状态（R）	M1066	31	D41（R）	D41
15	工件不足（R）	M1068	32	D42（R）	D42
16	没有工件（R）	M1069	33	D43（R）	D43
17	装配联机模式（R）	M1128	34	D44（R）	D44

注：① 人机界面数据对象与 PLC 连接时的“只读”属性用 R 表示，“只写”属性用 W 表示，“读写”属性用 WR 表示。

② 输送单元程序在每一扫描周期都用 DMOV 指令将当前位置寄存器 D8340 的值赋予 32 位数据寄存器 D120，D120 数据通道与实时数据库的“机械手位置”数据对象连接。

③ 根据各工作单元的工艺任务，大体规划控制程序用到的 PLC 内存变量（中间变量）。

项目七已经对编程前大体规划中间变量存储区的必要性以及通常的做法进行了阐述。表 8-6 给出的主站（输送单元）的中间变量表与项目七的基本相同，主要是增加了与人机界面发送数据有关的存储区域 M60 ~ M69。

表 8-6 PLC 程序的中间变量存储区

中间变量含义	FX 变量	中间变量含义	FX 变量
初始化操作	M0 ~ M9	工作模式及状态	M30 ~ M39
系统运行操作	M10 ~ M19	异常状态	M40 ~ M49
准备就绪检查	M20 ~ M29	人机界面通信	M60 ~ M69

2. 完成人机界面与 PLC 连接的设备组态

① 添加三菱_FX 系列串口构件。激活设备窗口进入设备组态画面，在设备工具箱中单击设备管理标签，将弹出"设备管理"对话框。在其中的可选设备栏中找到"三菱_FX 系列串口"，单击"增加"按钮，如图 8-21（a）所示，然后加以确认，"三菱_FX 系列串口"构件将加入已选设备栏中，设备工具箱的设备列表中也将增加"三菱_FX 系列串口"，如图 8-21（b）所示。

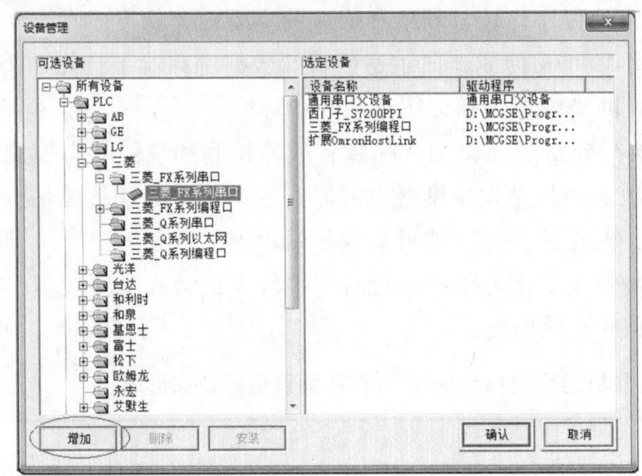

（a）在可选设备栏中选择三菱_FX 系列串口

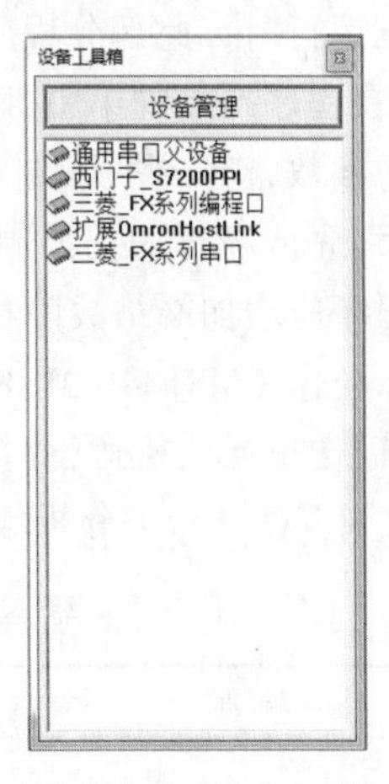

（b）添加完成的设备列表

图 8-21 添加三菱_FX 系列串口构件的操作

② 在设备工具箱中，先后双击"通用串口父设备"和"三菱_FX 系列串口"，将它们添加至组态画面左上角。接着进行"通用串口父设备"属性设置和"三菱_FX 系列串口"基本信息编辑。分别如图 8-22（a）、（b）所示。注意，所设置的通信参数必须与所连接的 PLC 通信通道 2 参数设定一致。

最后，编辑子设备编辑窗口的通道信息部分，按照表 8-5（人机界面与 PLC 连接的数据对象）实施连接变量的编辑。完成后，单击"确定"按钮保存，这样组态后的工程文件就可下载到触摸屏，进行联机测试了。

3. 编制主站（输送单元）工作程序

YL-335B 各工作单元在单站运行时的编程思路，在前面各项目中均做了介绍。在联机运行情况下，各站工艺过程是基本固定的，与单站程序中工艺控制程序相差不大。在单站程序的基础上修改、编制联机运行程序，应着重考虑网络组态、网络中的信息交换，以及主站与人机界面的信息交换问题。

通用串口设备属性编辑

基本属性 | 电话连接

设备属性名	设备属性值
设备名称	通用串口父设备0
设备注释	通用串口父设备
初始工作状态	1 - 启动
最小采集周期(ms)	100
串口端口号(1~255)	1 - COM2
通讯波特率	6 - 9600
数据位位数	0 - 7位
停止位位数	0 - 1位
数据校验方式	2 - 偶校验

检查(K)　确认(Y)　取消(C)　帮助(H)

（a）

设备属性名	设备属性值
[内部属性]	设置设备内部属性
采集优化	1-优化
设备名称	设备0
设备注释	三菱_FX系列串口
初始工作状态	1 - 启动
最小采集周期(ms)	100
设备地址	0
通讯等待时间	200
快速采集次数	0
协议格式	0 - 协议1
是否校验	0 - 不求校验
PLC类型	0 - FX0N

（b）

图 8-22　通用串口父设备属性设置和子设备基本信息编辑

（1）联机运行时状态检测与启停控制部分的编程

联机运行时，此部分程序与单站程序比较，新增和修改的主要内容如下：

① 在程序开始的第 0 步，用 M8038 使能，向主站的特殊数据寄存器 D8176 ~ D8180 写入相应的参数，完成主站的 $N:N$ 网络组态，梯形图见图 8-10。

② 程序应在每一扫描周期执行异常状态检测。除越程故障检测和急停状态检测外，联机运行程序应增加网络故障检测项。当从站发生网络故障时，主站将检测到故障站点的通信错误标志动作（M8184 ~ M8187），编程这些标志即可实现故障检测。

③ 输送单元联机运行时启动/停止操作与单站运行时差别较大，编程步骤较多，下面以列表方式（见表 8-7）分析编程要点及梯形图。

表 8-7　输送单元联机运行的启动/停止操作的编程要点及梯形图

编 程 要 点	梯 形 图
步骤 1：检查系统启动条件。 ①主站运行前，检查工作模式是否为联机模式。当主站和所有从站的工作模式均为联机模式时，系统的工作模式为联机模式。 ②主站运行前，检查主站是否准备就绪。当主站和所有从站都准备就绪时，系统准备就绪	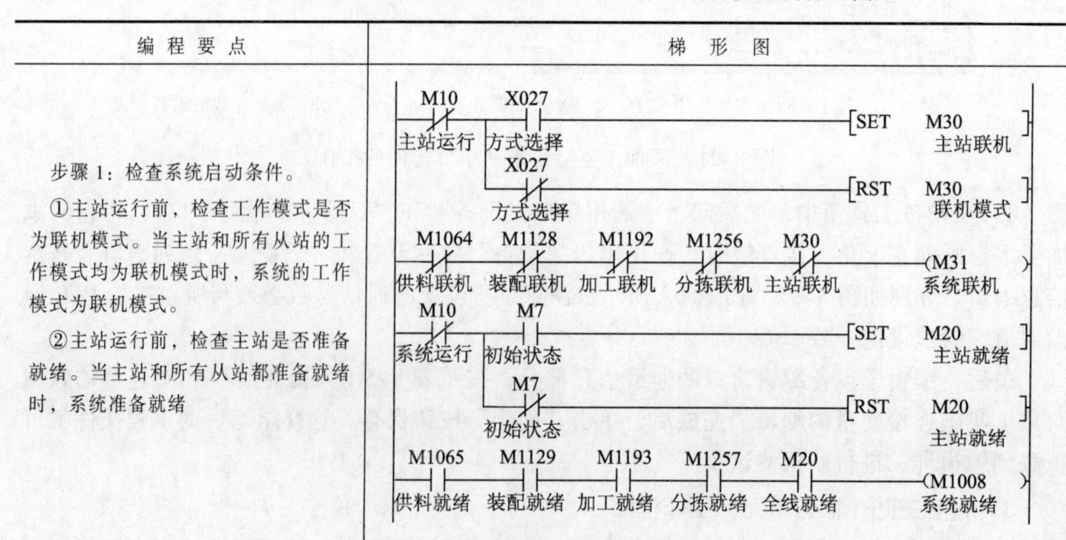

续表

编 程 要 点	梯 形 图
步骤 2：系统启动和停止操作。 ①若系统在联机工作模式且已准备就绪，接收到人机界面的启动命令（M63 ON）时，主站投入运行（M10 ON），同时向各从站发出联机运行命令。 ②在主站运行期间，接收到人机界面的停止命令（M62 ON）时，置位停止指令 M11；当主站步进程序返回初始步后，复位主站运行标志 M10，系统停止运行	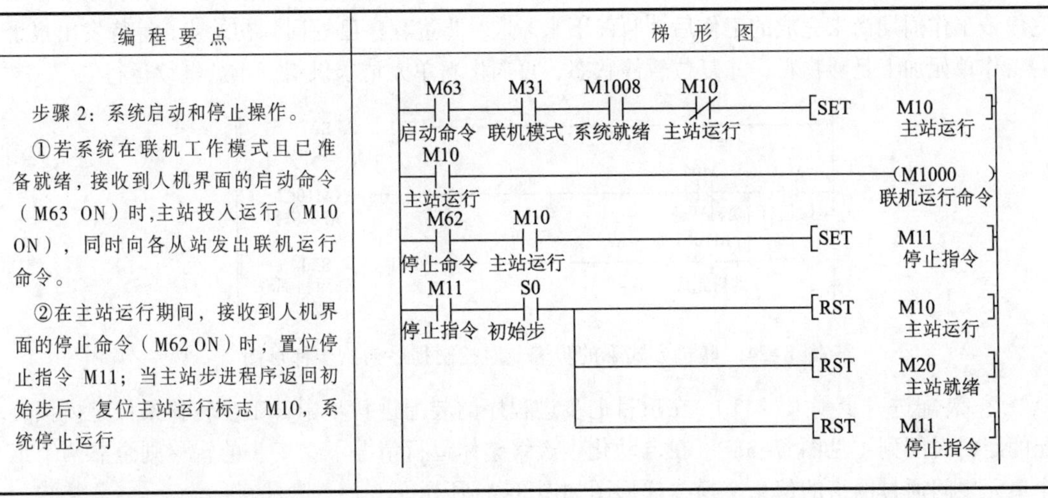

（2）步进顺序控制过程的编程要点

主站进入运行状态后，如果没有按下急停按钮，步进程序将从初始步开始运行。工作流程示意图如图 8-23 所示。

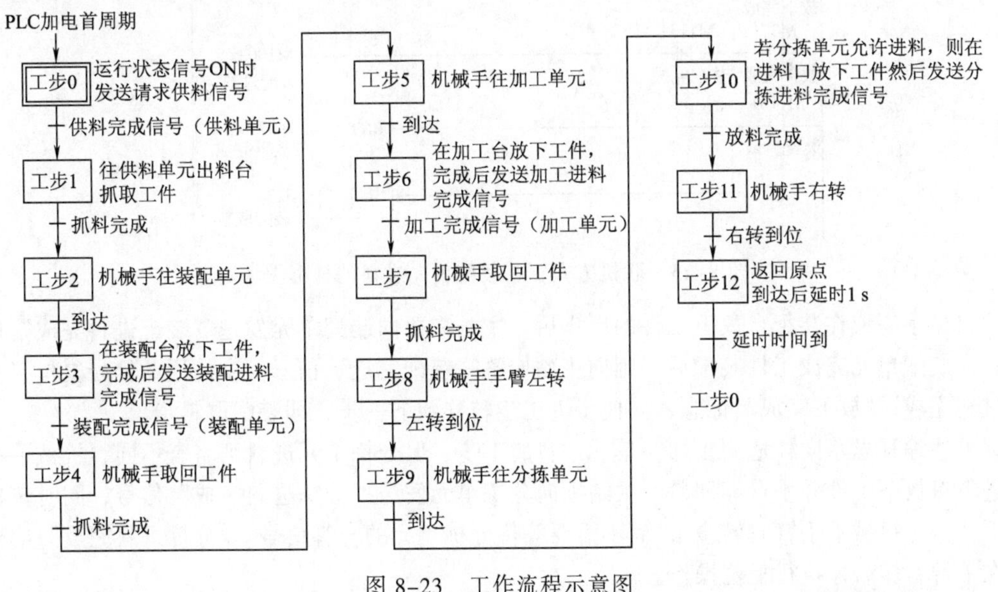

图 8-23　工作流程示意图

由图 8-23 可见，联机方式下的步进控制程序结构与单站方式十分类似。主要区别在于，联机方式下的步进控制过程中，主站与各从站不断进行信息交换：程序的初始步，机械手在装配、加工、分拣等从站放下工件的工步，其转移信号都来自从站传送来的状态信息。下面仅以初始步和装配进料步为例分析这些工步的编程要点。

① 初始步（工步 0）。初始步梯形图如图 8-24 所示。输送单元进入运行状态后，在每一工作周期的开始，即在初始步，都要向供料单元发出请求供料的信号，待供料单元将工件推出，向主站应答供料完成信号后，转移到原料抓取步。

须注意的是，发出请求供料信号要增加“缺料暂停”状态未发生这一条件。把“缺料暂停”状态的处理放在初始步，是考虑到供料或装配单元出现“没有物料”的报警信号时，系统要在完成该工作周期尚未完成的工作后才暂停下来。这时步进程序已返回到初始步，等待发出报警的工作单元加上足够物料，才复位暂停状态，再向供料单元请求供料，重新继续运行。

图 8-24　联机方式下的步进顺序控制程序初始步梯形图

② 装配进料步（工步 3）。在项目七步进程序的装配进料步中，工步转移条件是模拟装配的定时时间到（见图 7-38）。在自动化生产线整体运行情况下，工步的转移则全靠两个工作单元之间通过网络的信息交换，梯形图如图 8-25 所示。

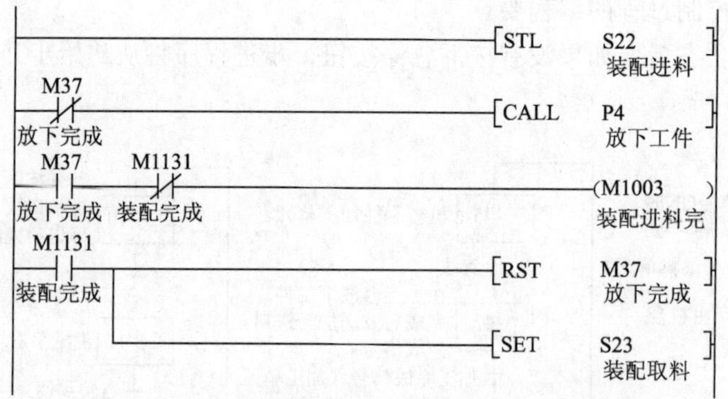

图 8-25　联机方式下在装配单元进料的梯形图

机械手完成在装配台放下工件的操作后，主站需要向装配单元发送“装配进料完成”信号；而装配单元完成工件装配后，则向主站应答“装配完成”信号，主站用此信号复位“装配进料完成”“放下完成”标志，并使步进工步转移到下一步，即装配取料步。

上述编程思路同样适用于加工单元进料的工步。但分拣单元进料则略有不同，机械手在其进料口放下工件并手臂缩回后，主站须向分拣单元发送“分拣进料完成”信号，同时转移到下一步（机械手手臂右转步），而不需要等待分拣单元的应答信号。“分拣进料完成”信号则在手臂右转后才执行复位操作。

三、从站联机控制程序的编制

1. 编制从站联机控制程序的基本思路

在单站程序的基础上编制各从站联机运行程序，主要新增和修改的内容如下：

① 在程序开始的第 0 步，用 M8038 使能，指定从站的站号，梯形图见图 8-11。

② 各从站启动和停止的主令信号来自主站的系统运行命令。从站则需要向主站发送工作模式、是否准备就绪等状态信息，以满足系统启动的条件。

③ 各从站步进顺序控制程序初始步的转移条件，都需要加入来自主站的请求信号。

④ 各从站步进顺序控制程序在完成一个工作周期后，都应向主站发送工作完成信号，如供料完成、装配完成、加工完成、一次分拣完成等，这些信号都用作主站步进过程的步转移信号。

从以上各点来看，从站联机程序的编制工作量不大。一般说来，只需在其单站控制程序的基础上做不大的修改即可。读者可对照供料、装配和加工等工作单元的单站控制程序，自行完成联机程序的编制。

2. 编写分拣单元联机运行程序

从本项目编程任务的要求可以看到，分拣单元是网络信息交换最多的从站；而编程任务对成品工件的分拣要求，也比项目五和项目六复杂。下面重点加以分析。

（1）分拣单元联机运行时 PLC 程序状态检测与启停控制部分的编制

与单站程序比较，主要修改如下：

① 在程序开始的第 0 步，用 M8038 使能，指定从站的站号为 4 号站。

② 联机运行时，启动/停止操作编程步骤较多，下面以列表方式（见表 8-8）分析编程要点及梯形图。

表 8-8 分拣单元联机运行的启动/停止操作的编程要点及梯形图

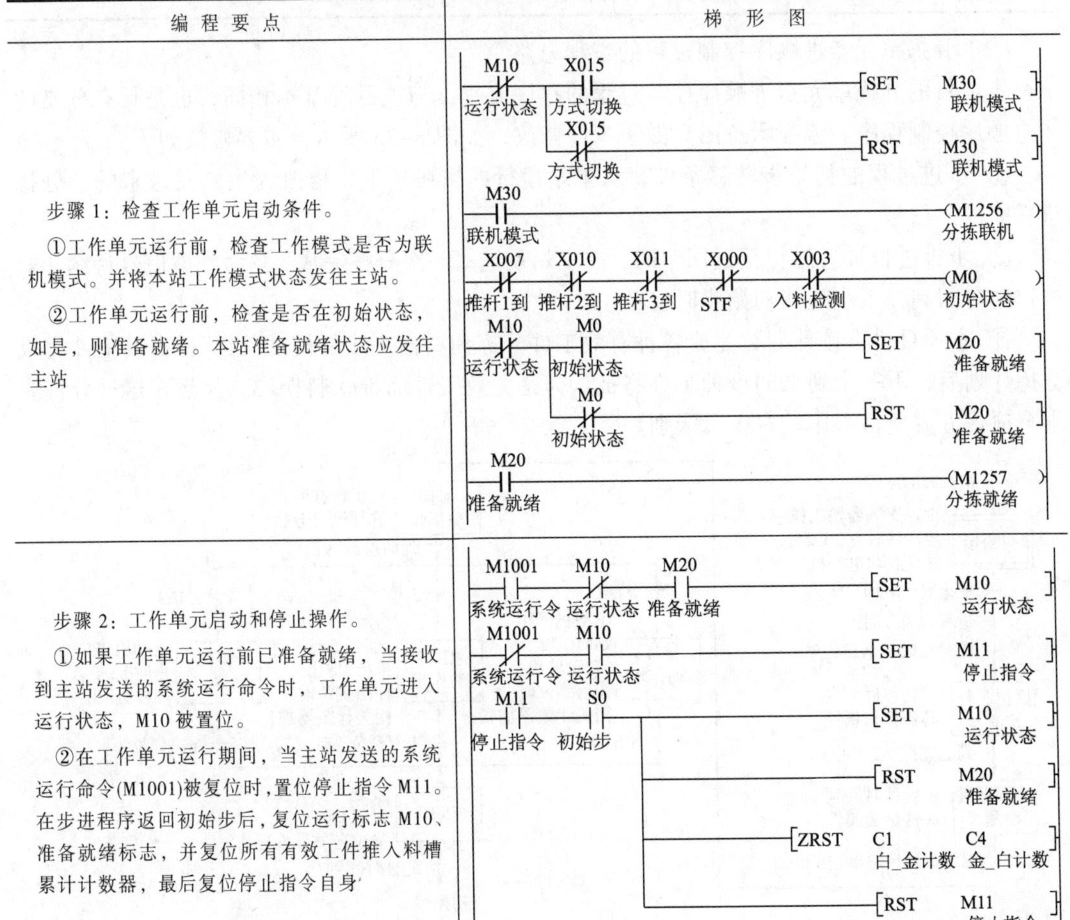

编程要点	梯形图
步骤 1：检查工作单元启动条件。 ①工作单元运行前，检查工作模式是否为联机模式。并将本站工作模式状态发往主站。 ②工作单元运行前，检查是否在初始状态，如是，则准备就绪。本站准备就绪状态应发往主站	
步骤 2：工作单元启动和停止操作。 ①如果工作单元运行前已准备就绪，当接收到主站发送的系统运行命令时，工作单元进入运行状态，M10 被置位。 ②在工作单元运行期间，当主站发送的系统运行命令(M1001)被复位时，置位停止指令 M11。在步进程序返回初始步后，复位运行标志 M10、准备就绪标志，并复位所有有效工件推入料槽累计计数器，最后复位停止指令自身	

续表

编程要点	梯形图
步骤 3：工作单元运行期间，每一扫描周期进行如下操作。 ① 使能高速计数器 C251，向主站发送分拣运行信息。 ② 将主站发送来的变频器设定频率数据转换为供 D/A 转换的数字量： a. 将模拟量适配器 A/D 通道 1 所获取的变频器当前输出频率的数字量发往主站。 b. 接收到供料单元发送的工件金属属性标志为 ON 时，置位将被分拣工件的金属属性(M40)。 c. 将所有有效工件推入料槽累计计数器的当前计数值发往主站	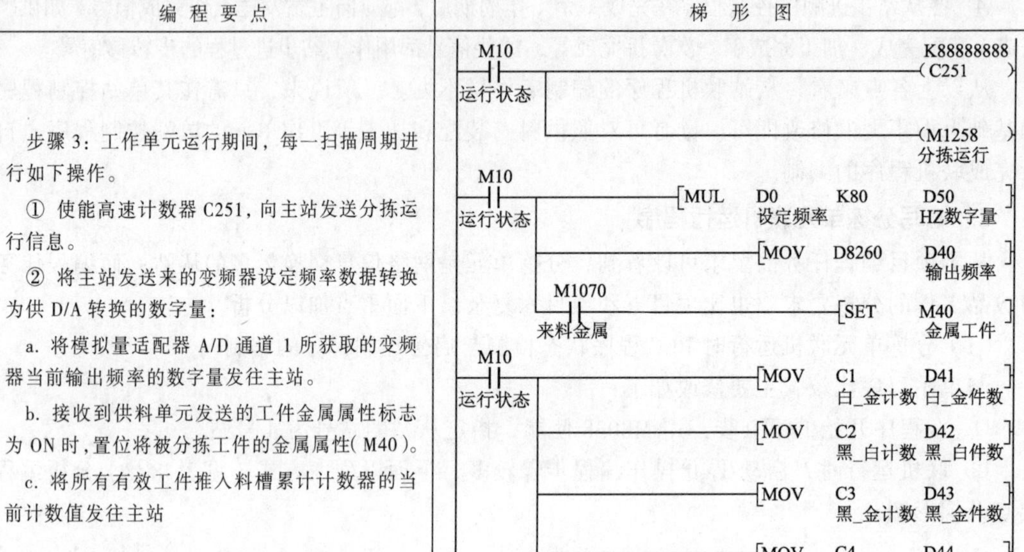

（2）分拣单元步进顺序控制过程的编程思路

本项目的分拣单元步进顺序控制过程的程序流程，与项目五基本相同，也是具有分支的步进顺序控制程序。流程示意图只做了少许修改，如图 8-26 所示。主要修改如下：

① 步进过程的初始步转移条件，从单站运行的按钮按下，修改为主站发送来的“分拣进料完成”信号。

② 步进过程最后运行至返回步时，向主站发送“一次分拣完成”信号，该信号持续 1 s，当定时时间到，工步返回初始步时复位。

③ 本项目要求按计划数完成各种有效工件分拣到料槽 1 或料槽 2；当某种有效工件完成分拣计划后，下一个到来的该种工件将被认为是无效工件而推入料槽 3。显然，这种分拣要求与项目五或项目六比较有很大区别。

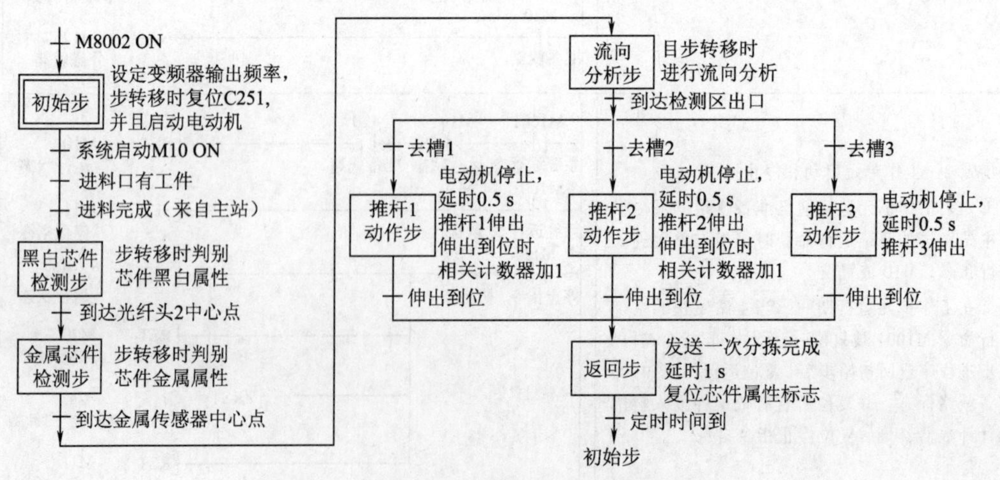

图 8-26　分拣单元步进顺序控制的流程示意图

实现这种分拣要求的一种方法是，对应每种有效工件都定义一个计数器，计数器的设定值为计划数（=2）。某种有效工件被推入规定的料槽时，对应的计数器加 1，当计数值达到设定值时，计数器触点动作。这样，就可在步进顺序控制程序的流向分析步中，根据有效工件的属性以及对应的计数器触点是否动作来确定工件的流向。

显然，在步进控制程序中流向分析步是关键一步。在这一步，当工件被传送到检测区出口时，对工件的属性进行分析，然后根据工件属性和相关计数器的状态，分析确定步进程序应转移的分支。步进控制程序流向分析步的编程要点及梯形图见表 8-9。

表 8-9　步进控制程序流向分析步的编程要点及梯形图

<table>
<tr><th>编程要点</th><th>梯形图</th></tr>
<tr><td>步骤 1：确定工件的属性。
当工件到达或超出检测区出口时，综合黑白芯件检测步和金属芯件检测步所获取的芯件属性以及供料单元提供的工件金属或非金属属性，确定工件是否为四种有效工件的一种：
① 如果工件为白色芯金属工件，置位其属性标志 M41。
② 如果工件为黑色芯白色工件，置位其属性标志 M42。
③ 如果工件为黑色芯金属工件，置位其属性标志 M43。
④ 如果工件为金属芯白色工件，置位其属性标志 M44</td><td>[STL S23 流向分析步]
[D>= C251 D108 流向分析步] (M70)
M70 M46 白色芯 X004 金属检测 M40 金属工件 [SET M41 白_金件]
M46 白色芯 M40 金属工件 [SET M42 黑_白件]
M46 白色芯 M40 金属工件 [SET M43 黑_金件]
X004 金属检测 M40 金属工件 [SET M44 金_白件]</td></tr>
<tr><td>步骤 2：确定工件流向的转移分支。
① 若工件为尚未完成计划数的白色芯金属工件，或为尚未完成计划数的黑色芯白色工件，应使去槽 1 标志 ON。
② 若工件为尚未完成计划数的黑色芯金属工件，或为尚未完成计划数的金属芯白色工件，应使去槽 2 标志 ON。
③ 若去槽 1 与去槽 2 标志都在 OFF 状态，则该工件为无效工件，应使去槽 3 标志 ON。
最后，根据三个标志位的状态完成分支转移</td><td>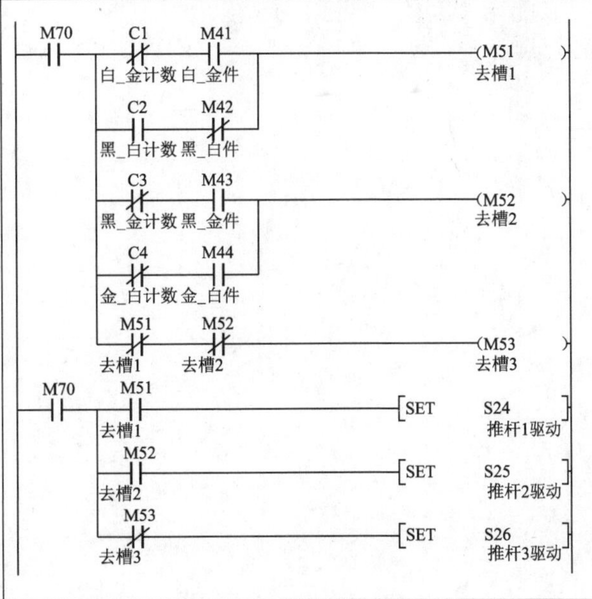
</td></tr>
</table>

项目小结

① 自动化生产线整体运行的特点是各工作站工作的相互协调性。确保协调性的关键在

于正确地进行网络信息交换。

a. 必须细致地分析生产线的工作任务，规划好必要的网络变量。

b. 必须仔细地分析各工作站的工艺过程，确定相关的网络变量应当在何时接通（或被置位），何时断开（或被复位）。

② 本项目在项目六的基础上，提出了进一步的实训要求，即使用组态软件工具箱提供的常用构件以及脚本程序，完成一定复杂程度的动画界面组态。熟练掌握常用的构件的属性组态，例如，标准按钮、指示灯、标签、输入框等构件的各种属性设置，是动画界面组态的基本要求。

③ 本项目分拣要求的处理方法与项目五（或项目六）不同之处是，项目五的分拣处理，只需在检测区出口依据工件的属性即可确定工件的流向，是一种组合逻辑的算法；而本项目的分拣处理，除了依据工件的属性外，还须结合料槽1或料槽2所收集的工件状态进行判别，因而是一种时序逻辑的算法。

思考题

自动化生产线的工作模式，通常有联机（或全线）运行和单站工作模式。本项目着重于整体运行（联机运行）的实训，工作任务没有提出两种模式的要求。读者可在各单站项目和本项目的基础上，进一步分析具有两种工作模式的工作任务，并加以实施。